MSE

MATHEMATICS
SCIENCE
ENGINEERING

기본을 튼튼히 다질 수 있는
한빛아카데미의 이공계 기본 교재 시리즈

기초 공업수학

BASIC ENGINEERING MATHEMATICS

마인숙 지음

한빛아카데미
Hanbit Academy, Inc.

지은이 **마인숙** isma@jbnu.ac.kr

전북대학교 수학과를 졸업하였고, 동대학교 대학원에서 이학석사, 전남대학교에서 이학박사를 취득하였다. 1982년부터 전북대학교에 재직하였으며, 미국 어번대학교에서 객원 교수를 지냈다. 현재 전북대학교 수학과 명예교수이다. 또한 대한수학회, 호남수학회, 한국여성수학회에서 회원으로 활동하고 있다. 『Introductory Linear Algebra』(경문사, 2012)를 공동집필하고 『공학수학 에센스』(한빛아카데미, 2023)를 집필하였으며, 『공학수학 Ⅰ(5판)』(텍스트북스, 2014)과 『미분적분학 Ⅰ(2판)』(교우사, 2017)을 공동번역하였다.

기초 공업수학

초판 발행 2017년 2월 28일
11쇄발행 2026년 1월 16일

지은이 마인숙 / **펴낸이** 전태호
펴낸곳 한빛아카데미㈜ / **주소** 서울시 서대문구 연희로2길 62 한빛아카데미㈜ 2층
전화 02-336-7112 / **팩스** 02-336-7199
등록 2013년 1월 14일 제2017-000063호 / **ISBN** 979-11-5664-298-5 93560

총괄 · 책임편집 김은정 / **기획 · 편집** 김평화 / **진행** 윤세은
디자인 여동일 / **전산편집** 임희남 / **제작** 박성우, 김정우
영업 김성삼, 이정훈, 임현기, 이성훈, 김주성, 심지연

이 책에 대한 의견이나 오탈자 및 잘못된 내용은 출판사 홈페이지나 아래 이메일로 알려주십시오.
파본은 구매처에서 교환하실 수 있습니다. 책값은 뒤표지에 표시되어 있습니다.
홈페이지 www.hanbit.co.kr / 이메일 question@hanbit.co.kr

기초부터 차근차근, 풍부한 예제를 통해 풀면서 배운다!

대학에서 강의를 시작한지 어느덧 삼십 오년을 맞는다. 매 학기 공업수학을 강의했으니 참으로 긴 시간을 함께해 왔다. 처음 강단에 섰을 때는 강의 진도가 조금 빨랐어도 학생들이 잘 따라 왔는데, 해가 갈수록 강의 진도를 따라오지 못해 힘들어 하는 학생들이 늘어갔다. 대부분 기초가 부족한 학생들이었다. 그때마다 미적분학을 복습하라고 권해보았지만 학생들의 표정은 그다지 밝지 않았다.

특히나 적분을 제대로 할 줄 몰라, 미분방정식의 마지막 단계에서 해를 구하지 못하는 학생들을 볼 때면 안타까움이 컸다. 이처럼 수학의 기초가 부족한 학생들에게 도움이 되는 교재가 없을까 고민하다 결국, 기초부터 차근차근 다뤄 공업수학의 주요 이론을 쉽게 이해할 수 있는 교재를 집필하기에 이르렀다.

이 책의 특징

첫째, 공업수학을 배우기 전에 알아야 하는 기초 수학(미분/적분)을 Part 01에서 복습할 수 있게 구성하였다. 그리하여 미분방정식의 해를 구하는 과정에서 발생하는 적분 문제를 먼저 풀어보고, 이를 연계하여 공업수학의 문제를 해결할 수 있게 하였다.

둘째, 반드시 알아야 하는 핵심 이론을 간결하게 제시하고, 다양한 미분방정식의 모델을 소개하여 그 쓰임을 살펴볼 수 있도록 하였다.

셋째, [기본] → [응용] 단계로 예제를 풍부하게 담아 개념 이해와 응용력 향상을 도울 수 있도록 하였다. 예제를 반복해서 풀어가다 보면 어렵게만 느껴졌던 공업수학이 한층 친근하게 다가올 것이다.

감사의 글

원고 집필을 마치고도 '공업수학과 관련한 책이 이렇게 많은데, 과연 이 책이 필요할까?'에 대해 오래 고민했다. 아무쪼록 이 책이 기초가 부족해 공업수학을 버거운 장벽으로 느끼는 공학도들에게 작게나마 도움이 되기를 바라는 마음이다.

그동안 많은 조언과 교정으로 도움을 준 정수미 박사와 박상훈 조교, 한빛아카데미㈜ 관계자 여러분께 큰 감사를 드린다.

정유년 2월에
저자 마인숙

미리보기

||| 목차 |||

||| 학습목표 |||

- 도함수의 정의를 이해하고, 함수의 도함수를 구한다.
- 삼각함수, 역삼각함수, 음함수, 로그함수, 지수함수와 쌍곡선함수의 도함수를 구한다.
- 편도함수의 정의를 이해하고, 함수의 편도함수를 구한다.

학습목표
해당 장을 학습함으로써 얻는 목표를 소개한다.

Section
1.1 도함수

연속함수 $f(x)$의 도함수의 정의를 살펴본 후, 여러 함수의 도함수를 살펴보자. 그리고 2개 이상의 독립변수를 갖는 함수의 편도함수도 살펴볼 것이다.

도함수의 정의

함수 $f(x)$에 대해, 극한

$$\lim_{h\to 0}\frac{f(a+h)-f(a)}{h}$$

가 존재하면 이 값을 $f'(a)$라 하고 $x=a$에서의 **순간변화율**이라고 한다. 또한 $f'(a)$가 존재하면 $f(x)$는 $x=a$에서 **미분가능하다**고 한다. 또 다른 표현은

$$f'(a)=\lim_{b\to a}\frac{f(b)-f(a)}{b-a}$$

이다. 순간변화율은 $x=a$라는 특정한 값에 대한 미분계수이고, 주어진 구간에 있는 모든 x에 대한 변화율을 도함수라 한다.

정의 1-1 도함수

$y=f(x)$의 도함수는 다음과 같이 정의한다.

$$\frac{dy}{dx}=\lim_{h\to 0}\frac{f(x+h)-f(x)}{h}$$

$y=f(x)$의 도함수 $\frac{dy}{dx}$를 구하는 것을 $f(x)$를 **미분한다**고 하며, 이 미분하는 방법을 **미분법**이라 한다. 또한 $y=f(x)$의 도함수는 다음과 같이 나타낸다.

$$\frac{dy}{dx},\ y',\ f'(x),\ \frac{d}{dx}f(x),\cdots$$

도함수의 정의를 일일이 사용하지 않고 도함수를 구하는 법칙을 살펴보자.

본문
공업수학에서 다뤄지는 기본 개념과 각 이론의 핵심을 간결하게 설명한다.

정의
해당 주제에서 기억해 두어야 할 핵심 용어를 정의한다.

정리 3-2 완전 미분방정식의 판단조건

$M(x,y)$와 $N(x,y)$가 연속함수이고 xy 평면의 어떤 영역 R에서 연속인 1계 편도함수를 가진다고 하자.

$$M(x,y)dx+N(x,y)dy=0 \tag{3.11}$$

이때 식 (3.11)이 완전 미분방정식일 필요충분조건은 다음과 같다.

$$\frac{\partial M}{\partial y}=\frac{\partial N}{\partial x}$$

증명 먼저 식 (3.11)이 완전 미분방정식이라고 하자. 그러면

$$\frac{\partial\phi}{\partial x}=M,\ \frac{\partial\phi}{\partial y}=N \tag{3.12}$$

정리/증명
해당 주제에서 기억해 두어야 할 주요 공식과 증명 과정을 보여준다.

예제 3-2

$xy\,dx + (1+x^2)\,dy = 0$의 해를 구하라.

풀이

먼저 주어진 미분방정식의 형태를 살펴보면

$$\underbrace{x}_{x\text{만의 함수}}\ \underbrace{y}_{y\text{만의 함수}}\ dx + \underbrace{(1+x^2)}_{x\text{만의 함수}}\,dy = 0$$

이므로, 변수분리형이다. 주어진 식을 x만의 함수를 dx 앞으로, y만의 함수를 dy 앞으로 변수분리하면

$$\frac{x}{1+x^2}\,dx + \frac{1}{y}\,dy = 0$$

이다. 이 식을 적분하면 다음과 같다.

$$\int \frac{x}{1+x^2}\,dx + \int \frac{1}{y}\,dy = c'$$

$$\frac{1}{2}\ln(1+x^2) + \ln|y| = c'$$

$$\ln(1+x^2)\,y^2 = 2c'$$

$$(1+x^2)\,y^2 = c$$

> 연계 [예제 2-16]
> $$\int \frac{x}{1+x^2}\,dx = \frac{1}{2}\ln(1+x^2) + C$$

따라서 미분방정식의 해는 $(1+x^2)\,y^2 = c$이다.

| 예제 / 풀이 |

본문에서 다루는 개념들을 적용한 문제와 그에 대한 상세한 풀이를 담았다.

| 연계 내용 |

해당 문제를 푸는 데 연계되는 내용을 보여준다.

| 연습문제 |

해당 장의 내용을 제대로 이해했는지 확인 문제를 제시한다.

Chapter 03 연습문제

[3.1 미분방정식의 소개]

※ 다음 미분방정식의 계수와 차수를 결정하라.

1. $y'' + 3y' + 4y = 0$
2. $(y^{(3)})^{\frac{1}{2}} + 2x(y'')^2 = -5x$
3. $3x^2y' + x^4y^2 = 4x$
4. $(1-x)y'' + 2xy' + 5y = \sin x$
5. $x\dfrac{d^3y}{dx^3} + 4\left(\dfrac{dy}{dx}\right)^4 + y = 0$
6. $(\cos\phi)y''' - (\sin\phi)y' = 4$

※ 다음 미분방정식이 선형인지 아닌지 결정하라.

7. $x^2y'' + xy' + xy = 0$
8. $\dfrac{dy}{dx} = \dfrac{x^2+y^2}{x}$
9. $y'' + \dfrac{2}{x}y' + \dfrac{1}{x^2}y = 0$
10. $\dfrac{d^2u}{dr^2} - \dfrac{du}{dr} + 2u = \sin(r+u)$
11. $\sqrt{y}\dfrac{dy}{dx} + 3xy = 0$
12. $t^4y''' - t^3y'' + 5y = 0$

※ $y'' + y = 0$의 일반해는 $y = c_1\cos x + c_2\sin x$이다. 다음 초기조건을 만족하는 특수해를 구하라.

13. $y(0) = 1,\ y'(0) = 1$
14. $y\left(\dfrac{\pi}{2}\right) = 1,\ y'\left(\dfrac{\pi}{2}\right) = 0$
15. $y(\pi) = 0,\ y'(\pi) = 1$

※ $x'' + 4x = 0$의 일반해는 $x = c_1\cos 2t + c_2\sin 2t$이다. 다음 경계값 조건을 만족하는 특수해를 구하라.

16. $x(0) = 0,\ x(\pi/4) = 2$
17. $x(0) = 0,\ x(\pi) = 4$

| 연계 예제 |

연습문제를 푸는 데 연계되는 예제를 보여준다.

※ 적당한 치환을 사용하여 주어진 미분방정식을 풀어라.

36. $(2x+3y)dx + (y+4x)dy = 0$ 예제 2-31
37. $(x^3+y^3)dx - 3xy^2dy = 0$ 예제 2-23(a)
38. $\left(2x\sin\dfrac{y}{x} + 3y\cos\dfrac{y}{x}\right)dx - 3x\cos\dfrac{y}{x}dy = 0$
39. $y^2dx - x^2dy = 0$ 예제 2-38
40. $y\sqrt{x^2+y^2}\,dx - x(x+\sqrt{x^2+y^2})dy = 0$
41. $\dfrac{dy}{dx} = -\dfrac{x+2y}{2x+3y}$ 예제 2-23(b)

강의 보조 자료 및 참고 문헌

■ 강의 보조 자료

한빛아카데미 홈페이지에서 '교수회원'으로 가입하신 분은 인증 후 교수용 강의 보조 자료를 제공받을 수 있습니다. 한빛아카데미 홈페이지 상단의 〈교수전용공간〉 메뉴를 클릭하세요.

http://www.hanbit.co.kr/academy

■ 연습문제 해답

본 도서는 대학 강의용 교재로 개발되었으므로 연습문제 풀이는 제공하지 않습니다.
단, 정답은 아래의 경로에서 내려받을 수 있습니다.

한빛아카데미 홈페이지 접속 → [도서명] 검색 → 도서 상세 페이지의 [부록/예제소스]

■ 참고 문헌

- 마인숙 외 4인, 『Introductory Linear Algebra』, 경문사, 2012
- 조재경, 『공업수학이라면 이제 만화로 공부하세요』, 교우사, 1997
- 마인숙 외 3인, 『미분방정식』, 경문사, 2004
- 마인숙 외 6인, 『미분적분학』, 도서출판 봉천, 2007
- 김광환 외 5인, 『미분방정식 및 응용(개정판)』, 청문각, 2009
- Peter V. O'Neil, 『Advanced Engineering Mathematics, 5th ed』, Thomson Brooks/Cole, 2003
- D. G. Zill & W. S. Wright, 『Advanced Engineering Mathematics, 4th ed』, Jones and Bartlett Publishers, 2009
- 서진현, 심형보, 『KREYSZIG 공업수학(상), 개정9판』, 범한서적, 2007
- 미적분학교재편찬위원회, 『스튜어트 미분적분학, 7판』, 북스힐, 2014
- Howard Anton & Chris Rorres, 『Elementary Linear Algebra, 11th ed』, Wiley, 2015
- Steven J. Leon, 『Linear Algebra with Applications, 7th ed』, Pearson Inc., 2005
- William E. Boyce & Richard C. DiPrima, 『Elementary Differential Equations, 7th ed』, Wiley, 2003

Contents

Contents

Chapter 06 고계 선형 미분방정식의 활용

Chapter 07 라플라스 변환

PART 03 벡터와 선형대수학

Chapter 08 벡터와 벡터공간

Contents

PART 01

공업수학의 기초

The Essence of Engineering Mathematics

CONTENTS

PART 01에서는 무엇을 배울까?

Part 01에서는 공업수학을 배우는 데 필요한 기초 수학 내용을 다룬다. 먼저 1장에서는 미분과 도함수를 이해하고, 여러 함수의 도함수를 복습한다. 그리고 편도함수에 대해 살펴봄으로써 Part 02에서 다루는 미분방정식을 풀 때 보다 수월할 수 있게 하였다. 그리고 2장에서 여러 함수의 적분법과 함께 부분적분법과 부분분수를 이용하여 유리함수의 적분을 구해본다.

Part 01에서 다루는 예제는 이후 학습하는 다른 장들과 연계되어 있다. 그러므로 1장과 2장에서 다루는 예제들을 충분히 이해하고 다음으로 넘어가기를 바란다.

Chapter 01

미분법

Differential

||| 목차 |||

||| 학습목표 |||

- 도함수의 정의를 이해하고, 함수의 도함수를 구한다.
- 삼각함수, 역삼각함수, 음함수, 로그함수, 지수함수와 쌍곡선함수의 도함수를 구한다.
- 편도함수의 정의를 이해하고, 함수의 편도함수를 구한다.

들어가기 전에

[1] 삼각함수의 정의

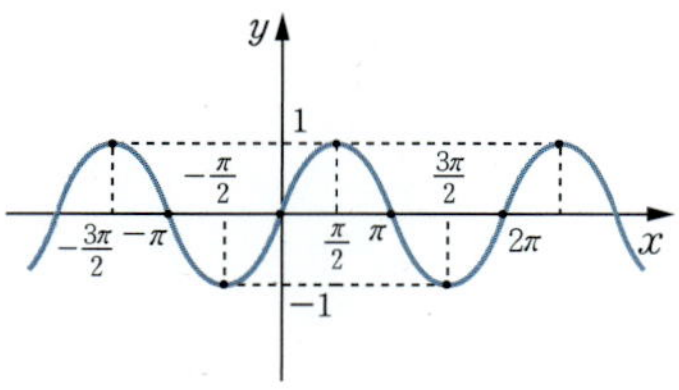

$y = \sin x$

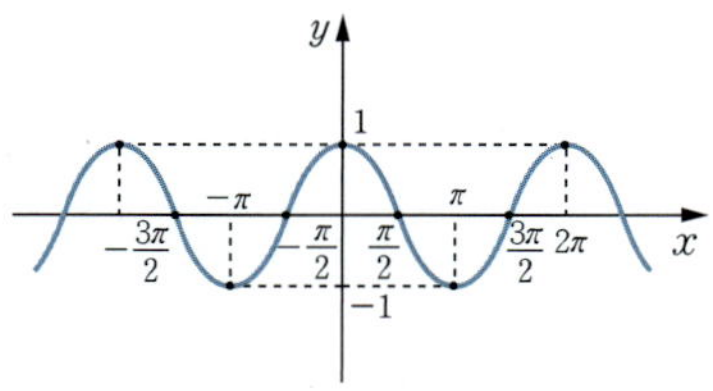

$y = \cos x$

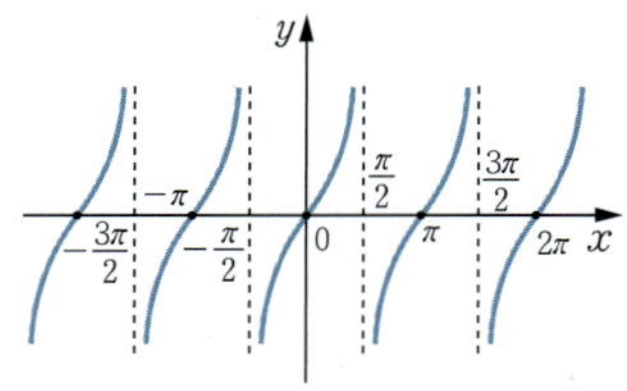

$y = \tan x$

θ [°]	θ [라디안]	$\sin\theta$	$\cos\theta$	$\tan\theta$
0°	0	0	1	0
30°	$\frac{\pi}{6}$	$\frac{1}{2}$	$\frac{\sqrt{3}}{2}$	$\frac{1}{\sqrt{3}}$
45°	$\frac{\pi}{4}$	$\frac{1}{\sqrt{2}}$	$\frac{1}{\sqrt{2}}$	1
60°	$\frac{\pi}{3}$	$\frac{\sqrt{3}}{2}$	$\frac{1}{2}$	$\sqrt{3}$
90°	$\frac{\pi}{2}$	1	0	∞

[2] 삼각함수에 대한 공식

• 삼각함수의 항등식

$$\cos^2\theta + \sin^2\theta = 1, \quad 1 + \tan^2\theta = \sec^2\theta, \quad \cot^2\theta + 1 = \csc^2\theta$$

• 덧셈 공식

$$\sin(x \pm y) = \sin x \cos y \pm \cos x \sin y$$
$$\cos(x \pm y) = \cos x \cos y \mp \sin x \sin y$$
$$\tan(x \pm y) = \frac{\tan x \pm \tan y}{1 \mp \tan x \tan y}$$

• 배각 공식

$$\sin 2x = 2\sin x \cos x$$
$$\cos 2x = \cos^2 x - \sin^2 x = 2\cos^2 x - 1 = 1 - 2\sin^2 x$$
$$\tan 2x = \frac{2\tan x}{1 - \tan^2 x}$$

• 반각 공식

$$\sin^2 x = \frac{1-\cos 2x}{2}, \quad \cos^2 x = \frac{1+\cos 2x}{2}, \quad \tan^2 x = \frac{1-\cos 2x}{1+\cos 2x}$$

• 곱을 합 또는 차로 변형하는 공식

$$\sin x \cos y = \frac{1}{2}[\sin(x+y)+\sin(x-y)]$$

$$\cos x \sin y = \frac{1}{2}[\sin(x+y)-\sin(x-y)]$$

$$\cos x \cos y = \frac{1}{2}[\cos(x+y)+\cos(x-y)]$$

$$\sin x \sin y = -\frac{1}{2}[\cos(x+y)-\cos(x-y)]$$

• 합 또는 차를 곱으로 변형하는 공식

$$a\cos x + b\sin x = \sqrt{a^2+b^2}\sin(x+\alpha), \quad \tan\alpha = \frac{a}{b}$$

$$a\cos x + b\sin x = \sqrt{a^2+b^2}\cos(x-\beta), \quad \tan\beta = \frac{b}{a}$$

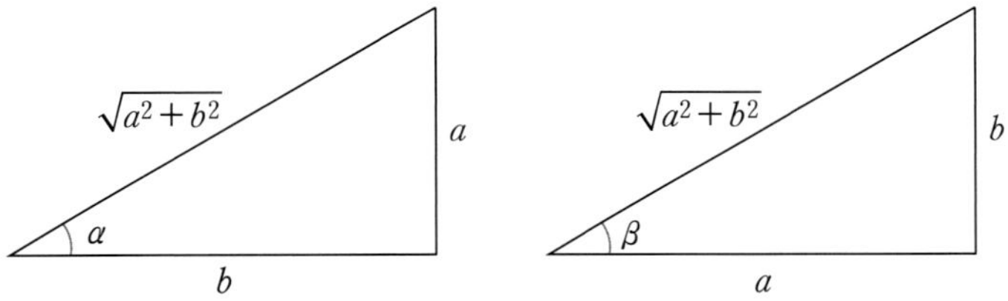

Section 1.1 도함수

연속함수 $f(x)$의 도함수의 정의를 살펴본 후, 여러 함수의 도함수를 살펴보자. 그리고 2개 이상의 독립변수를 갖는 함수의 편도함수도 살펴볼 것이다.

도함수의 정의

함수 $f(x)$에 대해, 극한

$$\lim_{h \to 0} \frac{f(a+h)-f(a)}{h}$$

가 존재하면 이 값을 $f'(a)$라 하고 $x=a$에서의 **순간변화율**이라고 한다. 또한 $f'(a)$가 존재하면 $f(x)$는 $x=a$에서 **미분가능하다**고 한다. 또 다른 표현은

$$f'(a)=\lim_{b \to a} \frac{f(b)-f(a)}{b-a}$$

이다. 순간변화율은 $x=a$라는 특정한 값에 대한 미분계수이고, 주어진 구간에 있는 모든 x에 대한 변화율을 도함수라 한다.

정의 1-1 도함수

$y=f(x)$의 도함수는 다음과 같이 정의한다.

$$\frac{dy}{dx}=\lim_{h \to 0} \frac{f(x+h)-f(x)}{h}$$

$y=f(x)$의 도함수 $\frac{dy}{dx}$를 구하는 것을 $f(x)$를 **미분한다**고 하며, 이 미분하는 방법을 **미분법**이라 한다. 또한 $y=f(x)$의 도함수는 다음과 같이 나타낸다.

$$\frac{dy}{dx},\ y',\ f'(x),\ \frac{d}{dx}f(x), \cdots$$

도함수의 정의를 일일이 사용하지 않고 도함수를 구하는 법칙을 살펴보자.

정리 1-2 x^a의 미분법

a가 임의의 실수일 때, 함수 $f(x)=x^a$에 대해 $f(x)$의 도함수는 다음과 같다.

$$f'(x)=ax^{a-1}$$

미분법의 기본 공식을 정리하면 다음과 같다.

정리 1-3 미분법의 기본 공식

미분가능한 두 함수 $f(x)$와 $g(x)$에 대해 다음이 성립한다.

(1) 상수 곱의 미분법 : $\dfrac{d}{dx}(k(f(x)))=k\dfrac{d}{dx}f(x)$ 단, k는 상수

(2) 합과 차의 미분법 : $\dfrac{d}{dx}[f(x)\pm g(x)]=\dfrac{d}{dx}f(x)\pm\dfrac{d}{dx}g(x)$

(3) 곱의 미분법 : $\dfrac{d}{dx}(f(x)\cdot g(x))=\left(\dfrac{d}{dx}f(x)\right)g(x)+f(x)\left(\dfrac{d}{dx}g(x)\right)$

(4) 몫의 미분법 : $\dfrac{d}{dx}\left(\dfrac{f(x)}{g(x)}\right)=\dfrac{\left(\dfrac{d}{dx}f(x)\right)g(x)-f(x)\left(\dfrac{d}{dx}g(x)\right)}{(g(x))^2}$ 단, $g(x)\neq 0$

예제 1-1

다음 함수를 미분하라.

(a) $f(x)=\dfrac{1}{2}x^6$

(b) $g(x)=-2$

(c) $h(x)=x^2+\dfrac{1}{x}$

(d) $k(x)=\dfrac{4\sqrt{x}-2}{\sqrt{x}}$

풀이

(a) $f'(x)=6\cdot\dfrac{1}{2}x^5=3x^5$이다.

(b) $g(x)=-2$가 상수이므로 $g'(x)=0$이다.

(c) $h(x)=x^2+x^{-1}$이므로 $h'(x)=2x^{2-1}+(-1)x^{-1-1}=2x-x^{-2}=2x-\dfrac{1}{x^2}$이다.

(d) $k(x)=4-2x^{-\frac{1}{2}}$이므로 $k'(x)=-2\left(-\dfrac{1}{2}\right)x^{-\frac{1}{2}-1}=x^{-\frac{3}{2}}=\dfrac{1}{x^{3/2}}=\dfrac{1}{x\sqrt{x}}$이다.

연쇄법칙

f와 g가 모두 미분가능하고 $F=f\circ g$가 $F(x)=f(g(x))$로 정의된 합성함수라면, F는 x에서 미분가능하고 F'은 다음과 같은 곱으로 주어진다.

$$F'(x)=f'(g(x))\cdot g'(x)$$

이를 **연쇄법칙** chain rule 이라고 한다. 연쇄법칙을 프라임 기호를 이용해서 나타내면 다음과 같다.

$$(f\circ g)'(x)=f'(g(x))\cdot g'(x) \tag{1.1}$$

함수 $y=f(u)$와 $u=g(x)$가 모두 미분가능한 함수일 때, 연쇄법칙을 라이프니츠 기호로 나타내면 다음과 같다.

$$\frac{dy}{dx}=\frac{dy}{du}\frac{du}{dx} \tag{1.2}$$

예제 1-2

함수 $F(x)=\sqrt{x^2+1}$일 때, $F'(x)$를 구하라.

풀이

방법 1

식 (1.1)을 이용하면 $f(u)=\sqrt{u}$와 $g(x)=x^2+1$에 대해 $F(x)=(f\circ g)(x)=f(g(x))$로 나타내므로

$$f'(u)=\frac{1}{2}u^{-1/2}=\frac{1}{2\sqrt{u}},\quad g'(x)=2x$$

이다. 따라서 다음을 얻는다.

$$\begin{aligned}F'(x)&=f'(g(x))\cdot g'(x)\\&=\frac{1}{2\sqrt{x^2+1}}\cdot 2x=\frac{x}{\sqrt{x^2+1}}\end{aligned}$$

방법 2

식 (1.2)를 이용하면 $u=x^2+1$, $y=\sqrt{u}$라고 할 때, 다음을 얻는다.

$$F'(x)=\frac{dy}{du}\frac{du}{dx}=\frac{1}{2\sqrt{u}}(2x)=\frac{1}{2\sqrt{x^2+1}}(2x)=\frac{x}{\sqrt{x^2+1}}$$

연쇄법칙을 사용할 때는 밖에서부터 안으로 계산한다. 즉 다음과 같이 밖에 있는 외부함수 f를 먼저 미분한 다음, 내부함수 $g(x)$를 미분하여 그 도함수를 곱한다.

$$\frac{d}{dx}\underbrace{f}_{\text{외부함수}}(g(x)) = \underbrace{f'}_{\text{외부함수의 도함수}}(g(x)) \cdot \underbrace{g'(x)}_{\text{내부함수의 도함수}} \tag{1.3}$$

특히 식 (1.2)에서 $f(u)=u^n$일 때, 연쇄법칙은 다음과 같다.

정리 1-4 연쇄법칙의 거듭제곱 공식

n이 임의의 실수이고 $u=g(x)$가 미분가능할 때, 다음이 성립한다.

$$\frac{d}{dx}(u^n) = nu^{n-1}\frac{du}{dx}$$

$$\frac{d}{dx}[g(x)]^n = n[g(x)]^{n-1} \cdot g'(x) \tag{1.4}$$

예제 1-3

$y=(x^3+1)^{100}$을 미분하라.

풀이

$n=100$, $u=g(x)=x^3+1$이라고 하자. 그러면 식 (1.4)에 의해 다음을 얻는다.

$$\frac{dy}{dx} = \frac{d}{dx}(x^3+1)^{100} = 100(x^3+1)^{99}\frac{d}{dx}(x^3+1)$$

$$= 100(x^3+1)^{99} \cdot 3x^2 = 300x^2(x^3+1)^{99}$$

예제 1-4

$f(x)=\dfrac{1}{\sqrt[4]{x^2+x+1}}$일 때, $f'(x)$를 구하라.

풀이

먼저 $f(x)$를 지수함수의 형태로 변형하면 다음과 같다.

$$f(x)=(x^2+x+1)^{-1/4}$$

그러면 $n = -\frac{1}{4}$, $u = g(x) = x^2 + x + 1$이므로, 식 (1.4)에 의해 다음을 얻는다.

$$f'(x) = -\frac{1}{4}(x^2+x+1)^{-5/4}\frac{d}{dx}(x^2+x+1)$$
$$= -\frac{1}{4}(x^2+x+1)^{-5/4}(2x+1)$$

예제 1-5

함수 $g(t) = \left(\frac{t-2}{2t+1}\right)^9$의 도함수를 구하라.

풀이

[정리 1-3]과 [정리 1-4]를 적용하면 다음과 같이 구할 수 있다.

$$g'(t) = 9\left(\frac{t-2}{2t+1}\right)^8\frac{d}{dt}\left(\frac{t-2}{2t+1}\right)$$
$$= 9\left(\frac{t-2}{2t+1}\right)^8\frac{(2t+1)\cdot 1 - 2(t-2)}{(2t+1)^2}$$
$$= \frac{45(t-2)^8}{(2t+1)^{10}}$$

예제 1-6

$y = (2x-1)^5(x^3-x+1)^3$을 미분하라.

풀이

먼저 [정리 1-3]의 (3) 곱의 미분법을 이용하면

$$\frac{dy}{dx} = (2x-1)^5\frac{d}{dx}(x^3-x+1)^3 + (x^3-x+1)^3\frac{d}{dx}(2x-1)^5$$

이므로, 연쇄법칙에 의해 다음을 얻는다.

$$\frac{dy}{dx} = (2x-1)^5\cdot 3(x^3-x+1)^2\frac{d}{dx}(x^3-x+1) + (x^3-x+1)^3\cdot 5(2x-1)^4\frac{d}{dx}(2x-1)$$
$$= 3(2x-1)^5(x^3-x+1)^2(3x^2-1) + 5(x^3-x+1)^3(2x-1)^4\cdot 2$$

이를 인수분해하여 정리하면 다음과 같다.

$$\frac{dy}{dx} = (2x-1)^4(x^3-x+1)^2(28x^3-9x^2-16x+13)$$

여러 개의 함수로 이루어진 합성함수를 미분하는 경우에 연쇄법칙을 마치 고리모양으로 적용하게 되는데, 이러한 이유로 이 법칙을 '연쇄법칙'이라고 부르게 된 것이다. 예를 들어, 미분가능한 함수 f, g, k에 대해 $y=f(u)$, $u=g(x)$, $x=h(t)$라고 하자. 그러면 t에 대한 y의 도함수를 계산하기 위해 연쇄법칙을 다음과 같이 두 번 사용할 수 있다.

$$\frac{dy}{dt} = \frac{dy}{dx}\frac{dx}{dt} = \frac{dy}{du}\frac{du}{dx}\frac{dx}{dt}$$

Section

1.2 여러 함수의 미분법

앞에서 도함수의 정의와 기본적인 미분법에 대해 살펴보았다. 여기에서는 삼각함수, 역삼각함수, 음함수, 로그함수의 미분법을 알아보자.

삼각함수의 미분법

기본적인 삼각함수의 도함수는 다음과 같이 구한다.

정리 1-5 삼각함수의 미분법

(1) $\dfrac{d}{dx}(\sin x) = \cos x$

(2) $\dfrac{d}{dx}(\cos x) = -\sin x$

(3) $\dfrac{d}{dx}(\tan x) = \sec^2 x$

(4) $\dfrac{d}{dx}(\csc x) = -\csc x \cot x$

(5) $\dfrac{d}{dx}(\sec x) = \sec x \tan x$

(6) $\dfrac{d}{dx}(\cot x) = -\csc^2 x$

예제 1-7

$y = x^3 \sin x$를 미분하라.

풀이

[정리 1-3]의 (3) 곱의 미분법을 이용하면 다음을 얻는다.

$$\begin{aligned}\frac{dy}{dx} &= x^3 \frac{d}{dx}(\sin x) + \sin x \frac{d}{dx}(x^3) \\ &= x^3 \cos x + 3x^2 \sin x\end{aligned}$$

예제 1-8

$y = \dfrac{\sec x}{1 + \tan x}$를 미분하라.

풀이

[정리 1-3]의 (4) 몫의 미분법을 이용하면 다음을 얻는다.

$$y' = \frac{(1+\tan x)\dfrac{d}{dx}(\sec x) - \sec x\dfrac{d}{dx}(1+\tan x)}{(1+\tan x)^2}$$

$$= \frac{(1+\tan x)\sec x\tan x - \sec x\sec^2 x}{(1+\tan x)^2}$$

$$= \frac{\sec x(\tan x + \tan^2 x - \sec^2 x)}{(1+\tan x)^2} \quad \leftarrow \sec^2 x = \tan^2 x + 1$$

$$= \frac{\sec x(\tan x - 1)}{(1+\tan x)^2}$$

예제 1-9

다음을 미분하라.

(a) $y = 8\cos t + t^2 \sin t$　　　(b) $h(\theta) = \theta\csc\theta + \cot\theta$

풀이

(a) $\dfrac{dy}{dt} = 8(-\sin t) + \dfrac{d}{dt}(t^2)\sin t + t^2\dfrac{d}{dt}(\sin t) = -8\sin t + 2t\sin t + t^2\cos t$

(b) $\dfrac{dh}{d\theta} = \dfrac{d}{d\theta}(\theta)\csc\theta + \theta\dfrac{d}{d\theta}(\csc\theta) - \csc^2\theta = \csc\theta - \theta\csc\theta\cot\theta - \csc^2\theta$

예제 1-10

다음을 미분하라.

(a) $y = \sin(x^2)$　　　(b) $y = \sin^2 x$

풀이

(a) 외부함수는 사인함수이고 내부함수는 제곱함수이므로, 연쇄법칙에 의해 다음을 얻는다.

$$\frac{dy}{dx} = \frac{d}{dx}\underbrace{\sin}_{\text{외부함수}}(x^2) = \underbrace{\cos}_{\text{외부함수의 도함수}}(x^2)\cdot\underbrace{2x}_{\text{내부함수의 도함수}}$$

$$= 2x\cos(x^2)$$

(b) $\sin^2 x = (\sin x)^2$ 이므로 외부함수는 제곱함수이고 내부함수는 사인함수이다. 따라서 연쇄법칙에 의해 다음을 얻는다.

$$\frac{dy}{dx} = \frac{d}{dx}\underbrace{(\sin x)^2}_{\text{내부함수}} = \underbrace{2}_{\text{외부함수의 도함수}}(\sin x)\cdot \underbrace{\cos x}_{\text{내부함수의 도함수}} = 2\sin x \cos x = \sin 2x$$

예제 1-11

$f(x) = \sin(\cos(\tan x))$ 를 미분하라.

풀이

연쇄법칙을 두 번 사용하여 다음과 같이 구할 수 있다.

$$\begin{aligned} f'(x) &= \cos(\cos(\tan x))\frac{d}{dx}\cos(\tan x) \\ &= \cos(\cos(\tan x))[-\sin(\tan x)]\frac{d}{dx}(\tan x) \\ &= -\cos(\cos(\tan x))\sin(\tan x)\sec^2 x \end{aligned}$$

예제 1-12

$y = \sqrt{\sec x^3}$ 을 미분하라.

풀이

외부함수는 제곱근 함수이고, 중간함수는 시컨트 함수이며, 내부함수는 세제곱 함수이다. 따라서 미분하면 다음을 얻는다.

$$\begin{aligned} \frac{dy}{dx} &= \frac{1}{2\sqrt{\sec x^3}}\frac{d}{dx}(\sec x^3) \\ &= \frac{1}{2\sqrt{\sec x^3}} \sec x^3 \tan x^3 \frac{d}{dx}(x^3) \\ &= \frac{3x^2 \sec x^3 \tan x^3}{2\sqrt{\sec x^3}} \end{aligned}$$

역삼각함수의 미분법

역삼각함수의 도함수는 다음과 같이 구한다.

정리 1-6 역삼각함수의 미분법

(1) $\frac{d}{dx}(\sin^{-1}x)=\frac{1}{\sqrt{1-x^2}}$, $-1<x<1$

(2) $\frac{d}{dx}(\cos^{-1}x)=-\frac{1}{\sqrt{1-x^2}}$, $-1<x<1$

(3) $\frac{d}{dx}(\tan^{-1}x)=\frac{1}{1+x^2}$

(4) $\frac{d}{dx}(\csc^{-1}x)=-\frac{1}{x\sqrt{x^2-1}}$

(5) $\frac{d}{dx}(\sec^{-1}x)=\frac{1}{x\sqrt{x^2-1}}$

(6) $\frac{d}{dx}(\cot^{-1}x)=-\frac{1}{1+x^2}$

예제 1-13 응용

$f(x)=\sin^{-1}(x^2-1)$일 때, $f'(x)$를 구하라.

풀이

[정리 1-6]과 연쇄법칙에 의해 다음과 같이 구할 수 있다.

$$f'(x)=\frac{1}{\sqrt{1-(x^2-1)^2}}\frac{d}{dx}(x^2-1)=\frac{2x}{\sqrt{2x^2-x^4}}$$

예제 1-14 응용

다음 함수를 미분하라.

(a) $y=\frac{1}{\sin^{-1}x}$

(b) $f(x)=x\arctan\sqrt{x}$

풀이

(a) $\frac{dy}{dx}=\frac{d}{dx}(\sin^{-1}x)^{-1}=-(\sin^{-1}x)^{-2}\frac{d}{dx}(\sin^{-1}x)=-\frac{1}{(\sin^{-1}x)^2\sqrt{1-x^2}}$

(b) $f'(x)=x\frac{1}{1+(\sqrt{x})^2}\left(\frac{1}{2}x^{-1/2}\right)+\arctan\sqrt{x}=\frac{\sqrt{x}}{2(1+x)}+\arctan\sqrt{x}$

예제 1-15 응용

$\cos(\tan^{-1}x)$를 간단히 표현하라.

풀이

방법 1

$y=\tan^{-1}x$라 하면 $\tan y=x$이고 $-\frac{\pi}{2}<y<\frac{\pi}{2}$이다. $\tan y$를 알고 있으므로 $\cos y$를 구하기 위해 $\sec y$를 먼저 구하는 것이 더 쉽다.

$$\sec^2 y=1+\tan^2 y=1+x^2$$

$-\frac{\pi}{2}<y<\frac{\pi}{2}$일 때, $\sec y>0$이므로

$$\sec y=\sqrt{1+x^2}$$

이다. 따라서 다음을 얻는다.

$$\cos(\tan^{-1}x)=\cos y=\frac{1}{\sec y}=\frac{1}{\sqrt{1+x^2}}$$

방법 2

$y=\tan^{-1}x$라 하면 $\tan y=x$이므로 [그림 1-1]과 같은 삼각형을 그릴 수 있다. 따라서 다음을 얻는다.

$$\cos(\tan^{-1}x)=\cos y=\frac{1}{\sqrt{1+x^2}}$$

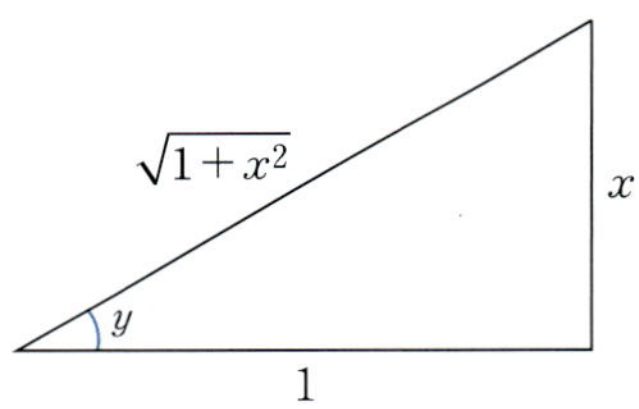

[그림 1-1] $\tan y=x$일 때의 삼각형

음함수의 미분법

음함수 y의 도함수를 구하기 위해 y를 x에 관해 풀지 않아도 된다. 음함수에 대해 x로 미분하는 방법은 먼저 양변을 x에 대해 미분하고, 이때 나온 방정식을 y'에 대해 푸는 것이다. 이 절에 있는 예제와 연습문제에 주어진 방정식에서 y는 항상 x에 대해 미분가능한 함수로 가정한다.

예제 1-16

$x^2+y^2=25$일 때, $\frac{dy}{dx}$를 구하라.

풀이

주어진 방정식 $x^2+y^2=25$의 양변을 x에 대해 미분하면 다음과 같다.

$$\frac{d}{dx}(x^2+y^2)=\frac{d}{dx}(25)$$
$$\frac{d}{dx}(x^2)+\frac{d}{dx}(y^2)=0$$

이때 y를 x의 함수로 가정하고 연쇄법칙을 적용하면 다음을 얻는다.

$$\frac{d}{dx}(y^2)=\frac{d}{dy}(y^2)\frac{dy}{dx}=2y\frac{dy}{dx}$$

따라서 $x^2+y^2=25$를 미분하면

$$2x+2y\frac{dy}{dx}=0$$

이므로, 이를 dy/dx에 대해 풀면 다음과 같다.

$$\frac{dy}{dx}=-\frac{x}{y}$$

예제 1-17

$x^3+y^3=6xy$일 때, y'을 구하라.

풀이

$x^3+y^3=6xy$에서 y를 x에 관한 함수로 보고 양변을 x에 관해 미분한다. 이때 $6xy$에는 곱의 미분법을 적용하고 y^3에는 연쇄법칙을 적용하면 다음을 얻는다.

$$3x^2+3y^2y'=6xy'+6y$$
$$x^2+y^2y'=2xy'+2y$$

이제 y'에 대해 정리하면 다음을 얻는다.

$$y^2y'-2xy'=2y-x^2$$

$$(y^2-2x)y'=2y-x^2$$

$$y'=\frac{2y-x^2}{y^2-2x}$$

예제 1-18 응용

$\sin(x+y) = y^2 \cos x$ 일 때, y'을 구하라.

풀이

y를 x에 관한 함수로 보고 x에 관해 음함수를 미분하면 다음을 얻는다.

$$\cos(x+y) \cdot (1+y') = y^2(-\sin x) + (\cos x)(2yy')$$

y'에 대해 정리하면

$$\cos(x+y) + y^2 \sin x = (2y\cos x)y' - \cos(x+y) \cdot y'$$

이므로, 다음을 얻는다.

$$y' = \frac{y^2 \sin x + \cos(x+y)}{2y\cos x - \cos(x+y)}$$

예제 1-19 응용

$x^4 + y^4 = 16$ 일 때, y''을 구하라.

풀이

음함수를 x에 대해 미분하면 다음을 얻는다.

$$4x^3 + 4y^3 y' = 0$$

이 식을 y'에 대해 풀면 다음과 같다.

$$y' = -\frac{x^3}{y^3}$$

y''을 구하기 위해 y'에 몫의 미분법을 이용하자. 이때 y는 x의 함수이다.

$$y'' = \frac{d}{dx}\left(-\frac{x^3}{y^3}\right) = -\frac{y^3 \frac{d}{dx}(x^3) - x^3 \frac{d}{dx}(y^3)}{(y^3)^2} = -\frac{y^3 \cdot 3x^2 - x^3(3y^2 y')}{y^6}$$

이 식에 앞에서 구한 y'을 대입하면 다음을 얻는다.

$$y'' = -\frac{3x^2y^3 - 3x^3y^2(-\frac{x^3}{y^3})}{y^6} = -\frac{3(x^2y^4 + x^6)}{y^7} = -\frac{3x^2(y^4 + x^4)}{y^7}$$

이때 x와 y는 $x^4+y^4=16$을 만족해야 한다. 따라서 간단히 나타내면 다음과 같다.

$$y''=-\frac{3x^2(16)}{y^7}=-48\frac{x^2}{y^7}$$

로그함수와 지수함수의 미분법

로그함수의 미분은 다음과 같이 구한다.

정리 1-7 로그함수의 미분법

$$\frac{d}{dx}(\log_a x)=\frac{1}{x\ln a} \tag{1.5}$$

$$\frac{d}{dx}(\ln x)=\frac{1}{x} \tag{1.6}$$

예제 1-20

$\log_{10}(2+\cos x)$를 미분하라.

풀이

식 (1.5)와 연쇄법칙을 이용하면 다음을 얻는다.

$$\begin{aligned}\frac{d}{dx}\log_{10}(2+\cos x)&=\frac{1}{(2+\cos x)\ln 10}\frac{d}{dx}(2+\cos x)\\&=\frac{-\sin x}{(2+\cos x)\ln 10}\end{aligned}$$

예제 1-21

$y=\ln(x^3-1)$을 미분하라.

풀이

연쇄법칙을 이용하기 위해 $u=x^3-1$로 놓으면, $y=\ln u$이므로 다음을 얻는다.

$$\frac{dy}{dx}=\frac{dy}{du}\frac{du}{dx}=\frac{1}{u}\frac{du}{dx}=\frac{1}{x^3-1}(3x^2)=\frac{3x^2}{x^3-1}$$

일반적으로 [예제 1-21]에서와 같이 식 (1.6)과 연쇄법칙을 결합하면 다음을 얻는다.

$$\frac{d}{dx}(\ln u) = \frac{1}{u}\frac{du}{dx} \tag{1.7}$$

$$\text{또는 } \frac{d}{dx}[\ln g(x)] = \frac{g'(x)}{g(x)} \tag{1.8}$$

예제 1-22

$\dfrac{d}{dx}\ln(\cos x)$를 구하라.

풀이

식 (1.7)을 적용하면 다음을 얻는다.

$$\frac{d}{dx}\ln(\cos x) = \frac{1}{\cos x}\frac{d}{dx}(\cos x) = \frac{1}{\cos x}(-\sin x) = -\tan x$$

예제 1-23

$f(x) = \sqrt{\ln x}$ 를 미분하라.

풀이

로그함수가 내부함수이므로 연쇄법칙을 이용하면 다음을 얻는다.

$$f'(x) = \frac{1}{2}(\ln x)^{-1/2}\frac{d}{dx}(\ln x) = \frac{1}{2\sqrt{\ln x}} \cdot \frac{1}{x} = \frac{1}{2x\sqrt{\ln x}}$$

예제 1-24

$\dfrac{d}{dx}\ln\dfrac{x+1}{\sqrt{x-2}}$ 을 구하라.

풀이

방법 1

식 (1.7)을 적용하면 다음을 얻는다.

$$\frac{d}{dx}\ln\frac{x+1}{\sqrt{x-2}} = \frac{1}{\dfrac{x+1}{\sqrt{x-2}}}\frac{d}{dx}\frac{x+1}{\sqrt{x-2}}$$

$$= \frac{\sqrt{x-2}}{x+1} \frac{\sqrt{x-2} \cdot 1-(x+1)(\frac{1}{2})(x-2)^{-1/2}}{x-2}$$

$$= \frac{x-2-\frac{1}{2}(x+1)}{(x+1)(x-2)} = \frac{x-5}{2(x+1)(x-2)}$$

방법 2

먼저 로그법칙을 이용해 주어진 함수를 간단히 하면 다음과 같이 미분하기가 쉽다.

$$\frac{d}{dx}\ln\frac{x+1}{\sqrt{x-2}} = \frac{d}{dx}[\ln(x+1)-\frac{1}{2}\ln(x-2)]$$

$$= \frac{1}{x+1} - \frac{1}{2}\left(\frac{1}{x-2}\right)$$

분모를 통분하여 정리하면 **방법 1** 의 결과와 같다.

지수함수의 도함수는 다음과 같이 구한다.

정리 1-8 지수함수의 미분법

$$\frac{d}{dx}(a^x) = a^x \ln a \tag{1.9}$$

$$\frac{d}{dx}(e^x) = e^x \tag{1.10}$$

예제 1-25

$\frac{d}{dx}\left(10^{x^2}\right)$을 구하라.

풀이

식 (1.9)와 연쇄법칙을 적용하면 다음을 얻는다.

$$\frac{d}{dx}(10^{x^2}) = 10^{x^2}(\ln 10)\frac{d}{dx}(x^2) = (2\ln 10)x10^{x^2}$$

예제 1-26

함수 $y = e^{\tan x}$을 미분하라.

풀이

연쇄법칙을 이용하기 위해 $u=\tan x$로 치환하면, $y=e^u$이므로 다음을 얻는다.

$$\frac{dy}{dx}=\frac{dy}{du}\frac{du}{dx}=e^u\frac{du}{dx}=e^{\tan x}\sec^2 x$$

일반적으로 [예제 1-26]과 같이 식 (1.10)과 연쇄법칙을 결합하면 다음을 얻는다.

$$\frac{d}{dx}(e^u)=e^u\frac{du}{dx} \tag{1.11}$$

예제 1-27 응용

$y=e^{-4x}\cos 5x$일 때, y'을 구하라.

풀이

식 (1.11)과 곱의 미분법을 적용하면 다음을 얻는다.

$$y'=e^{-4x}(-\sin 5x)(5)+(\cos 5x)e^{-4x}(-4)=e^{-4x}(-5\sin 5x-4\cos 5x)$$

■ 로그미분법

곱, 몫 또는 거듭제곱을 포함하는 복잡한 함수의 도함수는 로그를 취해 간단히 계산할 수 있다. 이와 같은 방법을 **로그미분법** logarithmic differentiation 이라고 하며, 다음과 같이 구할 수 있다.

❶ 방정식 $y=f(x)$의 양변에 로그를 취하고, 로그의 성질을 이용해서 간단히 한다.

❷ x에 관해 음함수 형태로 미분한다.

❸ 결과로 얻은 방정식을 y'에 대해 푼다.

예제 1-28

$y=\dfrac{x^{3/4}\sqrt{x^2+1}}{(3x+2)^5}$을 미분하라.

풀이

먼저 양변에 로그를 취해 간단히 정리하면 다음을 얻는다.

$$\ln y=\frac{3}{4}\ln x+\frac{1}{2}\ln(x^2+1)-5\ln(3x+2)$$

x에 대해 음함수 형태로 미분하면 다음을 얻는다.

$$\frac{1}{y}\frac{dy}{dx}=\frac{3}{4}\frac{1}{x}+\frac{1}{2}\frac{2x}{x^2+1}-\frac{15}{3x+2}$$

이 방정식을 $\frac{dy}{dx}$에 관해 풀면

$$\frac{dy}{dx}=y\left(\frac{3}{4x}+\frac{x}{x^2+1}-\frac{15}{3x+2}\right)$$

이고, 이 식에 주어진 y에 대한 식을 대입하면 다음을 얻는다.

$$\frac{dy}{dx}=\frac{x^{3/4}\sqrt{x^2+1}}{(3x+2)^5}\left(\frac{3}{4x}+\frac{x}{x^2+1}-\frac{15}{3x+2}\right)$$

예제 1-29

$y=x^{\sqrt{x}}$을 미분하라.

풀이

방법 1

로그미분법을 이용하면 $\ln y=\ln x^{\sqrt{x}}=\sqrt{x}\ln x$이므로, 다음을 얻는다.

$$\frac{y'}{y}=\sqrt{x}\cdot\frac{1}{x}+(\ln x)\frac{1}{2\sqrt{x}}$$

$$y'=y\left(\frac{1}{\sqrt{x}}+\frac{\ln x}{2\sqrt{x}}\right)=x^{\sqrt{x}}\left(\frac{2+\ln x}{2\sqrt{x}}\right)$$

방법 2

$x^{\sqrt{x}}=(e^{\ln x})^{\sqrt{x}}$이라 하고, x에 대해 미분하면 다음을 얻는다.

$$\frac{d}{dx}(x^{\sqrt{x}})=\frac{d}{dx}(e^{\sqrt{x}\ln x})=e^{\sqrt{x}\ln x}\frac{d}{dx}(\sqrt{x}\ln x)=x^{\sqrt{x}}\left(\frac{2+\ln x}{2\sqrt{x}}\right)$$

쌍곡선함수의 미분법

먼저 쌍곡선함수는 다음과 같이 정의한다.

정의 1-9 쌍곡선함수

(1) $\sinh x = \dfrac{e^{x} - e^{-x}}{2}$

(2) $\cosh x = \dfrac{e^{x} + e^{-x}}{2}$

(3) $\tanh x = \dfrac{\sinh x}{\cosh x}$

(4) $\operatorname{csch} x = \dfrac{1}{\sinh x}$

(5) $\operatorname{sech} x = \dfrac{1}{\cosh x}$

(6) $\coth x = \dfrac{\cosh x}{\sinh x}$

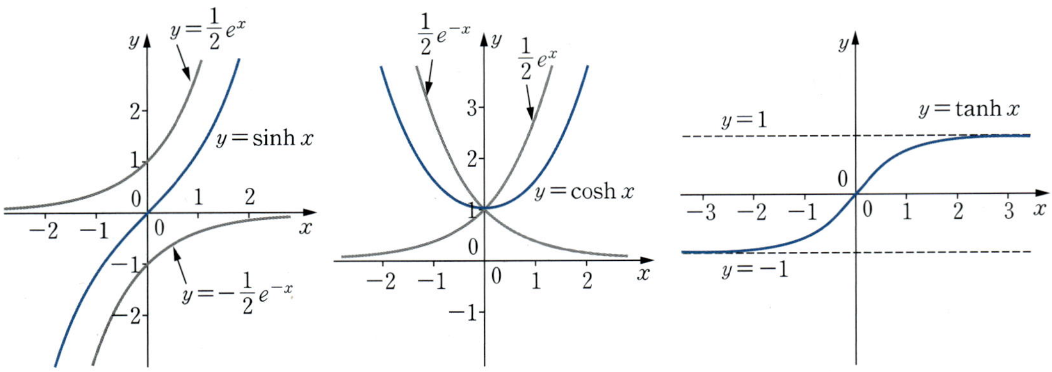

[그림 1-2] $\sinh x$, $\cosh x$, $\tanh x$의 그래프

쌍곡선함수는 다음의 항등식이 성립한다.

정리 1-10 쌍곡선함수의 항등식

(1) $\sinh(-x) = -\sinh x$, $\cosh(-x) = \cosh x$

(2) $\cosh^2 x - \sinh^2 x = 1$, $1 - \tanh^2 x = \operatorname{sech}^2 x$

(3) $\sinh(x+y) = \sinh x \cosh y + \cosh x \sinh y$

$\cosh(x+y) = \cosh x \cosh y + \sinh x \sinh y$

이러한 쌍곡선함수의 도함수는 다음과 같이 구한다.

정리 1-11 쌍곡선함수의 미분법

(1) $\dfrac{d}{dx}(\sinh x) = \cosh x$

(2) $\dfrac{d}{dx}(\cosh x) = \sinh x$

(3) $\dfrac{d}{dx}(\tanh x) = \operatorname{sech}^2 x$

(4) $\dfrac{d}{dx}(\operatorname{csch} x) = -\operatorname{csch} x \coth x$

(5) $\dfrac{d}{dx}(\operatorname{sech} x) = -\operatorname{sech} x \tanh x$

(6) $\dfrac{d}{dx}(\coth x) = -\operatorname{csch}^2 x$

예제 1-30

$\cosh\sqrt{x}$ 를 미분하라.

풀이

[정리 1-11]과 연쇄법칙을 이용하면 다음을 얻는다.

$$\frac{d}{dx}(\cosh\sqrt{x}) = \sinh\sqrt{x} \cdot \frac{d}{dx}\sqrt{x} = \frac{\sinh\sqrt{x}}{2\sqrt{x}}$$

쌍곡선함수의 역함수는 다음과 같이 정의한다.

정의 1-12 역쌍곡선함수

(1) $\sinh^{-1}x = \ln\left(x + \sqrt{x^2+1}\right),\ \ x \in \mathbb{R}$

(2) $\cosh^{-1}x = \ln(x + \sqrt{x^2-1}),\ \ x \geq 1$

(3) $\tanh^{-1}x = \frac{1}{2}\ln\left(\frac{1+x}{1-x}\right),\ \ -1 < x < 1$

역쌍곡선함수도 다음과 같이 도함수를 구할 수 있다.

정리 1-13 역쌍곡선함수의 미분법

(1) $\frac{d}{dx}(\sinh^{-1}x) = \frac{1}{\sqrt{1+x^2}}$

(2) $\frac{d}{dx}(\cosh^{-1}x) = \frac{1}{\sqrt{x^2-1}}$

(3) $\frac{d}{dx}(\tanh^{-1}x) = \frac{1}{1-x^2}$

(4) $\frac{d}{dx}(\mathrm{csch}^{-1}x) = -\frac{1}{|x|\sqrt{x^2+1}}$

(5) $\frac{d}{dx}(\mathrm{sech}^{-1}x) = -\frac{1}{x\sqrt{1-x^2}}$

(6) $\frac{d}{dx}(\coth^{-1}x) = \frac{1}{1-x^2}$

예제 1-31

$\frac{d}{dx}(\sinh^{-1}x) = \frac{1}{\sqrt{1+x^2}}$ 임을 증명하라.

풀이

방법 1

$y=\sinh^{-1}x$라 놓으면 $\sinh y=x$이다. 이 식을 음함수 미분법으로 x에 관해 미분하면

$$\cosh y\frac{dy}{dx}=1$$

이다. 한편, $\cosh^2 y-\sinh^2 y=1$이고 $\cosh y\geq 0$이므로 $\cosh y=\sqrt{1+\sinh^2 y}$이다. 따라서 다음을 얻는다.

$$\frac{dy}{dx}=\frac{1}{\cosh y}=\frac{1}{\sqrt{1+\sinh^2 y}}=\frac{1}{\sqrt{1+x^2}}$$

방법 2

[정의 1-12]를 적용하면 다음을 얻는다.

$$\begin{aligned}\frac{d}{dx}(\sinh^{-1}x)&=\frac{d}{dx}\ln(x+\sqrt{x^2+1})\\&=\frac{1}{x+\sqrt{x^2+1}}\frac{d}{dx}(x+\sqrt{x^2+1})\\&=\frac{1}{x+\sqrt{x^2+1}}\left(1+\frac{x}{\sqrt{x^2+1}}\right)\\&=\frac{\sqrt{x^2+1}+x}{(x+\sqrt{x^2+1})\sqrt{x^2+1}}=\frac{1}{\sqrt{x^2+1}}\end{aligned}$$

예제 1-32

$\dfrac{d}{dx}[\tanh^{-1}(\sin x)]$를 구하라.

풀이

[정리 1-13]과 연쇄법칙을 이용하면 다음을 얻는다.

$$\begin{aligned}\frac{d}{dx}[\tanh^{-1}(\sin x)]&=\frac{1}{1-(\sin x)^2}\frac{d}{dx}(\sin x)\\&=\frac{1}{1-\sin^2 x}\cos x=\frac{\cos x}{\cos^2 x}=\sec x\end{aligned}$$

예제 1-33

$\int_0^1 \frac{dx}{\sqrt{1+x^2}}$ 를 구하라.

풀이

$\frac{1}{\sqrt{1+x^2}}$ 의 역도함수가 $\sinh^{-1}x$ 이므로 다음을 얻는다.

$$\int_0^1 \frac{dx}{\sqrt{1+x^2}} = \sinh^{-1}x\Big]_0^1$$

$$= \sinh^{-1}1 = \ln(1+\sqrt{2})$$

Section
1.3 편도함수

이 절에서는 편도함수의 정의를 살펴보고, 편도함수의 연쇄법칙과 편도함수의 음함수 미분법에 대해 알아보자.

편도함수의 정의

f가 두 변수 x, y의 함수일 때, 예를 들어 $y=b$(b는 상수)로 y를 고정하고 x만 변한다고 가정하자. 그러면 일변수 x만의 함수인 $g(x)=f(x, b)$를 생각할 수 있다. g가 a에서 미분계수를 가지면, 이를 **(a, b)에서 x에 관한 f의 편미분계수**라고 하고, 기호 $f_x(a, b)$로 나타낸다.

$$g(x)=f(x, b) \text{ 인 경우 } f_x(a, b)=g'(a) \tag{1.12}$$

미분계수의 정의에 의해 다음과 같이 나타낼 수 있다.

$$g'(a)=\lim_{h\to 0}\frac{g(a+h)-g(a)}{h}$$

따라서 식 (1.12)는 다음과 같다.

$$f_x(a, b)=\lim_{h\to 0}\frac{f(a+h, b)-f(a, b)}{h} \tag{1.13}$$

이와 마찬가지로 (a, b)에서 y에 관한 f의 편미분계수 $f_y(a, b)$는 x를 $x=a$로 고정시키고 함수 $g(y)=f(a, y)$의 b에서의 미분계수를 구함으로써 다음을 얻을 수 있다.

$$f_y(a, b)=\lim_{h\to 0}\frac{f(a, b+h)-f(a, b)}{h} \tag{1.14}$$

정의 1-14 편도함수

f가 이변수 함수이면, **편도함수**partial derivative f_x와 f_y는 다음과 같이 정의된다.

$$f_x(x, y)=\lim_{h\to 0}\frac{f(x+h, y)-f(x, y)}{h}$$

$$f_y(x, y)=\lim_{h\to 0}\frac{f(x, y+h)-f(x, y)}{h}$$

편도함수를 나타내는 다른 기호는 많이 있다. 예를 들어 f_x 대신 f_1 또는 $D_1 f$ (첫 번째 변수에 관해 미분했음을 나타내기 위해) 또는 $\partial f/\partial x$ 로 쓸 수 있다. 그러나 여기서 $\partial f/\partial x$ 는 미분의 몫으로 해석할 수 없다.

만약 $z = f(x, y)$ 라고 할 때, 편도함수의 기호는 다음과 같이 쓴다.

$$f_x(x, y) = f_x = \frac{\partial f}{\partial x} = \frac{\partial}{\partial x} f(x, y) = \frac{\partial z}{\partial x} = f_1 = D_1 f = D_x f$$

$$f_y(x, y) = f_y = \frac{\partial f}{\partial y} = \frac{\partial}{\partial y} f(x, y) = \frac{\partial z}{\partial y} = f_2 = D_2 f = D_y f$$

편도함수를 계산하기 위해 식 (1.12)로부터 x에 관한 편도함수는 y를 고정함으로써 얻어지는 일변수 함수 g의 보통의 도함수라는 사실을 기억해야 한다. 따라서 $z = f(x, y)$ 의 편도함수를 구하는 다음과 같은 규칙을 갖는다.

- y를 상수로 취급하고 x에 대해 $f(x, y)$를 미분해서 f_x를 구한다.
- x를 상수로 취급하고 y에 대해 $f(x, y)$를 미분해서 f_y를 구한다.

예제 1-34

$f(x, y) = x^4 + x^2y^3 - 2y^2$ 일 때 $f_x(2, 1)$과 $f_y(2, 1)$을 구하라.

풀이

먼저, y를 상수로 취급하고 x에 대해 $f(x, y)$를 미분하면 다음과 같다.

$$f_x(x, y) = 4x^3 + 2xy^3$$

또한 x를 상수로 취급하고 y에 관해 $f(x, y)$를 미분하면 다음과 같다.

$$f_y(x, y) = 3x^2y^2 - 4y$$

그러므로 다음을 얻는다.

$$f_x(2, 1) = 4 \cdot 2^3 + 2 \cdot 2 \cdot 1^3 = 36$$

$$f_y(2, 1) = 3 \cdot 2^2 \cdot 1^2 - 4 \cdot 1 = 8$$

예제 1-35

$f(x, y) = \cos\left(\dfrac{x}{1+y}\right)$ 일 때 $\dfrac{\partial f}{\partial x}$ 와 $\dfrac{\partial f}{\partial y}$ 를 구하라.

풀이

일변수 함수에 관한 연쇄법칙을 이용하면 다음을 얻는다.

$$\frac{\partial f}{\partial x} = -\sin\left(\frac{x}{1+y}\right) \cdot \frac{\partial}{\partial x}\left(\frac{x}{1+y}\right) = -\sin\left(\frac{x}{1+y}\right)\frac{1}{1+y}$$

$$\frac{\partial f}{\partial y} = -\sin\left(\frac{x}{1+y}\right) \cdot \frac{\partial}{\partial y}\left(\frac{x}{1+y}\right) = \sin\left(\frac{x}{1+y}\right)\frac{x}{(1+y)^2}$$

예제 1-36

방정식 $x^4 + y^4 + z^4 + 8xyz = 1$에 의해 z가 x와 y에 관한 음함수로 정의될 때, $\frac{\partial z}{\partial x}$와 $\frac{\partial z}{\partial y}$를 구하라.

풀이

$\frac{\partial z}{\partial x}$를 구하기 위해 y를 상수로 취급하고 x에 관해 음함수 미분을 하면 다음과 같다.

$$4x^3 + 4z^3\frac{\partial z}{\partial x} + 8yz + 8xy\frac{\partial z}{\partial x} = 0$$

이 식을 $\frac{\partial z}{\partial x}$에 관해 풀면 다음을 얻는다.

$$\frac{\partial z}{\partial x} = -\frac{x^3 + 2yz}{z^3 + 2xy}$$

같은 방법으로, y에 관해 음함수 미분을 하면 다음을 얻는다.

$$\frac{\partial z}{\partial y} = -\frac{y^3 + 2xz}{z^3 + 2xy}$$

■ 이변수 이상의 편도함수

편도함수는 세 개 이상 변수의 함수에 대해서도 역시 정의할 수 있다. 예를 들어 f가 x, y, z의 삼변수 함수일 때 x에 관한 편도함수는 다음과 같이 정의된다.

$$f_x(x, y, z) = \lim_{h \to 0}\frac{f(x+h, y, z) - f(x, y, z)}{h}$$

이는 y와 z를 상수로 취급하고, $f(x, y, z)$를 x에 관해 미분하여 구하는 것이다.

$w=f(x, y, z)$라 하면 $f_x=\dfrac{\partial w}{\partial x}$는 y와 z를 고정시킬 때 x에 관한 w의 변화율로 설명할 수 있다. 그러나 f의 그래프는 4차원 공간에 놓여 있기 때문에 이를 기하학적으로 설명할 수는 없다. 보통 u가 n변수 함수 $u=f(x_1, x_2, \cdots, x_n)$일 때, i번째 함수 x_i에 관한 편도함수 다음과 같다.

$$\frac{\partial u}{\partial x_i}=\lim_{h\to 0}\frac{f(x_1, \cdots, x_{i-1}, x_i+h, x_{i+1}, \cdots, x_n)-f(x_1, \cdots, x_i, \cdots, x_n)}{h}$$

또한 다음과 같이 쓰기도 한다.

$$\frac{\partial u}{\partial x_i}=\frac{\partial f}{\partial x_i}=f_{x_i}=f_i=D_i f$$

예제 1-37

$f(x, y, z)=e^{xy}\ln z$일 때, f_x, f_y, f_z를 구하라.

풀이

y와 z를 상수로 취급하고 x에 관해 미분하면 다음과 같다.

$$f_x=ye^{xy}\ln z$$

같은 방법으로, y와 z에 관해 미분하면 각각 다음과 같다.

$$f_y=xe^{xy}\ln z, \quad f_z=\frac{e^{xy}}{z}$$

■ **고계 편도함수**

f가 이변수 함수이면 편도함수 f_x와 f_y도 이변수 함수이므로, 편도함수 $(f_x)_x$, $(f_x)_y$, $(f_y)_x$, $(f_y)_y$도 생각할 수 있다. 이를 f의 **2계 편도함수**second partial derivative라 한다. $z=f(x, y)$이면 다음과 같은 기호로 나타낸다.

$$(f_x)_x=f_{xx}=f_{11}=\frac{\partial}{\partial x}\left(\frac{\partial f}{\partial x}\right)=\frac{\partial^2 f}{\partial x^2}=\frac{\partial^2 z}{\partial x^2}$$

$$(f_x)_y=f_{xy}=f_{12}=\frac{\partial}{\partial y}\left(\frac{\partial f}{\partial x}\right)=\frac{\partial^2 f}{\partial y\partial x}=\frac{\partial^2 z}{\partial y\partial x}$$

$$(f_y)_x=f_{yx}=f_{21}=\frac{\partial}{\partial x}\left(\frac{\partial f}{\partial y}\right)=\frac{\partial^2 f}{\partial x\partial y}=\frac{\partial^2 z}{\partial x\partial y}$$

$$(f_y)_y=f_{yy}=f_{22}=\frac{\partial}{\partial y}\left(\frac{\partial f}{\partial y}\right)=\frac{\partial^2 f}{\partial y^2}=\frac{\partial^2 z}{\partial y^2}$$

그러므로 기호 f_{xy}(또는 $\dfrac{\partial^2 f}{\partial y \partial x}$)는 먼저 x에 관해 미분하고 다음으로 y에 관해 미분하는 것이고, 반면 f_{yx}는 반대의 순서로 미분하는 것이다.

예제 1-38

$f(x, y) = x^3 + x^2y^3 - 2y^2$의 2계 편도함수를 구하라.

풀이

$f_x(x, y) = 3x^2 + 2xy^3$, $f_y(x, y) = 3x^2y^2 - 4y$이므로, 이에 대한 2계 편도함수를 구하면 다음과 같다.

$$f_{xx} = \frac{\partial}{\partial x}(3x^2 + 2xy^3) = 6x + 2y^3, \quad f_{xy} = \frac{\partial}{\partial y}(3x^2 + 2xy^3) = 6xy^2$$

$$f_{yx} = \frac{\partial}{\partial x}(3x^2y^2 - 4y) = 6xy^2, \quad f_{yy} = \frac{\partial}{\partial y}(3x^2y^2 - 4y) = 6x^2y - 4$$

정리 1-15 클레로의 정리

점 (a, b)를 포함하는 원판 D에서 정의되는 함수를 f라 하자. 함수 f_{xy}와 f_{yx}가 D에서 모두 연속이면 다음이 성립한다.

$$f_{xy}(a, b) = f_{yx}(a, b)$$

3계 이상의 편도함수도 정의할 수 있는데, 예를 들어 다음과 같이 나타낼 수 있다.

$$f_{xyy} = (f_{xy})_y = \frac{\partial}{\partial y}\left(\frac{\partial^2 f}{\partial y \partial x}\right) = \frac{\partial^3 f}{\partial y^2 \partial x}$$

클레로의 정리를 이용해서 이런 함수들이 연속이면 $f_{xyy} = f_{yxy} = f_{yyx}$ 임을 밝힐 수 있다.

예제 1-39

$f(x, y, z) = \sin(3x + yz)$일 때, f_{xxyz}를 구하라.

풀이

편도함수를 순차적으로 구하면 다음과 같다.

$$f_x = 3\cos(3x+yz)$$
$$f_{xx} = -9\sin(3x+yz)$$
$$f_{xxy} = -9z\cos(3x+yz)$$
$$f_{xxyz} = -9\cos(3x+yz) + 9yz\sin(3x+yz)$$

편도함수의 연쇄법칙

$y=f(x)$, $x=g(t)$이고 f와 g가 미분가능한 함수이면, y는 간접적으로 t에 관해 미분가능한 함수이고 다음이 성립한다.

$$\frac{dy}{dt} = \frac{dy}{dx}\frac{dx}{dt} \tag{1.15}$$

이러한 법칙은 편도함수에서도 성립한다.

정리 1-16 편도함수의 연쇄법칙(1)

$z=f(x, y)$가 x와 y에 관해 미분가능한 함수이고, $x=g(t)$와 $y=h(t)$가 모두 t에 관해 미분가능한 함수라고 가정하자. 그러면 z는 t에 관해 미분가능한 함수이고, 다음이 성립한다.

$$\frac{dz}{dt} = \frac{\partial z}{\partial x}\frac{dx}{dt} + \frac{\partial z}{\partial y}\frac{dy}{dt} \tag{1.16}$$

예제 1-40

$x=\sin 2t$, $y=\cos t$, $z=x^2y+3xy^4$일 때, $t=0$에서 $\dfrac{dz}{dt}$를 구하라.

풀이

[정리 1-16]을 적용하면 다음을 얻는다.

$$\begin{aligned}\frac{dz}{dt} &= \frac{\partial z}{\partial x}\frac{dx}{dt} + \frac{\partial z}{\partial y}\frac{dy}{dt} \\ &= (2xy+3y^4)(2\cos 2t) + (x^2+12xy^3)(-\sin t)\end{aligned}$$

이제 [정리 1-16]을 확장하여 x와 y가 이변수 함수인 경우를 생각해보자.

정리 1-17 편도함수의 연쇄법칙(2)

$z=f(x, y)$가 x와 y에 관해 미분가능한 함수이고, $x=g(s, t)$와 $y=h(s, t)$가 모두 s와 t에 대해 미분가능한 함수라고 가정하자. 그러면 다음이 성립한다.

$$\begin{aligned}\frac{\partial z}{\partial s}&=\frac{\partial z}{\partial x}\frac{\partial x}{\partial s}+\frac{\partial z}{\partial y}\frac{\partial y}{\partial s}\\ \frac{\partial z}{\partial t}&=\frac{\partial z}{\partial x}\frac{\partial x}{\partial t}+\frac{\partial z}{\partial y}\frac{\partial y}{\partial t}\end{aligned} \tag{1.17}$$

예제 1-41

$z=e^x\sin y$, $x=st^2$, $y=s^2t$일 때 $\dfrac{\partial z}{\partial s}$와 $\dfrac{\partial z}{\partial t}$를 구하라.

풀이

[정리 1-17]을 적용하면 다음을 얻는다.

$$\begin{aligned}\frac{\partial z}{\partial s}&=\frac{\partial z}{\partial x}\frac{\partial x}{\partial s}+\frac{\partial z}{\partial y}\frac{\partial y}{\partial s}=(e^x\sin y)(t^2)+(e^x\cos y)(2st)\\ &=t^2e^{st^2}\sin(s^2t)+2ste^{st^2}\cos(s^2t)\\ \frac{\partial z}{\partial t}&=\frac{\partial z}{\partial x}\frac{\partial x}{\partial t}+\frac{\partial z}{\partial y}\frac{\partial y}{\partial t}=(e^x\sin y)(2st)+(e^x\cos y)(s^2)\\ &=2ste^{st^2}\sin(s^2t)+s^2e^{st^2}\cos(s^2t)\end{aligned}$$

[정리 1-17]을 n개의 미분가능한 함수 x_i로 확장해보자.

정리 1-18 편도함수의 연쇄법칙(3)

u는 n개의 변수 $x_1, x_2, \cdots, x_n$에 대해 미분가능한 함수이고, 각 x_j는 m개의 변수 $t_1, t_2, \cdots, t_m$에 대해 미분가능한 함수라 가정하자. 그러면 u는 $t_1, t_2, \cdots, t_m$에 관한 함수이고, $i=1, 2, \cdots, m$에 대해 다음이 성립한다.

$$\frac{\partial u}{\partial t_i}=\frac{\partial u}{\partial x_1}\frac{\partial x_1}{\partial t_i}+\frac{\partial u}{\partial x_2}\frac{\partial x_2}{\partial t_i}+\cdots+\frac{\partial u}{\partial x_n}\frac{\partial x_n}{\partial t_i} \tag{1.18}$$

예제 1-42

함수 w가 다음과 같을 때, $\dfrac{\partial w}{\partial u}$와 $\dfrac{\partial w}{\partial v}$를 구하라.

$$w=f(x, y, z, t),\ x=x(u, v),\ y=y(u, v),\ z=z(u, v),\ t=t(u, v)$$

풀이

함수 $w=f(x,y,z,t)$를 변수에 따라 나타내면 다음과 같다.

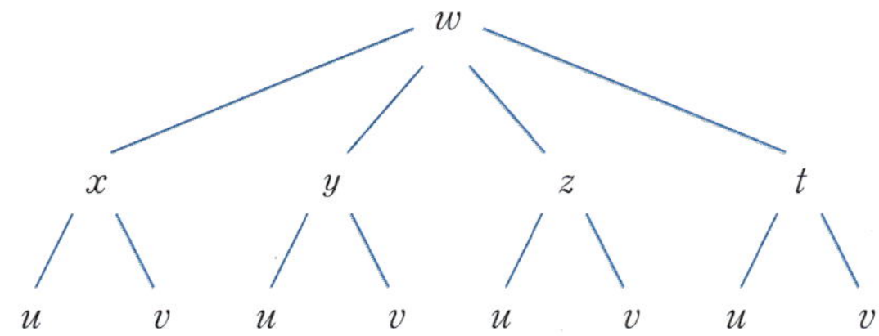

따라서 [정리 1-18]을 $n=4$, $m=2$인 경우에 적용하면 다음을 얻는다.

$$\frac{\partial w}{\partial u}=\frac{\partial w}{\partial x}\frac{\partial x}{\partial u}+\frac{\partial w}{\partial y}\frac{\partial y}{\partial u}+\frac{\partial w}{\partial z}\frac{\partial z}{\partial u}+\frac{\partial w}{\partial t}\frac{\partial t}{\partial u}$$

$$\frac{\partial w}{\partial v}=\frac{\partial w}{\partial x}\frac{\partial x}{\partial v}+\frac{\partial w}{\partial y}\frac{\partial y}{\partial v}+\frac{\partial w}{\partial z}\frac{\partial z}{\partial v}+\frac{\partial w}{\partial t}\frac{\partial t}{\partial v}$$

예제 1-43

$x=rse^t$, $y=rs^2e^{-t}$, $z=r^2s\sin t$이고 $u=x^4y+y^2z^3$이라고 한다. $r=2$, $s=1$, $t=0$일 때, $\frac{\partial u}{\partial s}$를 구하라.

풀이

함수 $u=x^4y+y^2z^3$을 변수에 따라 나타내면 다음과 같다.

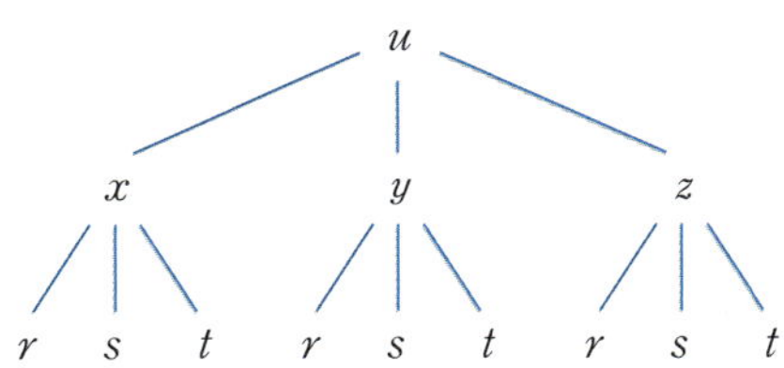

[정리 1-18]을 적용하여 $\frac{\partial u}{\partial s}$를 구하면

$$\begin{aligned}\frac{\partial u}{\partial s}&=\frac{\partial u}{\partial x}\frac{\partial x}{\partial s}+\frac{\partial u}{\partial y}\frac{\partial y}{\partial s}+\frac{\partial u}{\partial z}\frac{\partial z}{\partial s}\\&=(4x^3y)(re^t)+(x^4+2yz^3)(2rse^{-t})+(3y^2z^2)(r^2\sin t)\end{aligned}$$

이다. 그러면 $r=2$, $s=1$, $t=0$일 때 $x=2$, $y=2$, $z=0$이므로 다음을 얻는다.

$$\frac{\partial u}{\partial s}=(64)(2)+(16)(4)+(0)(0)=192$$

예제 1-44

$g(s,t)=f(s^2-t^2,\ t^2-s^2)$이고 f가 미분가능할 때, g가 방정식 $t\dfrac{\partial g}{\partial s}+s\dfrac{\partial g}{\partial t}=0$을 만족함을 보여라.

풀이

$x=s^2-t^2,\ y=t^2-s^2$이라 하자. 그러면 $g(s,t)=f(x,y)$이고, 연쇄법칙을 적용하면

$$\frac{\partial g}{\partial s}=\frac{\partial f}{\partial x}\frac{\partial x}{\partial s}+\frac{\partial f}{\partial y}\frac{\partial y}{\partial s}=\frac{\partial f}{\partial x}(2s)+\frac{\partial f}{\partial y}(-2s)$$

$$\frac{\partial g}{\partial t}=\frac{\partial f}{\partial x}\frac{\partial x}{\partial t}+\frac{\partial f}{\partial y}\frac{\partial y}{\partial t}=\frac{\partial f}{\partial x}(-2t)+\frac{\partial f}{\partial y}(2t)$$

이다. 그러므로 다음이 성립한다.

$$t\frac{\partial g}{\partial s}+s\frac{\partial g}{\partial t}=\left(2st\frac{\partial f}{\partial x}-2st\frac{\partial f}{\partial y}\right)+\left(-2st\frac{\partial f}{\partial x}+2st\frac{\partial f}{\partial y}\right)=0$$

예제 1-45

$z=f(x,y)$가 연속인 2계 편도함수를 가지고, $x=r^2+s^2$이고 $y=2rs$일 때 다음을 구하라.

(a) $\dfrac{\partial z}{\partial r}$ (b) $\dfrac{\partial^2 z}{\partial r^2}$

풀이

(a) 함수 $z=f(x,y)$를 변수에 따라 나타내면 다음과 같다.

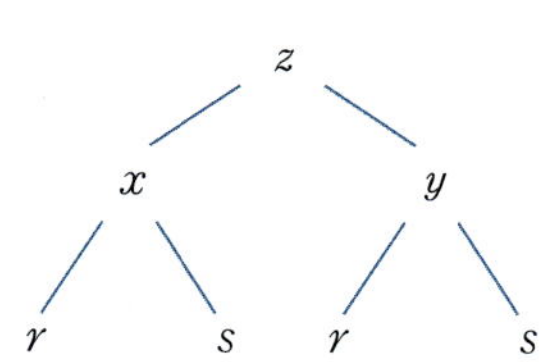

[정리 1-17]을 적용하면 다음을 얻는다.

$$\frac{\partial z}{\partial r}=\frac{\partial z}{\partial x}\frac{\partial x}{\partial r}+\frac{\partial z}{\partial y}\frac{\partial y}{\partial r}=\frac{\partial z}{\partial x}(2r)+\frac{\partial z}{\partial y}(2s)$$

(b) (a)의 결과식에 곱의 미분법을 적용하면 다음을 얻는다.

$$\frac{\partial^2 z}{\partial r^2}=\frac{\partial}{\partial r}\left(2r\frac{\partial z}{\partial x}+2s\frac{\partial z}{\partial y}\right)=2\frac{\partial z}{\partial x}+2r\frac{\partial}{\partial r}\left(\frac{\partial z}{\partial x}\right)+2s\frac{\partial}{\partial r}\left(\frac{\partial z}{\partial y}\right) \tag{1.19}$$

이때 연쇄법칙을 적용해서 $\frac{\partial}{\partial r}\left(\frac{\partial z}{\partial x}\right)$와 $\frac{\partial}{\partial r}\left(\frac{\partial z}{\partial y}\right)$를 구하면 각각 다음과 같다.

$$\frac{\partial}{\partial r}\left(\frac{\partial z}{\partial x}\right)=\frac{\partial}{\partial x}\left(\frac{\partial z}{\partial x}\right)\frac{\partial x}{\partial r}+\frac{\partial}{\partial y}\left(\frac{\partial z}{\partial x}\right)\frac{\partial y}{\partial r}=\frac{\partial^2 z}{\partial x^2}(2r)+\frac{\partial^2 z}{\partial y\partial x}(2s)$$

$$\frac{\partial}{\partial r}\left(\frac{\partial z}{\partial y}\right)=\frac{\partial}{\partial x}\left(\frac{\partial z}{\partial y}\right)\frac{\partial x}{\partial r}+\frac{\partial}{\partial y}\left(\frac{\partial z}{\partial y}\right)\frac{\partial y}{\partial r}=\frac{\partial^2 z}{\partial x\partial y}(2r)+\frac{\partial^2 z}{\partial y^2}(2s)$$

이를 식 (1.19)에 대입하여 정리하면 다음을 얻는다.

$$\begin{aligned}\frac{\partial^2 z}{\partial r^2}&=2\frac{\partial z}{\partial x}+2r\left(2r\frac{\partial^2 z}{\partial x^2}+2s\frac{\partial^2 z}{\partial y\partial x}\right)+2s\left(2r\frac{\partial^2 z}{\partial x\partial y}+2s\frac{\partial^2 z}{\partial y^2}\right)\\&=2\frac{\partial z}{\partial x}+4r^2\frac{\partial^2 z}{\partial x^2}+8rs\frac{\partial^2 z}{\partial x\partial y}+4s^2\frac{\partial^2 z}{\partial y^2}\end{aligned}$$

편도함수의 음함수 미분법

x에 대한 미분가능한 함수로서 y가 $F(x, y)=0$과 같은 음함수 형태로 정의된다고 가정하자. 다시 말해, f의 정의역에 있는 모든 x에 대해 $F(x, (f(x))=0$인 $y=f(x)$를 의미한다. F가 미분가능하면 [정리 1-16]을 적용해서 x에 대해 $F(x, y)=0$의 양변을 미분할 수 있다. x와 y는 모두 x의 함수이므로 다음을 얻는다.

$$\frac{\partial F}{\partial x}\frac{dx}{dx}+\frac{\partial F}{\partial y}\frac{dy}{dx}=0$$

그러나 $\frac{dx}{dx}=1$이므로, $\frac{\partial F}{\partial y}\neq 0$일 때 $\frac{dy}{dx}$에 대해 풀면 다음을 얻는다.

$$\frac{dy}{dx}=-\frac{\frac{\partial F}{\partial x}}{\frac{\partial F}{\partial y}}=-\frac{F_x}{F_y} \tag{1.20}$$

예제 1-46

$x^3+y^3=6xy$일 때 y'을 구하라.

풀이

주어진 식은 $F(x, y)=x^3+y^3-6xy=0$으로 쓸 수 있다. 따라서 식 (1.20)에 의해 다음을 얻는다.

$$\frac{dy}{dx}=-\frac{F_x}{F_y}=-\frac{3x^2-6y}{3y^2-6x}=-\frac{x^2-2y}{y^2-2x}$$

이제 방정식 $F(x, y, z)=0$에서 z가 함수 $z=f(x, y)$와 같이 음함수로 주어진다고 하자. 이는 f의 정의역의 모든 (x, y)에 대해 $F(x, y, f(x, y))=0$을 의미한다. F와 f가 미분가능하면 다음과 같이 연쇄법칙을 이용하여 $F(x, y, z)=0$을 미분할 수 있다.

$$\frac{\partial F}{\partial x}\frac{\partial x}{\partial x}+\frac{\partial F}{\partial y}\frac{\partial y}{\partial x}+\frac{\partial F}{\partial z}\frac{\partial z}{\partial x}=0$$

이때 $\frac{\partial}{\partial x}(x)=1$, $\frac{\partial}{\partial x}(y)=0$이므로

$$\frac{\partial F}{\partial x}+\frac{\partial F}{\partial z}\frac{\partial z}{\partial x}=0$$

이다. $\frac{\partial F}{\partial z}\neq 0$이면 $\frac{\partial z}{\partial x}$에 대해 풀 때, 다음을 얻는다.

$$\frac{\partial z}{\partial x}=-\frac{\dfrac{\partial F}{\partial x}}{\dfrac{\partial F}{\partial z}} \tag{1.21}$$

$\frac{\partial z}{\partial y}$도 비슷한 방법으로 다음을 얻는다.

$$\frac{\partial z}{\partial y}=-\frac{\dfrac{\partial F}{\partial y}}{\dfrac{\partial F}{\partial z}}$$

예제 1-47

$x^3+y^3+z^3+6xyz=1$일 때, $\frac{\partial z}{\partial x}$와 $\frac{\partial z}{\partial y}$를 구하라.

풀이

$F(x, y, z)=x^3+y^3+z^3+6xyz-1$이라 하자. 그러면 식 (1.21)에 의해 다음을 얻는다.

$$\frac{\partial z}{\partial x}=-\frac{F_x}{F_z}=-\frac{3x^2+6yz}{3z^2+6xy}=-\frac{x^2+2yz}{z^2+2xy}$$

$$\frac{\partial z}{\partial y}=-\frac{F_y}{F_z}=-\frac{3y^2+6xz}{3z^2+6xy}=-\frac{y^2+2xz}{z^2+2xy}$$

Chapter 01 연습문제

[1.1 도함수]

※ 다음 함수의 도함수를 구하라.

1. $f(x)=(x+x^3)^{20}$

2. $f(t)=\dfrac{t+2}{t^2-2}$

3. $g(x)=(x^3+1)^2(x^2-1)^4$

4. $g(t)=\dfrac{t^5-1}{t-1}$

※ 다음 도함수를 구하라. 단, x는 t의 함수이다.

5. $\dfrac{d}{dt}\{f(x^2+1)\}$

6. $\dfrac{d}{dt}\left\{f\left(\dfrac{x+1}{x-1}\right)\right\}$

7. $\dfrac{d}{dt}\left\{\dfrac{f(x)+1}{f(x)-1}\right\}$

※ $\dfrac{dy}{dx}$를 구하라.

8. $x^2+xy^2+3y^3=1$

9. $x=y^2-2y+3$

10. $y=u^3+2u,\ u=(2x+1)^2$

11. $xy=(x+y)^2$

[1.2 여러 함수의 미분법]

※ 다음 함수에서 $\dfrac{dy}{dx}$를 구하라.

12. $y=\cos(x^3-1)$

13. $y=\sec^2 x$

14. $x=y^2+\tan y$

15. $\cos x+\sin y=xy^2$

※ 다음 함수를 미분하라.

16. $y=\sin^{-1}\left(\dfrac{1}{x^2}\right)$

17. $y=\cos^{-1}(\sin x)$

18. $y=\sec^{-1}\sqrt{x^2-1}$

19. $y=\tan^{-1}\sqrt{x}$

※ 다음 함수를 미분하라.

20. $y=\ln(\cos x)$

21. $y=\ln(\sec x-\cot x)$

22. $y=x^2\ln x$

23. $y=\ln\sqrt{2x}$

※ 다음 함수를 미분하라.

24. $y=3^x\sin x$

25. $y=\sqrt{1-e^{3x}}$

26. $y=e^x\ln x$

27. $y=x^{\cos x}$

※ 다음 함수를 미분하라.

28. $y=\cosh(2x^3)$

29. $y=\tanh(1-x^3)$

30. $y=\sinh^{-1}(3x^2)$

31. $y=(\cosh^{-1}x)^2$

[1.3 편도함수]

32. $w=\ln(x^2-2y+3z^3)$일 때, $\dfrac{\partial w}{\partial z}$를 구하라.

33. $f(x, y, z)=\dfrac{x^2}{y^2+z^2}$일 때, $\dfrac{\partial f}{\partial z}(1, 2, 3)$을 구하라.

34. $u=x^2\cos(x-2y)$일 때, u_{xy}를 구하라.

35. $x^2+y^2+z^2+2xyz=1$일 때, $\dfrac{\partial z}{\partial x}$를 구하라.

Chapter 02

적분법

Integral

||| 목차 |||

||| 학습목표 |||

- 부정적분과 정적분의 정의를 이해한다.
- 삼각함수, 역삼각함수, 지수함수, 로그함수의 적분을 구한다.
- 부분분수에 의한 유리함수의 적분을 구한다.
- 부분적분법을 이용하여 적분을 구한다.

Section
2.1 부정적분과 정적분

이 절에서는 1장에서 살펴본 도함수의 법칙을 역으로 적용하여 기본적인 적분의 공식을 이끌어낼 것이다. 또한 정적분의 정의를 이해하고 정적분을 계산한다.

부정적분

함수 $f(x)$의 미분하기 이전의 함수에 대해 살펴보자.

정의 2-1 부정적분

함수 $F(x)$의 도함수가 $f(x)$일 때, 즉

$$F'(x) = f(x)$$

일 때, $F(x)$를 $f(x)$의 **원시함수**라고 한다. 모든 원시함수들을 x에 대한 **부정적분**이라 하고

$$F(x) + C = \int f(x)\,dx$$

로 나타낸다. 이때 C를 **적분상수**라 하고, $f(x)$를 **피적분함수**라고 한다. 그리고 $f(x)$의 부정적분을 구하는 것을 $f(x)$를 **적분한다**고 한다.

정리 2-2 x^a의 부정적분

a가 실수이고 C가 적분상수일 때, x^a의 부정적분은 다음과 같다.

(1) $a \neq -1$일 때,

$$\int x^a\,dx = \frac{1}{a+1}x^{a+1} + C$$

(2) $a = -1$일 때,

$$\int x^{-1}\,dx = \int \frac{1}{x}\,dx = \ln|x| + C$$

예제 2-1

다음 부정적분을 구하라.

(a) $\int x^3\,dx$

(b) $\int \frac{1}{x^3}\,dx$

(c) $\int t^{-\frac{1}{2}}\,dt$

(d) $\int t\sqrt{t}\,dt$

풀이

(a) [정리 2-2]의 (1)에서 $a=3$이므로

$$\int x^3\,dx = \frac{x^{3+1}}{3+1} + C = \frac{x^4}{4} + C$$

이다.

(b) [정리 2-2]의 (1)에서 $a=-3$이므로

$$\int \frac{1}{x^3}\,dx = \int x^{-3}\,dx = \frac{x^{-3+1}}{-3+1} + C = \frac{x^{-2}}{-2} + C = -\frac{1}{2}\frac{1}{x^2} + C$$

이다.

(c) [정리 2-2]의 (1)에서 $a=-\frac{1}{2}$이므로

$$\int t^{-\frac{1}{2}}\,dt = \frac{t^{-\frac{1}{2}+1}}{-\frac{1}{2}+1} + C = 2t^{\frac{1}{2}} + C$$

이다.

(d) [정리 2-2]의 (1)에서 $a=\frac{3}{2}$이므로

$$\int t\sqrt{t}\,dt = \int t^{\frac{3}{2}}\,dt = \frac{t^{\frac{3}{2}+1}}{\frac{3}{2}+1} + C = \frac{2}{5}t^{\frac{5}{2}} + C$$

이다.

정리 2-3 적분법의 기본 공식

연속함수 $f(x)$와 $g(x)$에 대해 다음이 성립한다.

(1) 상수 곱의 적분법 : $\int kf(x)\,dx = k\int f(x)\,dx$ 단, k는 실수

(2) 합과 차의 적분법 : $\int [f(x) \pm g(x)]\,dx = \int f(x)\,dx \pm \int g(x)\,dx$

예제 2-2

다음 부정적분을 구하라.

(a) $\int 3x\,dx$

(b) $\int 2x\left(x+\frac{1}{x}\right)^2 dx$

(c) $\int x\left(\sqrt{x}+\frac{1}{\sqrt{x}}\right)dx$

(d) $\int \frac{x-3}{x\sqrt{x}}\,dx$

풀이

(a) [정리 2-3]의 (1) 상수 곱의 적분법에 의해 다음을 얻는다.

$$\int 3x\,dx = 3\int x\,dx = 3\cdot\frac{x^{1+1}}{1+1} + C = \frac{3}{2}x^2 + C$$

(b) [정리 2-2]와 [정리 2-3]의 (2) 합과 차의 적분법에 의해 다음을 얻는다.

$$\begin{aligned}
\int 2x\left(x+\frac{1}{x}\right)^2 dx &= 2\int x\left(x^2+2+\frac{1}{x^2}\right)dx \\
&= 2\int\left(x^3+2x+\frac{1}{x}\right)dx \\
&= 2\left(\int x^3\,dx + 2\int x\,dx + \int \frac{1}{x}\,dx\right) \\
&= 2\left(\frac{x^4}{3+1} + 2\frac{x^2}{1+1} + \ln|x|\right) + C
\end{aligned}$$

(c) [정리 2-2]와 [정리 2-3]에 의해 다음을 얻는다.

$$\begin{aligned}
\int x\left(\sqrt{x}+\frac{1}{\sqrt{x}}\right)dx &= \int (x\sqrt{x}+\sqrt{x})\,dx = \int\left(x^{\frac{3}{2}}+x^{\frac{1}{2}}\right)dx \\
&= \frac{x^{\frac{3}{2}+1}}{\frac{3}{2}+1} + \frac{x^{\frac{1}{2}}}{\frac{1}{2}+1} + C = \frac{2}{5}x^{\frac{5}{2}} + \frac{2}{3}x^{\frac{3}{2}} + C
\end{aligned}$$

(d) [정리 2-2]와 [정리 2-3]에 의해 다음을 얻는다.

$$\int \frac{x-3}{x\sqrt{x}}\,dx = \int \frac{1}{\sqrt{x}} - \frac{3}{x\sqrt{x}}\,dx = \int\left(x^{-\frac{1}{2}} - 3x^{\frac{-3}{2}}\right)dx$$

$$= \int x^{-\frac{1}{2}}\,dx - 3\int x^{-\frac{3}{2}}\,dx = \frac{x^{-\frac{1}{2}+1}}{-\frac{1}{2}+1} - 3\cdot\frac{x^{-\frac{3}{2}+1}}{-\frac{3}{2}+1} + C$$

$$= 2x^{\frac{1}{2}} + 6x^{-\frac{1}{2}} + C$$

정적분

이제 어떤 정해진 구간에서의 적분인 정적분에 대해 알아보자.

정의 2-4 정적분

함수 $y = f(x)$가 구간 $[a, b]$에서 연속일 때, 구간 $[a, b]$의 분할을

$$a = x_0 < x_1 < x_2 < \cdots < x_n = b$$

라 하자. 이때 $x_k - x_{k-1} = \Delta x_k$, $[x_{k-1}, x_k]$ 안의 임의의 한 점을 x_k^*이라 하면

$$\sum_{k=1}^{n} f(x_k^*)\Delta x_k$$

는 작은 직사각형들의 면적 합이 된다. 그리고 모든 $k = 1, 2, \cdots, n$에 대해 제일 큰 Δx_k가 0으로 접근하도록 $n \to \infty$를 취해 얻어진 값을 **정적분**finite integral이라고 하고,

$$\lim_{n\to\infty}\sum_{k=1}^{n} f(x_k^*)\Delta x_k = \int_a^b f(x)\,dx$$

와 같이 나타낸다. 여기서 $[a, b]$를 **적분구간**이라 하고, a를 **하한**, b를 **상한**이라고 한다.

한 극한의 합으로써 정의된 정적분과 부정적분한 결과 사이에는 다음과 같은 중요한 성질이 성립하며, 이를 이용하면 정적분의 값을 쉽게 구할 수 있다.

정리 2-5 미적분학의 기본 정리

구간 $[a, b]$에서 $f(x)$의 원시함수를 $F(x)$라 하면 다음이 성립한다.

$$\int_a^b f(x)\,dx = [F(x)]_a^b = F(b) - F(a)$$

예제 2-3

다음 정적분을 구하라.

(a) $\int_{-1}^{1} x^2\,dx$ (b) $\int_{-2}^{2} x^3\,dx$

(c) $\int_{1}^{2} \frac{1}{x}\,dx$ (d) $\int_{0}^{1} \sqrt{x}\,dx$

풀이

(a) $\int_{-1}^{1} x^2\,dx = \left[\frac{x^{2+1}}{2+1}\right]_{-1}^{1} = \frac{1}{3} - \frac{(-1)}{3} = \frac{2}{3}$

(b) $\int_{-2}^{2} x^3\,dx = \left[\frac{x^{3+1}}{3+1}\right]_{-2}^{2} = \frac{2^4}{4} - \frac{(-2)^4}{4} = 0$

(c) $\int_{1}^{2} \frac{1}{x}\,dx = [\ln|x|]_1^2 = \ln 2 - \ln 1 = \ln 2$

(d) $\int_{0}^{1} \sqrt{x}\,dx = \left[\frac{x^{\frac{1}{2}+1}}{\frac{1}{2}+1}\right]_0^1 = \left[\frac{2}{3}x^{\frac{3}{2}}\right]_0^1 = \frac{2}{3}$

예제 2-4

$\int_{0}^{3} (x^3 - 6x)dx$를 구하라.

풀이

[정리 2–5]에 의해 다음을 얻는다.

$$\begin{aligned}\int_{0}^{3} (x^3 - 6x)dx &= \left[\frac{x^4}{4} - 6\frac{x^2}{2}\right]_0^3 \\ &= \left(\frac{1}{4}\cdot 3^4 - 3\cdot 3^2\right) - \left(\frac{1}{4}\cdot 0^4 - 3\cdot 0^2\right) \\ &= \frac{81}{4} - 27 - 0 + 0 = -6.75\end{aligned}$$

Section
2.2 여러 함수의 적분법

여기에서는 삼각함수, 역삼각함수, 지수함수, 로그함수의 적분법을 알아보자.

삼각함수의 적분법

기본적인 삼각함수의 부정적분은 다음과 같이 구한다.

정리 2-6 삼각함수의 적분법

(1) $\int \sin x\,dx = -\cos x + C$

(2) $\int \cos x\,dx = \sin x + C$

(3) $\int \sec^2 x\,dx = \tan x + C$

(4) $\int \sec x \tan x\,dx = \sec x + C$

(5) $\int \csc x \cot x\,dx = -\csc x + C$

(6) $\int \csc^2 x\,dx = -\cot x + C$

예제 2-5

$\int (10x^4 - 2\sec^2 x)dx$를 구하라.

풀이

[정리 2-3]과 [정리 2-6]에 의해 다음을 얻는다.

$$\int (10x^4 - 2\sec^2 x)dx = 10\int x^4\,dx - 2\int \sec^2 x\,dx$$

$$= 10\frac{x^5}{5} - 2\tan x + C = 2x^5 - 2\tan x + C$$

예제 2-6

$\int \frac{\cos\theta}{\sin^2\theta}d\theta$를 구하라.

풀이

피적분함수를 삼각함수의 항등식을 이용하여 정리한 후 적분하면

$$\int \frac{\cos\theta}{\sin^2\theta}d\theta = \int \left(\frac{1}{\sin\theta}\right)\left(\frac{\cos\theta}{\sin\theta}\right)d\theta$$

$$= \int \csc\theta\cot\theta\, d\theta = -\csc\theta + C$$

이다.

예제 2-7

$\int_0^{12}(x-12\sin x)dx$ 를 구하라.

풀이

[정리 2-5]와 [정리 2-6]에 의해 다음을 얻는다.

$$\int_0^{12}(x-12\sin x)dx = \left[\frac{x^2}{2} - 12(-\cos x)\right]_0^{12}$$

$$= \frac{1}{2}(12)^2 + 12(\cos 12 - \cos 0)$$

$$= 72 + 12\cos 12 - 12 = 60 + 12\cos 12$$

예제 2-8

$\int \sec x\, dx$ 를 구하라.

풀이

[정리 2-6]에서 $\sec x$ 의 원시함수를 바로 찾을 수 없으므로, 분모와 분자에 $\sec x + \tan x$ 를 곱해서 다음과 같이 부정적분을 구할 수 있다.

$$\int \sec x\, dx = \int \frac{\sec x(\sec x + \tan x)}{\sec x + \tan x}dx$$

$$= \int \frac{\sec^2 x + \sec x\tan x}{\sec x + \tan x}dx$$

$$= \ln|\sec x + \tan x| + C$$

예제 2-9

$\int \csc 2x\, dx$를 구하라.

풀이

$2x = t$라 놓으면, $2dx = dt$, $dx = \frac{1}{2}dt$이므로

$$\int \csc 2x\, dx = \frac{1}{2}\int \csc t\, dt = \frac{1}{2}\int \frac{\csc t(\csc t + \cot t)}{\csc t + \cot t}\, dt$$

$$= -\frac{1}{2}\ln|\csc t + \cot t| + C$$

$$= -\frac{1}{2}\ln|\csc 2x + \cot 2x| + C$$

이다.

예제 2-10

$\int \sin 2\theta \cos 2\theta\, d\theta$를 구하라.

풀이

$\sin 2\theta = t$라 놓고, 양변을 미분하면

$$2\cos 2\theta\, d\theta = dt, \quad \cos 2\theta\, d\theta = \frac{1}{2}dt$$

이므로, 다음을 얻는다.

$$\int \sin 2\theta \cos 2\theta\, d\theta = \frac{1}{2}\int t\, dt = \frac{1}{4}t^2 + C$$

$$= \frac{1}{4}\sin^2 2\theta + C$$

예제 2-11

$\int \frac{1}{1+\cos u}\, du$를 구하라.

풀이

먼저 피적분함수를 삼각함수의 항등식으로 정리하면

$$\frac{1}{1+\cos u} = \frac{1-\cos u}{1-\cos^2 u} = \frac{1-\cos u}{\sin^2 u}$$
$$= \frac{1}{\sin^2 u} - \frac{\cos u}{\sin^2 u}$$
$$= \operatorname{cosec}^2 u - \frac{1}{\sin^2 u}\cos u$$

이므로, 주어진 적분식을 다음과 같이 나타낼 수 있다.

$$\int \frac{1}{1+\cos u}\,du = \int \left(\operatorname{cosec}^2 u - \frac{1}{\sin^2 u}\cos u\right) du$$

$\sin u = t$라 놓고, 양변을 미분하면 $\cos u\, du = dt$이므로

$$\int \left(\operatorname{cosec}^2 u - \frac{1}{\sin^2 u}\cos u\right) du = -\cot u - \int \frac{dt}{t^2}$$
$$= -\cot u + \frac{1}{t} + C$$
$$= -\cot u + \frac{1}{\sin u} + C$$
$$= -\cot u + \csc u + C$$

이다.

예제 2-12

$\int \tan x \sin x\, dx$를 구하라.

풀이

피적분함수를 삼각함수의 항등식으로 정리하여 적분하면

$$\int \tan x \sin x\, dx = \int \frac{\sin^2 x}{\cos x}\,dx$$
$$= \int \frac{1-\cos^2 x}{\cos x}\,dx$$
$$= \int (\sec x - \cos x)\,dx$$
$$= \ln|\sec x + \tan x| - \sin x + C$$

이다.

연계 [예제 2-8]

$$\int \sec x\, dx = \ln|\sec x + \tan x|$$

지수함수와 로그함수의 적분법

[정리 1-8]의 지수함수의 미분법에서

$$(e^x)' = e^x,\ (a^x)' = a^x \ln a$$

임을 확인하였다. 이로부터 다음과 같이 지수함수의 적분법을 얻는다.

정리 2-7 지수함수의 적분법

$$\int a^x\, dx = \frac{a^x}{\ln a} + C,\ a \neq 1$$

예제 2-13

$\int_0^5 2^x\, dx$를 구하라.

풀이

[정리 2-7]에 의해 다음을 얻는다.

$$\int_0^5 2^x\, dx = \left[\frac{2^x}{\ln 2}\right]_0^5 = \frac{2^5}{\ln 2} - \frac{2^0}{\ln 2} = \frac{31}{\ln 2}$$

예제 2-14

$\int 4xe^{-x^2} dx$를 구하라.

풀이

$u = x^2$으로 치환하면 $du = 2x\,dx$이다. 그러면 $xdx = \frac{1}{2}du$이므로

$$\begin{aligned}\int 4xe^{-x^2} dx &= 2\int e^{-u}\, du \\ &= -2e^{-u} + C = -2e^{-x^2} + C\end{aligned}$$

이다.

예제 2-15

다음 적분을 구하라.

(a) $\int \frac{e^x}{1+e^x}dx$ (b) $\int \cos x\, e^{\sin x}dx$ (c) $\int \frac{e^{4x}}{1+e^x}dx$

풀이

(a) $1+e^x=t$라 놓고, 양변을 미분하면 $e^x dx = dt$이므로

$$\int \frac{e^x}{1+e^x}dx = \int \frac{dt}{t} = \ln|t|+C = \ln(1+e^x)+C$$

이다.

(b) $\sin x = t$라 놓고, 양변을 미분하면 $\cos x\, dx = dt$이므로

$$\int \cos x\, e^{\sin x}\, dx = \int e^t\, dt = e^t + C = e^{\sin x} + C$$

이다.

(c) $e^x = X$라 놓고, 양변을 미분하면 $e^x dx = dX$, $dx = e^{-x}dX = \frac{1}{x}dX$이므로

$$\begin{aligned}\int \frac{e^{4x}}{1+e^x}dx &= \int \frac{X^4}{1+X}\cdot\frac{1}{X}dX = \int \frac{X^3}{1+X}dX \\ &= \int\left(X^2 - X + 1 - \frac{1}{X+1}\right)dX \\ &= \frac{1}{3}X^3 - \frac{1}{2}X^2 + X - \ln|X+1| + C \\ &= \frac{1}{3}e^{3x} - \frac{1}{2}e^{2x} + e^x - \ln(e^x+1) + C\end{aligned}$$

이다.

[정리 1-7]의 로그함수의 미분법에서

$$(\ln x)' = \frac{1}{x}$$

임을 알고 있다. 이로부터 다음과 같이 로그함수의 적분법을 얻는다.

정리 2-8 로그함수의 적분법

$$\int \frac{1}{x}\,dx = \ln|x| + C$$

예제 2-16

$\displaystyle\int \frac{x}{x^2+1}dx$를 구하라.

풀이

$u = x^2+1$이라 놓고, 양변을 미분하면 $du = 2x\,dx$, $x\,dx = \dfrac{1}{2}du$이므로

$$\begin{aligned}\int \frac{x}{x^2+1}dx &= \frac{1}{2}\int \frac{du}{u} = \frac{1}{2}\ln|u| + C \\ &= \frac{1}{2}\ln|x^2+1| + C \\ &= \frac{1}{2}\ln(x^2+1) + C\end{aligned}$$

이다. 모든 x에 대해 $x^2+1>0$이므로 절댓값 기호를 생략했음에 유의하자.

예제 2-17

$\displaystyle\int_1^e \frac{\ln x}{x}\,dx$를 구하라.

풀이

$u = \ln x$라 놓고, 양변을 미분하면 $du = \dfrac{1}{x}dx$이다. 또한 $x=1$일 때 $u = \ln 1 = 0$이고, $x = e$일 때 $u = \ln e = 1$이므로

$$\int_1^e \frac{\ln x}{x}\,dx = \int_0^1 u\,du = \left[\frac{u^2}{2}\right]_0^1 = \frac{1}{2}$$

이다.

[예제 2-17]에서 함수 $f(x) = \dfrac{\ln x}{x}$는 $x>1$에 대해 양수이므로, 적분값은 [그림 2-1]의 색칠한 부분의 넓이이다.

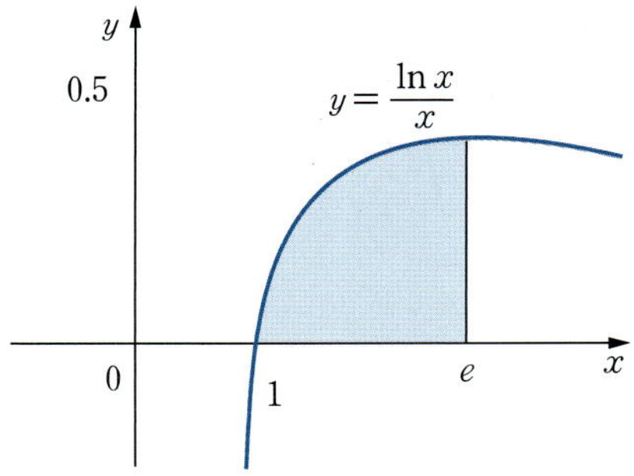

[그림 2-1] $f(x) = \frac{\ln x}{x}$ 의 그래프

예제 2-18

$\int \tan x \, dx$ 를 구하라.

풀이

먼저 피적분함수를 삼각함수의 항등식으로 정리하면

$$\tan x = \frac{\sin x}{\cos x}$$

이므로, 주어진 적분식을 다음과 같이 나타낼 수 있다.

$$\int \tan x \, dx = \int \frac{\sin x}{\cos x} dx$$

$u = \cos x$ 라 놓고, 양변을 미분하면 $du = -\sin x \, dx$ 이므로

$$\int \tan x \, dx = \int \frac{\sin x}{\cos x} dx = -\int \frac{du}{u}$$
$$= -\ln|u| + C = -\ln|\cos x| + C$$

이다. 이때 $-\ln|\cos x| = \ln\left(\frac{1}{|\cos x|}\right) = \ln|\sec x|$ 이므로, 결과를 다음과 같이 쓸 수도 있다.

$$\int \tan x \, dx = \ln|\sec x| + C$$

예제 2-19

$\int \cot y \, dy$를 구하라.

풀이

먼저 피적분함수를 삼각함수의 항등식으로 정리하면

$$\cot y = \frac{\cos y}{\sin y}$$

이므로, 주어진 적분식을 다음과 같이 나타낼 수 있다.

$$\int \cot y \, dy = \int \frac{\cos y}{\sin y} dy$$

$u = \sin y$라 놓고, 양변을 미분하면 $du = \cos y \, dy$이므로

$$\int \frac{\cos y}{\sin y} dy = \int \frac{du}{u} = \ln|u| + C = \ln|\sin y| + C$$

이다.

예제 2-20

$\int \frac{1}{1+e^{\rho}} d\rho$를 구하라.

풀이

피적분함수의 분자, 분모에 $e^{-\rho}$을 곱하면

$$\int \frac{e^{-\rho}}{e^{-\rho}+1} d\rho$$

이다. $u = e^{-\rho}+1$이라 놓고, 양변을 미분하면 $du = -e^{-\rho} d\rho$이므로

$$\begin{aligned} -\int \frac{du}{u} &= -\ln|u| + C \\ &= -\ln|e^{-\rho}+1| + C \\ &= -\ln(e^{-\rho}+1) + C \quad \leftarrow e^{-\rho}+1 > 0 \end{aligned}$$

이다.

예제 2-21

$\int \frac{1+e^v}{v+e^v} dv$를 구하라.

풀이

$t = v + e^v$이라 놓고, 양변을 미분하면 $dt = (1+e^v)dv$이므로

$$\int \frac{dt}{t} = \ln|t| + C = \ln|v+e^v| + C$$

이다.

예제 2-22

$\int \frac{3u-4}{4u-4} du$를 구하라.

풀이

피적분함수를 부분분수로 나타내면

$$\frac{3u-4}{4u-4} = \frac{3}{4} - \frac{1}{4u-4}$$

이다. 따라서 다음과 같이 적분을 구할 수 있다.

$$\begin{aligned}\int \frac{3u-4}{4u-4} du &= \int \left(\frac{3}{4} - \frac{1}{4u-4}\right) du \\ &= \frac{3}{4}u - \frac{1}{4}\ln|u-1| + C \\ &= \frac{1}{4}(3u - \ln|u-1|) + C\end{aligned}$$

예제 2-23

다음 적분을 구하라.

(a) $\int \frac{u^2}{1-2u^3} du$ (b) $\int \frac{v+2}{v^2+4v+3} dv$

풀이

(a) $1-2u^3 = t$라 놓고, 양변을 미분하면 $-6u^2du = dt$, $u^2du = -\frac{1}{6}dt$이므로

$$-\frac{1}{6}\int\frac{dt}{t}=-\frac{1}{6}\ln|t|+C$$
$$=-\frac{1}{6}\ln|1-2u^3|+C$$

이다.

(b) $v^2+4v+3=t$라 놓고, 양변을 미분하면 $(2v+4)dv=dt$, $(v+2)dv=\frac{1}{2}dt$이므로

$$\int\frac{v+2}{v^2+4v+3}dv=\frac{1}{2}\int\frac{dt}{t}=\frac{1}{2}\ln|t|+C$$
$$=\frac{1}{2}\ln|v^2+4v+3|+C$$

이다.

예제 2-24

$\int\frac{1}{y}\ln y\,dy$를 구하라.

풀이

$\ln y=t$라 놓고, 양변을 미분하면 $\frac{1}{y}dy=dt$이므로

$$\int\frac{1}{y}\ln y\,dy=\int t\,dt=\frac{1}{2}t^2+C=\frac{1}{2}(\ln y)^2+C$$

이다.

예제 2-25

$\int\frac{dy}{y\ln y}$를 구하라.

풀이

$\ln y=t$ 라 놓고, 양변을 미분하면 $\frac{1}{y}dy=dt$이므로

$$\int\frac{dy}{y\ln y}=\int\frac{1}{t}dt=\ln|t|+C=\ln|\ln y|+C$$

이다.

예제 2-26

$\int \frac{dx}{x^3 e^{1/x^2}}$를 구하라.

풀이

$x^{-2} = t$라 놓고, 양변을 미분하면 $-2x^{-3}dx = dt$, $\frac{1}{x^3}dx = -\frac{1}{2}dt$이므로

$$\int \frac{dx}{x^3 e^{\frac{1}{x^2}}} = -\frac{1}{2}\int \frac{dt}{e^t} = \frac{1}{2}e^{-t} + C = \frac{1}{2}e^{-\frac{1}{x^2}} + C$$

이다.

예제 2-27

$\int \frac{3x^2}{1+x^3}dx$를 구하라.

풀이

$1+x^3 = t$라 놓고, 양변을 미분하면 $3x^2dx = dt$이므로

$$\int \frac{3x^2}{1+x^3}dx = \int \frac{1}{t}dt = \ln|t| + C$$
$$= \ln|1+x^3| + C$$

이다.

역삼각함수의 적분법

[정리 1-6]의 역삼각함수의 미분법에서

$$(\sin^{-1}x)' = \frac{1}{\sqrt{1-x^2}}$$
$$(\tan^{-1}x)' = \frac{1}{1+x^2}$$

이므로, 다음과 같이 역삼각함수의 적분법을 얻는다.

정리 2-9 역삼각함수의 적분법

$$\int \frac{1}{\sqrt{1-x^2}}\,dx = \sin^{-1}x + C$$

$$\int \frac{1}{x^2+1}\,dx = \tan^{-1}x + C$$

예제 2-28

$\displaystyle\int_0^{1/4} \frac{1}{\sqrt{1-4x^2}}\,dx$ 를 구하라.

풀이

먼저 피적분함수를 다음과 같이 바꾼다.

$$\int_0^{1/4} \frac{1}{\sqrt{1-4x^2}}\,dx = \int_0^{1/4} \frac{1}{\sqrt{1-(2x)^2}}\,dx$$

그리고 $u=2x$로 치환하면, $du=2dx$이므로 $dx=\frac{1}{2}du$이다. 또한 $x=0$일 때 $u=0$이고, $x=\frac{1}{4}$일 때 $u=\frac{1}{2}$이므로

$$\int_0^{1/4} \frac{1}{\sqrt{1-4x^2}}\,dx = \frac{1}{2}\int_0^{1/2} \frac{du}{\sqrt{1-u^2}} = \left[\frac{1}{2}\sin^{-1}u\right]_0^{1/2}$$

$$= \frac{1}{2}\left[\sin^{-1}\left(\frac{1}{2}\right) - \sin^{-1}0\right] = \frac{1}{2}\cdot\frac{\pi}{6} = \frac{\pi}{12}$$

이다.

예제 2-29

$\displaystyle\int \frac{1}{x^2+a^2}\,dx$ 를 구하라.

풀이

먼저 피적분함수를 다음과 같이 바꾼다.

$$\int \frac{dx}{x^2+a^2} = \int \frac{dx}{a^2\left(\frac{x^2}{a^2}+1\right)} = \frac{1}{a^2}\int \frac{dx}{\left(\frac{x}{a}\right)^2+1}$$

그리고 $u = \frac{x}{a}$ 로 치환하면, $du = \frac{dx}{a}$ 이므로 $dx = a\,du$ 이다. 따라서 다음을 얻는다.

$$\int \frac{dx}{x^2+a^2} = \frac{1}{a^2}\int \frac{a\,du}{u^2+1} = \frac{1}{a}\int \frac{du}{u^2+1} = \frac{1}{a}\tan^{-1}u + C$$

[예제 2−29]의 결과로 다음과 같은 공식을 얻을 수 있다.

$$\int \frac{1}{x^2+a^2}dx = \frac{1}{a}\tan^{-1}\left(\frac{x}{a}\right) + C$$

예제 2-30

$\int \frac{x}{x^4+9}dx$ 를 구하라.

풀이

$u = x^2$ 으로 놓고, 양변을 미분하면 $du = 2x\,dx$ 이므로

$$\int \frac{x}{x^4+9}dx = \frac{1}{2}\int \frac{du}{u^2+9} = \frac{1}{2}\cdot\frac{1}{3}\tan^{-1}\left(\frac{u}{3}\right) + C$$

$$= \frac{1}{6}\tan^{-1}\left(\frac{x^2}{3}\right) + C$$

이다.

예제 2-31

$\int \frac{1}{u^2+2u+2}du$ 를 구하라.

풀이

$u^2+2u+2 = (u+1)^2+1$ 이므로

$$\int \frac{1}{u^2+2u+2}du = \int \frac{1}{(u+1)^2+1}du$$

이다. $t = u+1$ 이라 놓고, 양변을 미분하면 $dt = du$ 이므로

$$\int \frac{1}{1+t^2}dt = \tan^{-1}t + C = \tan^{-1}(u+1) + C$$

이다.

무리함수의 적분법

무리함수는 삼각함수의 적분법을 활용하여 구할 수 있다.

예제 2-32

$\int x\sqrt{1-x^2}\,dx$를 구하라.

풀이

$1-x^2=X$라 놓고, 양변을 미분하면 $-2x\,dx=dX$, $x\,dx=-\frac{1}{2}dX$이므로

$$\int x\sqrt{1-x^2}\,dx=-\frac{1}{2}\int\sqrt{X}\,dX=-\frac{1}{2}\frac{2}{3}X^{\frac{3}{2}}+C=-\frac{1}{3}(1-x^2)^{\frac{3}{2}}+C$$

이다.

예제 2-33

$\int\sqrt{1-x^2}\,dx$를 구하라.

풀이

$x=\sin\theta$라 놓고, 양변을 미분하면 $dx=\cos\theta\,d\theta$이다. 또한 $\sqrt{1-x^2}=\sqrt{1-\sin^2\theta}=\cos\theta$ 이므로

$$\int\sqrt{1-x^2}\,dx=\int\cos^2\theta\,d\theta=\int\frac{1+\cos 2\theta}{2}d\theta \quad \leftarrow \cos^2\theta=\frac{1+\cos 2\theta}{2}$$

$$=\frac{1}{2}\left(\theta+\frac{1}{2}\sin 2\theta\right)+C$$

$$=\frac{1}{2}\theta+\frac{1}{4}\sin 2\theta+C$$

$$=\frac{1}{2}\theta+\frac{1}{4}\cdot 2\sin\theta\cos\theta+C$$

$$=\frac{1}{2}\sin^{-1}x+\frac{1}{2}x\sqrt{1-x^2}+C$$

이다.

Section
2.3 부분분수에 의한 적분법

유리함수를 적분하기 위해서는 유리함수의 형태를 먼저 살펴봐야 한다. 피적분함수가 다음과 같은 유리함수라고 하자.

$$\frac{R(x)}{Q(x)}, \quad Q(x) \neq 0$$

먼저 피적분함수의 분자 $R(x)$의 차수가 분모 $Q(x)$의 차수보다 크거나 같은 경우에는 나눗셈을 한 후에 적분한다. 다음 예제를 살펴보자.

예제 2-34

$\displaystyle\int \frac{x^3+x}{x-1}dx$를 구하라.

풀이

피적분함수의 분자의 차수가 분모의 차수보다 크므로 나눗셈을 하면 다음과 같다.

$$\begin{array}{r|l} & x^2 + x + 2 \\ x-1 & x^3 + \qquad x \\ & x^3 - x^2 \\ \hline & \quad x^2 + x \\ & \quad x^2 - x \\ \hline & \qquad 2x \\ & \qquad 2x - 2 \\ \hline & \qquad\quad 2 \end{array}$$

따라서 다음과 같이 적분을 구할 수 있다.

$$\begin{aligned} \int \frac{x^3+x}{x-1}dx &= \int \left(x^2+x+2+\frac{2}{x-1}\right)dx \\ &= \frac{x^3}{3}+\frac{x^2}{2}+2x+2\ln|x-1|+C \end{aligned}$$

반면에, 피적분함수의 분모 $Q(x)$의 차수가 분자 $R(x)$의 차수보다 큰 경우에는 부분분수 분해를 통해 분모 $Q(x)$를 가능한 끝까지 인수분해한 후 적분한다. 여기에서는 분모 $Q(x)$의 형태에 따라 부분분수에 의한 적분법을 살펴보자.

분모가 서로 다른 1차 인수의 곱인 경우

분모 $Q(x)$가 서로 다른 1차 인수의 곱인 경우에는 다음 예제와 같이 부분분수 형태로 고쳐 적분한다.

예제 2-35

$\int \frac{x^2+2x-1}{2x^3+5x^2+2x}dx$를 구하라.

풀이

먼저 분모를 다음과 같이 인수분해한다.

$$2x^3+5x^2+2x = x(2x^2+5x+2) = x(2x+1)(x+2)$$

분모가 서로 다른 세 개의 1차 인수를 가지므로 피적분함수의 부분분수 형태는 다음과 같이 된다.

$$\frac{x^2+2x-1}{x(2x+1)(x+2)} = \frac{A}{x} + \frac{B}{2x+1} + \frac{C}{x+2}$$

A, B, C의 값을 결정하기 위해 양변에 $x(2x+1)(x+2)$를 곱하면

$$x^2+2x-1 = A(2x+1)(x+2) + Bx(x+2) + Cx(2x+1)$$

이다. 이 식의 우변을 전개하고 다항식의 표준형으로 쓰면

$$x^2+2x-1 = (2A+B+2C)x^2 + (5A+2B+C)x + 2A$$

이다. 이 다항식은 항등식이므로 계수들이 서로 같아야 한다. 따라서 우변의 x^2의 계수 $2A+B+2C$는 좌변의 x^2의 계수 1과 같아야 한다. 마찬가지로 x의 계수와 상수항도 같으므로 A, B, C에 관한 다음의 연립방정식을 얻는다.

$$\begin{aligned} 2A+B+2C &= 1 \\ 5A+2B+C &= 2 \\ 2A &= -1 \end{aligned}$$

이 연립방정식을 풀면 $A = -\frac{1}{2}$, $B = \frac{7}{3}$, $C = -\frac{1}{6}$이므로

$$\begin{aligned} \int \frac{x^2+2x-1}{2x^3+5x^2+2x}dx &= \int \left(\left(-\frac{1}{2}\right)\frac{1}{x} + \frac{7}{3}\,\frac{1}{2x+1} - \frac{1}{6}\,\frac{1}{x+2}\right)dx \\ &= -\frac{1}{2}\ln|x| + \frac{7}{6}\ln|2x+1| - \frac{1}{6}\ln|x+2| + C \end{aligned}$$

이다. 이때 가운데 항은 $u = 2x+1$로 치환하여 $du = 2dx$, $dx = \frac{du}{2}$를 이용했다.

예제 2-36

$\int \frac{dx}{x^2-a^2}$를 구하라. 단, $a \neq 0$이다.

풀이

피적분함수를 부분분수로 분해하면 다음과 같다.

$$\frac{1}{x^2-a^2} = \frac{1}{(x-a)(x+a)} = \frac{A}{x-a} + \frac{B}{x+a}$$

양변에 $(x-a)(x+a)$를 곱하면

$$A(x+a) + B(x-a) = 1$$

이다. 이 식에 $x=a$를 대입하면 $A(2a)=1$, $A=\frac{1}{2a}$이고, $x=-a$를 대입하면 $B(-2a)=1$, $B=-\frac{1}{2a}$이므로

$$\int \frac{dx}{x^2-a^2} = \frac{1}{2a}\int\left(\frac{1}{x-a} - \frac{1}{x+a}\right)dx = \frac{1}{2a}(\ln|x-a| - \ln|x+a|) + C$$

이다.

예제 2-37

$\int \frac{dy}{y^2-9}$를 구하라.

풀이

피적분함수를 부분분수로 분해하면 다음과 같다.

$$\frac{1}{y^2-9} = \frac{1}{(y-3)(y+3)} = \frac{A}{y-3} + \frac{B}{y+3}$$

$1 = A(y+3) + B(y-3)$이므로 $y=3$을 대입하면 $A=\frac{1}{6}$이고 $y=-3$을 대입하면 $B=-\frac{1}{6}$이다. 따라서 다음과 같이 적분을 구할 수 있다.

$$\int \frac{dy}{y^2-9} = \frac{1}{6}\int\left(\frac{1}{y-3} - \frac{1}{y+3}\right)dy$$

$$= \frac{1}{6}(\ln|y-3| - \ln|y+3|) + C = \frac{1}{6}\ln\left|\frac{y-3}{y+3}\right| + C$$

예제 2-38

다음 적분을 구하라.

(a) $\displaystyle\int \frac{1}{x(x-1)}\,dx$ (b) $\displaystyle\int \frac{1}{x(x+1)}\,dx$

풀이

(a) $\dfrac{1}{x(x-1)} = \dfrac{A}{x-1} + \dfrac{B}{x}$에서 $1 = Ax + B(x-1)$이므로, $x=1$을 대입하면 $1 = A$이고 $x=0$을 대입하면 $1 = -B$, 즉 $B=-1$이다. 따라서 다음과 같이 적분을 구할 수 있다.

$$\begin{aligned}\int \frac{dx}{x(x-1)} &= \int\left(\frac{1}{x-1} - \frac{1}{x}\right)dx \\ &= \ln|x-1| - \ln|x| + C = \ln\left|\frac{x-1}{x}\right| + C\end{aligned}$$

(b) $\dfrac{1}{x(x+1)} = \dfrac{A}{x} + \dfrac{B}{x+1}$에서 $1 = A(x+1) + Bx$이므로, $x = -1$을 대입하면 $B = -1$이고 $x = 0$을 대입하면 $A = 1$이다. 따라서 다음과 같이 적분을 구할 수 있다.

$$\begin{aligned}\int \frac{1}{x(x+1)}\,dx &= \int\left(\frac{1}{x} - \frac{1}{x+1}\right)dx \\ &= \ln|x| - \ln|x+1| + C = \ln\left|\frac{x}{x+1}\right| + C\end{aligned}$$

예제 2-39 응용

$\displaystyle\int \frac{1}{1-3u^2}\,du$를 구하라.

풀이

피적분함수가 $\dfrac{1}{1-3u^2} = \dfrac{1}{(1-\sqrt{3}\,u)(1+\sqrt{3}\,u)}$이므로

$$\frac{1}{(1-\sqrt{3}\,u)(1+\sqrt{3}\,u)} = \frac{A}{1-\sqrt{3}\,u} + \frac{B}{1+\sqrt{3}\,u}$$

라 놓으면

$$1 = A(1+\sqrt{3}\,u) + B(1-\sqrt{3}\,u)$$

이다. $u = \dfrac{1}{\sqrt{3}}$을 대입하면 $1 = 2A$, $A = \dfrac{1}{2}$이고 $u = -\dfrac{1}{\sqrt{3}}$을 대입하면 $1 = 2B$, $B = \dfrac{1}{2}$이다. 따라서 다음과 같이 적분을 구할 수 있다.

$$\int \frac{1}{1-3u^2}du = \frac{1}{2}\int\left(\frac{1}{1-\sqrt{3}\,u}+\frac{1}{1+\sqrt{3}\,u}\right)du$$

$$= \frac{1}{2}\left(-\frac{1}{\sqrt{3}}\ln|1-\sqrt{3}\,u|+\frac{1}{\sqrt{3}}\ln|1+\sqrt{3}\,u|\right)+C$$

$$= \frac{1}{2\sqrt{3}}\ln\left|\frac{1+\sqrt{3}\,u}{1-\sqrt{3}\,u}\right|+C$$

예제 2-40 응용

$\int \frac{1}{k^2v^2-16}dv$를 구하라.

풀이

피적분함수 $\frac{1}{k^2v^2-16} = \frac{1}{(kv-4)(kv+4)}$이므로

$$\frac{1}{(kv-4)(kv+4)} = \frac{A}{kv-4}+\frac{B}{kv+4}$$

라 놓으면 $1 = A(kv+4)+B(kv-4)$이다. $v = \frac{4}{k}$를 대입하면 $1 = 8A$, $A = \frac{1}{8}$이고 $v = -\frac{4}{k}$를 대입하면 $1 = -8B$, $B = -\frac{1}{8}$이다. 따라서 다음과 같이 적분을 구할 수 있다.

$$\int \frac{dv}{k^2v^2-16} = \frac{1}{8}\int\left(\frac{1}{kv-4}-\frac{1}{kv+4}\right)dv$$

$$= \frac{1}{8k}(\ln|kv-4|-\ln|kv+4|)+C$$

$$= \frac{1}{8k}\ln\left|\frac{kv-4}{kv+4}\right|+C$$

분모가 1차 인수의 거듭제곱을 포함하는 경우

분모 $Q(x)$를 인수분해했을 때 $(a_1x+b_1)^r$이 포함된 경우에는 다음과 같이 부분분수로 나타낸다.

$$\frac{A_1}{a_1x+b_1}+\frac{A_2}{(a_1x+b_1)^2}+\cdots+\frac{A_r}{(a_1x+b_1)^r}$$

예를 들어, 다음과 같이 쓸 수 있다.

$$\frac{x^3-x+1}{x^2(x-1)^3} = \frac{A}{x}+\frac{B}{x^2}+\frac{C}{x-1}+\frac{D}{(x-1)^2}+\frac{E}{(x-1)^3}$$

예제 2-41

$\int \frac{x^4-2x^2+4x+1}{x^3+x^2-x-1}dx$를 구하라.

풀이

분자의 차수가 분모의 차수보다 크므로, 먼저 나눗셈을 하면 다음과 같다.

$$\frac{x^4-2x^2+4x+1}{x^3+x^2-x-1}=x-1+\frac{4x}{x^3+x^2-x-1}$$

이제 분모 $Q(x)=x^3+x^2-x-1$를 인수분해해보자. $Q(-1)=0$이므로 $x+1$이 인수가 되어

$$\begin{aligned}x^3+x^2-x-1&=(x+1)(x^2-1)\\&=(x+1)(x-1)(x+1)\\&=(x+1)^2(x-1)\end{aligned}$$

이다. 1차 인수 $x+1$이 두 번 반복되므로 부분분수의 형태는 다음과 같다.

$$\frac{4x}{(x+1)^2(x-1)}=\frac{A}{x+1}+\frac{B}{(x+1)^2}+\frac{C}{x-1}$$

최소의 공통분모 $(x+1)^2(x-1)$을 양변에 곱하면

$$\begin{aligned}4x&=A(x^2-1)+B(x-1)+C(x+1)^2\\&=(A+C)x^2+(B+2C)x+(C-A-B)\end{aligned}$$

이므로, 다음의 연립방정식을 얻는다.

$$\begin{aligned}A+C&=0\\B+2C&=4\\A+B-C&=0\end{aligned}$$

이 연립방정식을 풀면 $A=-1$, $B=2$, $C=1$이므로

$$\begin{aligned}\int \frac{x^4-2x^2+4x+1}{x^3+x^2-x-1}dx&=\int\left[x-1+\frac{1}{x-1}+\frac{2}{(x+1)^2}-\frac{1}{x+1}\right]dx\\&=\frac{x^2}{2}-x+\ln|x-1|-\frac{2}{x+1}-\ln|x+1|+C\\&=\frac{x^2}{2}-x-\frac{2}{x+1}+\ln\left|\frac{x-1}{x+1}\right|+C\end{aligned}$$

이다.

분모가 반복되지 않는 기약 2차 인수를 포함하는 경우

분모 $Q(x)$가 기약인 인수 ax^2+bx+c를 가지면, 즉 $b^2-4ac<0$이면 부분분수에 다음과 같은 형태의 항을 추가한다.

$$\frac{Ax+B}{ax^2+bx+c} \tag{2.1}$$

여기서 A, B는 결정해야 하는 상수이다. 예를 들어, $f(x)=x/[(x-2)(x^2+1)(x^2+4)]$는 다음과 같이 쓸 수 있다.

$$\frac{x}{(x-2)(x^2+1)(x^2+4)}=\frac{A}{x-2}+\frac{Bx+C}{x^2+1}+\frac{Dx+E}{x^2+4}$$

또한 어떤 경우에는 식 (2.1)에 주어진 항을 완전제곱 형태로 변형하고 다음 공식을 이용해서 적분할 수 있다.

$$\int\frac{dx}{x^2+a^2}=\frac{1}{a}\tan^{-1}\left(\frac{x}{a}\right)+C \tag{2.2}$$

예제 2-42

$\displaystyle\int\frac{2x^2+x+4}{x^3+4x}dx$를 구하라.

풀이

피적분함수의 분모 $x^3+4x=x(x^2+4)$는 실수에서 더 이상 인수분해가 되지 않으므로 다음과 같이 부분분수로 분해한다.

$$\frac{2x^2+x+4}{x(x^2+4)}=\frac{A}{x}+\frac{Bx+C}{x^2+4}$$

양변에 $x(x^2+4)$를 곱하면

$$\begin{aligned}2x^2+x+4&=A(x^2+4)+(Bx+C)x\\&=(A+B)x^2+Cx+4A\end{aligned}$$

이다. 그러면 $A+B=2$, $C=1$, $4A=4$이므로 $A=1$, $B=1$, $C=1$이다. 따라서 다음과 같이 적분을 구할 수 있다.

$$\int \frac{2x^2+x+4}{x^3+4x}dx = \int\left(\frac{1}{x}+\frac{x+1}{x^2+4}\right)dx$$
$$= \int \frac{1}{x}dx + \int \frac{x}{x^2+4}dx + \int \frac{1}{x^2+4}dx$$
$$= \ln|x| + \frac{1}{2}\ln(x^2+4) + \frac{1}{2}\tan^{-1}\left(\frac{x}{2}\right) + C$$

이때 $\int \frac{x}{x^2+4}dx$는 $u = x^2+4$로 치환하여 $du = 2x\,dx$, $xdx = \frac{1}{2}du$를 이용했다. 그리고 $\int \frac{1}{x^2+4}dx$는 식 (2.2)에서 $a=2$인 경우이다.

다음과 같은 형태의 부분분수를 적분하는 일반적인 과정을 살펴보자.

$$\frac{Ax+B}{ax^2+bx+c}, \quad b^2-4ac<0$$

분모를 완전제곱 형태로 나타내고 치환해서 다음과 같이 변형한다.

$$\int \frac{Cu+D}{u^2+a^2}du = C\int \frac{u}{u^2+a^2}du + D\int \frac{1}{u^2+a^2}du$$

그러면 첫 번째 적분은 로그, 두 번째 적분은 $\tan^{-1}$로 나타난다.

예제 2-43 응용

$\int \frac{4x^2+3x+2}{4x^2-4x+3}dx$를 구하라.

풀이

분자의 차수가 분모의 차수와 같으므로 먼저 나눗셈을 하면 다음과 같다.

$$\frac{4x^2+3x+2}{4x^2-4x+3} = 1 + \frac{7x-1}{4x^2-4x+3}$$

분모 $4x^2-4x+3$은 판별식이 $b^2-4ac = -32 < 0$이므로 기약이다. 주어진 함수를 적분하기 위해 분모를 완전제곱 형태로 나타내면 다음과 같다.

$$4x^2-4x+3 = (2x-1)^2+2$$

$u = 2x-1$로 치환하면 $du = 2\,dx$, $dx = \frac{1}{2}du$이고, $x = \frac{1}{2}(u+1)$이므로

$$\begin{aligned}\int\left(1+\frac{7x-1}{4x^2-4x+3}\right)dx &= \int 1\,dx+\int\frac{7x-1}{(2x-1)^2+2}\,dx\\ &= x+\frac{1}{2}\int\frac{\frac{7}{2}u+\frac{5}{2}}{u^2+2}\,du\\ &= x+\frac{7}{4}\int\frac{u}{u^2+2}\,du+\frac{5}{4}\int\frac{1}{u^2+2}\,du\\ &= x+\frac{7}{8}\ln(u^2+2)+\frac{5}{4}\cdot\frac{1}{\sqrt{2}}\tan^{-1}\left(\frac{u}{\sqrt{2}}\right)+C\\ &= x+\frac{7}{8}\ln(4x^2-4x+3)+\frac{5}{4\sqrt{2}}\tan^{-1}\left(\frac{2x-1}{\sqrt{2}}\right)+C\end{aligned}$$

이다.

분모가 반복되는 기약 2차 인수의 거듭제곱을 포함하는 경우

분모 $Q(x)$가 인수 $(ax^2+bx+c)^r$, $b^2-4ac<0$을 가지면 다음과 같이 부분분수로 나타낸다.

$$\frac{A_1x+B_1}{ax^2+bx+c}+\frac{A_2x+B_2}{(ax^2+bx+c)^2}+\cdots+\frac{A_rx+B_r}{(ax^2+bx+c)^r} \tag{2.3}$$

식 (2.3)에서 각 항은 필요하면 먼저 완전제곱 형태로 바꾸고 치환하여 적분할 수 있다.

예제 2-44

함수 $\dfrac{x^4+x^3+x^2+1}{x(x-1)(x^2+x+1)(x^2+1)^3}$을 부분분수 형태로 나타내라.

풀이

식 (2.3)을 적용하면 다음을 얻는다.

$$\begin{aligned}&\frac{x^4+x^3+x^2+1}{x(x-1)(x^2+x+1)(x^2+1)^3}\\ &\quad=\frac{A}{x}+\frac{B}{x-1}+\frac{Cx+D}{x^2+x+1}+\frac{Ex+F}{x^2+1}+\frac{Gx+H}{(x^2+1)^2}+\frac{Ix+J}{(x^2+1)^3}\end{aligned}$$

예제 2-45

$\int \frac{1+x+2x^2+x^3}{x(x^2+1)^2}dx$를 구하라.

풀이

피적분함수를 부분분수로 분해하면 다음과 같다.

$$\frac{1+x+2x^2+x^3}{x(x^2+1)^2} = \frac{A}{x} + \frac{Bx+C}{x^2+1} + \frac{Dx+E}{(x^2+1)^2}$$

양변에 $x(x^2+1)^2$을 곱하면

$$\begin{aligned} x^3+2x^2+x+1 &= A(x^2+1)^2 + (Bx+C)x(x^2+1) + (Dx+E)x \\ &= A(x^4+2x^2+1) + B(x^4+x^2) + C(x^3+x) + Dx^2 + Ex \\ &= (A+B)x^4 + Cx^3 + (2A+B+D)x^2 + (C+E)x + A \end{aligned}$$

이므로, 다음과 같은 연립방정식을 얻는다.

$$A+B=0,\ C=1,\ 2A+B+D=2,\ C+E=1,\ A=1$$

이 연립방정식을 풀면 $A=1$, $B=-1$, $C=1$, $D=1$, $E=0$이므로

$$\begin{aligned} &\int \frac{1+x+2x^2+x^3}{x(x^2+1)^2}dx \\ &= \int \left(\frac{1}{x} + \frac{-x+1}{x^2+1} + \frac{x}{(x^2+1)^2}\right)dx \\ &= \int \frac{dx}{x} - \int \frac{x}{x^2+1}dx + \int \frac{dx}{x^2+1} + \int \frac{x}{(x^2+1)^2}dx \\ &= \ln|x| - \frac{1}{2}\ln(x^2+1) + \tan^{-1}x - \frac{1}{2(x^2+1)} + C \end{aligned}$$

이다.

Section 2.4 부분적분법

앞서 여러 함수의 적분법을 살펴보았는데, 이러한 방법으로 계산할 수 없는 적분이 많다. 예를 들어,

$$\int x \sin x \, dx$$

는 앞서 살펴본 방법으로는 적분할 수 없다. 이러한 문제를 해결하기 위해 부분적분법을 살펴보자.

정리 2-10 부분적분법

$$\int f(x)g'(x)dx = f(x)g(x) - \int g(x)f'(x)dx \tag{2.4}$$

[정리 2-10]에서 $u = f(x)$, $v = g(x)$라 하면 $du = f'(x)dx$, $dv = g'(x)dx$이므로 다음과 같이 좀 더 기억하기 쉬운 부분적분 공식으로 나타낼 수 있다.

$$\int u\,dv = uv - \int v\,du \tag{2.5}$$

예제 2-46

$\int x \sin x \, dx$를 구하라.

풀이

방법 1

식 (2.4)를 적용하기 위해 $f(x) = x$, $g'(x) = \sin x$라 하자. 그러면 $f'(x) = 1$, $g(x) = -\cos x$이므로 다음을 얻는다.

$$\begin{aligned}\int x \sin x \, dx &= x(-\cos x) - \int (-\cos x)\,dx \\ &= -x\cos x + \int \cos x \, dx \\ &= -x\cos x + \sin x + C\end{aligned}$$

이 결과를 미분해서 답을 확인하는 것이 바람직하다. 예상대로 $x \sin x$를 얻는다.

방법 2

식 (2.5)를 적용하기 위해 $u = x$, $dv = \sin x\, dx$ 라 하자. 그러면 $du = dx$, $v = -\cos x$ 이므로 다음을 얻는다.

$$\int x \sin x\, dx = \int \underbrace{x}_{u} \underbrace{\sin x\, dx}_{dv} = \underbrace{x}_{u}\underbrace{(-\cos x)}_{v} - \int \underbrace{(-\cos x)}_{v}\underbrace{dx}_{du}$$

$$= -x\cos x + \int \cos x\, dx$$

$$= -x\cos x + \sin x + C$$

예제 2-47

$\int \ln x\, dx$ 를 구하라.

풀이

$u = \ln x$, $dv = dx$ 라 놓으면 $du = \frac{dx}{x}$, $v = x$ 가 된다. 따라서 식 (2.5)에 의해 다음을 얻는다.

$$\int \ln x\, dx = x \ln x - \int x \frac{dx}{x} = x \ln x - \int dx = x \ln x - x + C$$

예제 2-48

$\int t^2 e^t dt$ 를 구하라.

풀이

e^t 은 미분하거나 또는 적분해도 형태가 변하지 않지만 t^2 은 미분하면 형태가 더 간단해지므로 $u = t^2$, $dv = e^t dt$ 라고 놓자. 그러면 $du = 2t\, dt$, $v = e^t$ 이 된다. 따라서 식 (2.5)에 의해 다음을 얻는다.

$$\int t^2 e^t dt = t^2 e^t - 2\int t e^t dt \tag{2.6}$$

식 (2.6)에 부분적분을 다시 한 번 사용하자. 이때 $u = t$, $dv = e^t dt$ 라고 놓으면 $du = dt$, $v = e^t$ 이므로 다음을 얻는다.

$$\int t e^t dt = t e^t - \int e^t dt = t e^t - e^t + C$$

이 결과를 식 (2.6)에 대입하면

$$\begin{aligned}\int t^2 e^t\,dt &= t^2e^t - 2\int te^t\,dt \\ &= t^2e^t - 2(te^t - e^t + C) \\ &= t^2e^t - 2te^t + 2e^t + C'\end{aligned}$$

이다. 여기서 $C' = -2C$이다.

예제 2-49 응용

$\int e^x \sin x\,dx$를 구하라.

풀이

e^x이나 $\sin x$는 미분한다고 해서 형태가 더 간단해지지는 않지만, $u = e^x$, $dv = \sin x\,dx$라고 놓고 시작해보자. 그러면 $du = e^x dx$, $v = -\cos x$가 된다. 따라서 식 (2.5)에 의해 다음을 얻는다.

$$\int e^x \sin x\,dx = -e^x\cos x + \int e^x \cos x\,dx \tag{2.7}$$

$\int e^x \cos x\,dx$에 부분적분을 다시 한 번 사용하자. 이때 $u = e^x$, $dv = \cos x\,dx$라고 놓으면 $du = e^x\,dx$, $v = \sin x$이므로 다음을 얻는다.

$$\int e^x \cos x\,dx = e^x \sin x - \int e^x \sin x\,dx \tag{2.8}$$

식 (2.8)을 보면 원래 적분 형태인 $\int e^x \sin x\,dx$로 되돌아갔기 때문에 변함이 없는 것 같지만, 식 (2.8)의 $\int e^x \cos x\,dx$ 를 식 (2.7)에 대입하면 다음을 얻는다.

$$\int e^x \sin x\,dx = -e^x\cos x + e^x \sin x - \int e^x \sin x\,dx$$

양변에 $\int e^x \sin x\,dx$를 더하면

$$2\int e^x \sin x\,dx = -e^x\cos x + e^x \sin x$$

이고, 양변을 2로 나누고 적분상수를 더하면 다음을 얻는다.

$$\int e^x \sin x\,dx = \frac{1}{2}e^x(\sin x - \cos x) + C$$

부분적분 공식과 미적분학의 기본 정리를 결합하면 부분적분으로 정적분을 계산할 수 있다. 따라서 f'과 g'을 연속이라 가정하고 식 (2.4)의 양변을 a와 b 사이에서 계산하면 다음을 얻는다.

$$\int_a^b f(x)g'(x)dx = \Big[f(x)g(x)\Big]_a^b - \int_a^b g(x)f'(x)dx \tag{2.9}$$

예제 2-50 응용

$\int_0^1 \tan^{-1}x\,dx$를 구하라.

풀이

$u = \tan^{-1}x$, $dv = dx$라 하자. 그러면 $du = \dfrac{dx}{1+x^2}$, $v = x$가 된다. 따라서 식 (2.9)에 의해 다음을 얻는다.

$$\begin{aligned}\int_0^1 \tan^{-1}x\,dx &= \Big[x\tan^{-1}x\Big]_0^1 - \int_0^1 \frac{x}{1+x^2}dx \\ &= 1\cdot\tan^{-1}1 - 0\cdot\tan^{-1}0 - \int_0^1 \frac{x}{1+x^2}dx \\ &= \frac{\pi}{4} - \int_0^1 \frac{x}{1+x^2}dx\end{aligned}$$

이 적분값을 구하기 위해 $t = 1+x^2$으로 치환하면 $dt = 2x\,dx$, $x\,dx = \frac{1}{2}dt$이다. $x=0$일 때 $t=1$이고, $x=1$일 때 $t=2$이므로

$$\begin{aligned}\int_0^1 \frac{x}{1+x^2}dx &= \frac{1}{2}\int_1^2 \frac{dt}{t} = \frac{1}{2}\Big[\ln|t|\Big]_1^2 \\ &= \frac{1}{2}(\ln 2 - \ln 1) = \frac{1}{2}\ln 2\end{aligned}$$

이다. 따라서 다음을 얻는다.

$$\int_0^1 \tan^{-1}x\,dx = \frac{\pi}{4} - \int_0^1 \frac{x}{1+x^2}dx = \frac{\pi}{4} - \frac{\ln 2}{2}$$

$x \geq 0$일 때, $\tan^{-1} x \geq 0$이므로, [예제 2-50] 적분값은 [그림 2-2]의 색칠한 부분의 넓이이다.

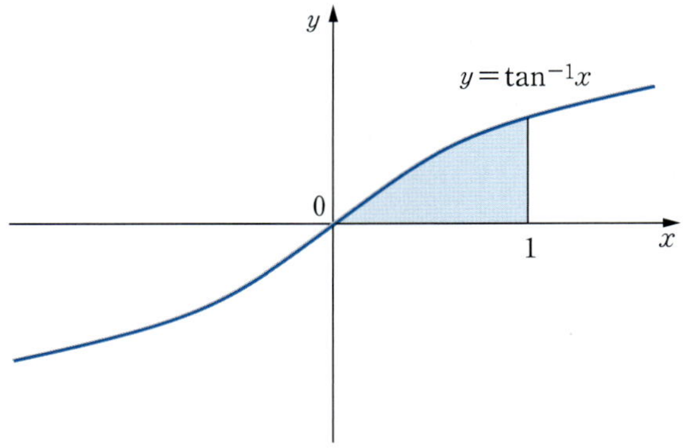

[그림 2-2] $f(x) = \tan^{-1} x$의 그래프

예제 2-51

$\int xe^{-6x} dx$를 구하라.

풀이

$u = x,\ dv = e^{-6x}$이라 하자. 그러면 $du = dx,\ v = -\frac{1}{6}e^{-6x}$이므로 다음을 얻는다.

$$\begin{aligned}\int xe^{-6x} dx &= -\frac{1}{6}xe^{-6x} + \frac{1}{6}\int e^{-6x} dx \\ &= -\frac{1}{6}xe^{-6x} - \frac{1}{36}e^{-6x} + C\end{aligned}$$

예제 2-52

다음 적분을 구하라.

(a) $\int x \ln x dx$　　　　(b) $\int x^4 \ln x dx$

풀이

(a) $u = \ln x,\ dv = x\,dx$라 하자. 그러면 $du = \frac{1}{x}dx,\ v = \frac{1}{2}x^2$이므로 다음을 얻는다.

$$\begin{aligned}\int x \ln x\, dx &= \frac{1}{2}x^2 \ln x - \frac{1}{2}\int x\, dx \\ &= \frac{1}{2}x^2 \ln x - \frac{1}{4}x^2 + C\end{aligned}$$

(b) $u=\ln x$, $dv=x^4 dx$라 하면 $du=\frac{1}{x}dx$, $v=\frac{1}{5}x^5$이므로 다음을 얻는다.

$$\begin{aligned}\int x^4 \ln x\, dx &= \frac{1}{5}x^5 \ln x - \frac{1}{5}\int x^4\, dx \\ &= \frac{1}{5}x^5 \ln x - \frac{1}{25}x^5 + C\end{aligned}$$

예제 2-53 응용

$\int e^{\frac{1}{2}t} \sin 2t\, dt$를 구하라.

풀이

$u=e^{\frac{1}{2}t}$, $dv=\sin 2t\, dt$ 라 하자. 그러면 $du=\frac{1}{2}e^{\frac{1}{2}t}dt$, $v=-\frac{1}{2}\cos 2t$이므로 다음을 얻는다.

$$\int e^{\frac{1}{2}t}\sin 2t\, dt = -\frac{1}{2}e^{\frac{1}{2}t}\cos 2t + \frac{1}{4}\int e^{\frac{1}{2}t}\cos 2t\, dt$$

다시 $u=e^{\frac{1}{2}t}$, $dv=\cos 2t\, dt$라 하자. 그러면 $du=\frac{1}{2}e^{\frac{1}{2}t}dt$, $v=\frac{1}{2}\sin 2t$이므로 다음을 얻는다.

$$\begin{aligned}\int e^{\frac{1}{2}t}\sin 2t\, dt &= -\frac{1}{2}e^{\frac{1}{2}t}\cos 2t + \frac{1}{4}\left[\frac{1}{2}e^{\frac{1}{2}t}\sin 2t - \frac{1}{4}\int e^{\frac{1}{2}t}\sin 2t\, dt\right] \\ &= -\frac{1}{2}e^{\frac{1}{2}t}\cos 2t + \frac{1}{8}e^{\frac{1}{2}t}\sin 2t - \frac{1}{16}\int e^{\frac{1}{2}t}\sin 2t\, dt\end{aligned}$$

따라서 이 식을 정리하면 다음과 같다.

$$\begin{aligned}\frac{17}{16}\int e^{\frac{1}{2}t}\sin 2t\, dt &= -\frac{1}{2}e^{\frac{1}{2}t}\cos 2t + \frac{1}{8}e^{\frac{1}{2}t}\sin 2t + C \\ \int e^{\frac{1}{2}t}\sin 2t\, dt &= -\frac{8}{17}e^{\frac{1}{2}t}\cos 2t + \frac{2}{17}e^{\frac{1}{2}t}\sin 2t + C'\end{aligned}$$

여기서 $C'=\frac{16}{17}C$이다.

예제 2-54 응용

$\int e^{\frac{R}{L}t}\sin\omega t\,dt$를 구하라.

풀이

$u=e^{\frac{R}{L}t}$, $dv=\sin\omega t\,dt$라 하자. 그러면 $du=\frac{R}{L}e^{\frac{R}{L}t}dt$, $v=-\frac{1}{\omega}\cos\omega t$이므로 다음을 얻는다.

$$\int e^{\frac{R}{L}t}\sin\omega t\,dt=-\frac{1}{\omega}e^{\frac{R}{L}t}\cos\omega t+\frac{R}{L\omega}\int e^{\frac{R}{L}t}\cos\omega t\,dt$$

다시 $u=e^{\frac{R}{L}t}$, $dv=\cos\omega t\,dt$라 하자. 그러면 $du=\frac{R}{L}e^{\frac{R}{L}t}dt$, $v=\frac{1}{w}\sin\omega t$이므로 다음을 얻는다.

$$\begin{aligned}\int e^{\frac{R}{L}t}\sin\omega t\,dt&=-\frac{1}{\omega}e^{\frac{R}{L}t}\cos\omega t+\frac{R}{L\omega}\left[\frac{1}{\omega}e^{\frac{R}{L}t}\sin\omega t-\frac{R}{L\omega}\int e^{\frac{R}{L}t}\sin\omega t\,dt\right]\\&=-\frac{1}{\omega}e^{\frac{R}{L}t}\cos\omega t+\frac{R}{L\omega^2}e^{\frac{R}{L}t}\sin\omega t-\frac{R^2}{L^2\omega^2}\int e^{\frac{R}{L}t}\sin\omega t\,dt\end{aligned}$$

따라서 이 식을 정리하면 다음과 같다.

$$\left(1+\frac{R^2}{L^2\omega^2}\right)\int e^{\frac{R}{L}t}\sin\omega t\,dt=-\frac{1}{\omega}e^{\frac{R}{L}t}\cos\omega t+\frac{R}{L\omega^2}e^{\frac{R}{L}t}\sin\omega t$$

$$\begin{aligned}\int e^{\frac{R}{L}t}\sin\omega t\,dt&=\frac{L^2\omega^2}{L^2\omega^2+R^2}\left[-\frac{1}{\omega}e^{\frac{R}{L}t}\cos\omega t+\frac{R}{L\omega^2}e^{\frac{R}{L}t}\sin\omega t\right]\\&=-\frac{L^2\omega}{L^2\omega^2+R^2}e^{\frac{R}{L}t}\cos\omega t+\frac{LR}{L^2\omega^2+R^2}e^{\frac{R}{L}t}\sin\omega t\\&=\frac{L}{\omega^2L^2+R^2}e^{\frac{R}{L}t}(R\sin\omega t-\omega L\cos\omega t)\end{aligned}$$

예제 2-55 응용

$\int e^{2t}\cos t\,dt$를 구하라.

풀이

$u=e^{2t}$, $dv=\cos t\,dt$라 하자. 그러면 $du=2e^{2t}dt$, $v=\sin t$이므로 다음을 얻는다.

$$\int e^{2t}\cos t\,dt=e^{2t}\sin t-2\int e^{2t}\sin t\,dt$$

다시 $u=e^{2t}$, $dv=\sin t\,dt$라 하자. 그러면 $du=2e^{2t}dt$, $v=-\cos t$이므로 다음을 얻는다.

$$\begin{aligned}\int e^{2t}\cos t\,dt&=e^{2t}\sin t-2\left(-e^{2t}\cos t+2\int e^{2t}\cos t\,dt\right)\\&=e^{2t}\sin t+2e^{2t}\cos t-4\int e^{2t}\cos t\,dt\end{aligned}$$

따라서 이 식을 정리하면 다음과 같다.

$$5\int e^{2t}\cos t\,dt=e^{2t}\sin t+2e^{2t}\cos t+C$$

$$\int e^{2t}\cos t\,dt=\frac{1}{5}e^{2t}(\sin t+2\cos t)+C'$$

여기서 $C'=\dfrac{C}{5}$이다.

예제 2-56 응용

$\int e^{2x}\cos e^{x}dx$를 구하라.

풀이

$e^{x}=X$라 놓고, 양변을 미분하면 $e^{x}dx=dX$, $dx=e^{-x}dX=X^{-1}dX$이므로

$$\int e^{2x}\cos e^{x}dx=\int X\cos X\,dX$$

이다. 다시 $u=X, dv=\cos X\,dX$라 하면 $du=dX$, $v=\sin X$이므로 다음을 얻는다.

$$\begin{aligned}\int e^{2x}\cos e^{x}dx&=X\sin X-\int\sin X\,dX\\&=X\sin X+\cos X+C\\&=e^{x}\sin e^{x}+\cos e^{x}+C\end{aligned}$$

예제 2-57 응용

$\int \frac{1}{x^3} \ln x\, dx$를 구하라.

풀이

$u = \ln x$, $dv = x^{-3}dx$라 하면 $du = \frac{1}{x}dx$, $v = -\frac{1}{2}x^{-2}$이므로 다음을 얻는다.

$$\begin{aligned}\int \frac{1}{x^3} \ln x\, dx &= -\frac{1}{2}\frac{1}{x^2}\ln x + \frac{1}{2}\int x^{-3}dx \\ &= -\frac{1}{2}\frac{1}{x^2}\ln x - \frac{1}{4}x^{-2} + C \\ &= -\frac{1}{2}\frac{1}{x^2}\ln x - \frac{1}{4}\frac{1}{x^2} + C\end{aligned}$$

예제 2-58 응용

$\int \frac{1}{x} \ln x dx$를 구하라.

풀이

$u = \ln x$, $dv = \frac{1}{x}dx$라 하면 $dv = \frac{1}{x}dx$, $v = \ln x$이므로 다음을 얻는다.

$$\int \frac{1}{x}\ln x\, dx = (\ln x)^2 - \int \frac{1}{x}\ln x\, dx$$

따라서 이 식을 정리하면 다음과 같다.

$$\begin{aligned}2\int \frac{1}{x}\ln x\, dx &= (\ln x)^2 + C \\ \int \frac{1}{x}\ln x\, dx &= \frac{1}{2}(\ln x)^2 + C'\end{aligned}$$

여기서 $C' = \frac{C}{2}$이다.

예제 2-59 응용

$\int \frac{1}{x^3}(\ln x)^2 dx$를 구하라.

풀이

$u=(\ln x)^2\,dv=x^{-3}dx$라 하면 $du=2(\ln x)\frac{1}{x}dx$, $v=-\frac{1}{2}x^{-2}$이므로 다음을 얻는다.

$$\int\frac{1}{x^3}(\ln x)^2dx=-\frac{1}{2}\frac{1}{x^2}(\ln x)^2+\int\frac{\ln x}{x^3}dx$$

다시 $u=\ln x$, $dv=x^{-3}dx$라 하면 $du=\frac{1}{x}dx$, $v=-\frac{1}{2}x^{-2}$이므로 다음을 얻는다.

$$\begin{aligned}\int\frac{1}{x^3}(\ln x)^2dx&=-\frac{1}{2}\frac{1}{x^2}(\ln x)^2-\frac{1}{2}\frac{1}{x^2}\ln x+\frac{1}{2}\int x^{-3}dx\\&=-\frac{1}{2}\frac{1}{x^2}(\ln x)^2-\frac{1}{2}\frac{1}{x^2}\ln x-\frac{1}{4}\frac{1}{x^2}+C\end{aligned}$$

예제 2-60 응용

$\int\frac{1}{x^3}\ln x\,dx$를 구하라.

풀이

$u=\ln x$, $dv=x^{-3}dx$라 하면 $du=\frac{1}{x}dx$, $v=-\frac{1}{2}x^{-2}$이므로 다음을 얻는다.

$$\begin{aligned}\int\frac{1}{x^3}\ln x\,dx&=-\frac{1}{2}\frac{1}{x^2}\ln x+\frac{1}{2}\int x^{-3}dx\\&=-\frac{1}{2}\frac{1}{x^2}\ln x-\frac{1}{4}\frac{1}{x^2}+C\end{aligned}$$

예제 2-61 응용

$\int x\cos(\ln x)dx$를 구하라.

풀이

$u=\cos(\ln x)$, $dv=x\,dx$라 하면 $du=-\frac{1}{x}\sin(\ln x)dx$, $v=\frac{1}{2}x^2$이므로 다음을 얻는다.

$$\int x\cos(\ln x)dx=\frac{1}{2}x^2\cos(\ln x)+\frac{1}{2}\int x\sin(\ln x)dx$$

다시 $u=\sin(\ln x)$, $dv=x\,dx$라 하면 $du=\frac{1}{x}\cos(\ln x)dx$, $v=\frac{1}{2}x^2$이므로 다음을 얻는다.

$$\int x\cos(\ln x)dx = \frac{1}{2}x^2\cos(\ln x) + \frac{1}{2}\left[\frac{1}{2}x^2\sin(\ln x) - \frac{1}{2}\int x\cos(\ln x)dx\right]$$
$$= \frac{1}{2}x^2\cos(\ln x) + \frac{1}{4}x^2\sin(\ln x) - \frac{1}{4}\int x\cos(\ln x)dx$$

따라서 이 식을 정리하면 다음과 같다.

$$\frac{5}{4}\int x\cos(\ln x)dx = \frac{1}{2}x^2\cos(\ln x) + \frac{1}{4}x^2\sin(\ln x) + C$$
$$\int x\cos(\ln x)dx = \frac{2}{5}x^2\cos(\ln x) + \frac{1}{5}x^2\sin(\ln x) + C'$$

여기서 $C' = \frac{4}{5}C$이다.

예제 2-62 응용

$\int x^{-3}\cos(\ln x)dx$를 구하라.

풀이

$u = \cos(\ln x)$, $dv = x^{-3}dx$라 하면 $du = -\frac{1}{x}\sin(\ln x)$, $v = -\frac{1}{2}x^{-2}$이므로 다음을 얻는다.

$$\int x^{-3}\cos(\ln x)dx = -\frac{1}{2}\frac{1}{x^2}\cos(\ln x) - \frac{1}{2}\int x^{-3}\sin(\ln x)dx$$

다시 $u = \sin(\ln x)$, $dv = x^{-3}dx$라 하면 $du = \frac{1}{x}\cos(\ln x)$, $v = -\frac{1}{2}x^{-2}$이므로 다음을 얻는다.

$$\int x^{-3}\cos(\ln x)dx = -\frac{1}{2}\frac{1}{x^2}\cos(\ln x) - \frac{1}{2}\left[-\frac{1}{2}\frac{1}{x^2}\sin(\ln x) + \frac{1}{2}\int x^{-3}\cos(\ln x)dx\right]$$
$$= -\frac{1}{2}\frac{1}{x^2}\cos(\ln x) + \frac{1}{4}\frac{1}{x^2}\sin(\ln x) - \frac{1}{4}\int x^{-3}\cos(\ln x)dx$$

따라서 이 식을 정리하면 다음과 같다.

$$\frac{5}{4}\int x^{-3}\cos(\ln x)dx = -\frac{1}{2}\frac{1}{x^2}\cos(\ln x) + \frac{1}{4}\frac{1}{x^2}\sin(\ln x) + C$$
$$\int x^{-3}\cos(\ln x)dx = -\frac{2}{5}\frac{1}{x^2}\cos(\ln x) + \frac{1}{5}\frac{1}{x^2}\sin(\ln x) + C'$$

여기서 $C' = \frac{4}{5}C$이다.

Chapter 02 연습문제

[2.1 부정적분과 정적분]

※ 다음 부정적분을 구하라.

1. $\int x^{\frac{1}{3}}\,dx$

2. $\int (\sqrt{x}+1)^2\,dx$

3. $\int x(1+\sqrt{x})\,dx$

4. $\int \sqrt{\frac{1}{x}}\,dx$

※ 다음 정적분을 구하라.

5. $\int_0^3 (2x^3+x-3)\,dx$

6. $\int_0^1 (3y^3-\sqrt{y}+1)\,dy$

7. $\int_1^2 (3t-1)^2\,dt$

8. $\int_0^1 t(\sqrt[4]{t}+\sqrt{t})\,dt$

9. $\int_1^4 \frac{1-\sqrt[3]{x}}{\sqrt{x}}\,dx$

10. $\int_0^1 (\sqrt[4]{x^3}+\sqrt[3]{x^2})\,dx$

[2.2 여러 함수의 적분법]

※ 다음을 적분하라.

11. $\int \tan 2x\,dx$

12. $\int t\sin t^2\,dt$

13. $\int \tan^2 x\,dx$

14. $\int \tan^3 x\,dx$

15. $\int \sin^3\theta\,d\theta$

16. $\int \frac{d\theta}{1+\sin\theta}$

17. $\int \frac{\cos^2 x}{1-\sin x}\,dx$

18. $\int \sin^2 x\sin 2x\,dx$

※ 다음을 적분하라.

19. $\int \frac{e^x}{1-e^x}\,dx$

20. $\int \frac{\sin x}{1-\cos x}\,dx$

21. $\int \frac{1}{t(1-\ln t)}\,dt$

22. $\int \frac{1}{1+e^{-x}}\,dx$

23. $\int \frac{e^{2x}+e^{-2x}}{3}\,dx$

24. $\int \frac{\ln(\ln x)}{x\ln x}\,dx$

25. $\int x^2 e^{x^3}\, dx$

26. $\int (e^x + e^{-x})^2\, dx$

※ 다음을 적분하라.

27. $\int \frac{1}{x\sqrt{9-4x^2}}\, dx$

28. $\int \frac{1}{x^2+2x+10}\, dx$

29. $\int \frac{1}{\sqrt{4-x^2}}\, dx$

30. $\int \frac{1}{2x\sqrt{4x^2-9}}\, dx$

31. $\int \frac{1}{t\sqrt{t+1}}\, dt$

32. $\int \frac{1}{(x-1)\sqrt{x^2-2x-3}}\, dx$

33. $\int x\sqrt{x+1}\, dx$

34. $\int \frac{\sqrt{x^2-1}}{x}\, dx$

[2.3 부분분수에 의한 적분법]

※ 다음을 적분하라.

35. $\int \frac{1}{x(x+1)(x-2)}\, dx$

36. $\int \frac{x+1}{(x-1)(x+2)^2}\, dx$

37. $\int \frac{x^2}{(x-1)^3}\, dx$

38. $\int \frac{1}{x(x^2-x+1)}\, dx$

39. $\int \frac{4}{x(x^2+1)^2}\, dx$

[2.4 부분적분법]

※ 다음을 적분하라.

40. $\int e^x \cos x\, dx$

41. $\int \tan^{-1} x\, dx$

42. $\int \cos^3 x\, dx$

43. $\int \sin^{-1} x\, dx$

44. $\int (\ln x)^2\, dx$

45. $\int (2x-1)\ln(x-1)\, dx$

46. $\int x(\ln x)^2\, dx$

47. $\int \frac{\ln x}{(1-x)^2}\, dx$

PART 02

상미분방정식

Ordinary Differential Equation

CONTENTS

PART 02에서는 무엇을 배울까?

PART 02에서는 상미분방정식에 대해 배운다. 먼저 3장에서는 1계 미분방정식의 해를 구하는 방법을 유형별로 나누어 살펴본다. 그리고 4장에서는 공학, 생물학, 물리학과 관련한 다양한 문제를 수학적인 모형, 즉 1계 미분방정식으로 표현하고 3장에서 배운 풀이 방법을 이용하여 문제를 해결한다.

그리고 5장에서는 2계 이상의 미분방정식의 해를 구하는 방법을 살펴보고, 6장에서는 2계 선형 미분방정식으로 표현되는 공학적인 현상을 다룬다. 마지막으로 7장에서는 라플라스 변환을 이용하여 미분방정식의 해를 구하는 방법을 살펴본다.

Chapter 03

1계 미분방정식

Differential Equation of 1st order

||| 목차 |||

||| 학습목표 |||

- 미분방정식의 정의를 이해하고, 미분방정식을 분류할 수 있다.
- 변수분리형으로 변환할 수 있는 미분방정식의 해를 구한다.
- 완전 미분방정식의 해를 구한다.
- 선형 미분방정식의 해를 구한다.

Section
3.1 미분방정식의 소개

방정식은 주어진 등식을 만족하는 미지수 또는 미지함수가 포함된 식을 말한다. 그러므로 **미분방정식** differential equation은 종속변수를 한 개 또는 여러 개의 독립변수로 미분한 도함수를 포함하는 방정식이다.

여기에서는 미분방정식에 대한 분류와 해에 대한 기본적인 정의와 용어에 대해 살펴보자.

미분방정식의 분류

미분방정식은 다양한 형태로 나타나는데, 기준에 따라 다음과 같이 여러 형태로 분류할 수 있다.

■ 형태에 따른 분류

독립변수가 1개인 경우의 미분, 즉 상미분만을 미지수로 포함하는 미분방정식을 **상미분방정식** ordinary differential equation이라고 한다. 예를 들어, 다음과 같은 미분방정식은 상미분방정식이다.

$$x\frac{dy}{dx}+y=x$$ ➜ 독립변수 : x 종속변수 : y

$$(1+x^3)y'+1+y^2=0$$ ➜ 독립변수 : x 종속변수 : y

$$w'+\lambda w(1-w'^2)=0$$ ➜ 독립변수 : λ 종속변수 : w

$$\frac{dx}{dt}=2$$ ➜ 독립변수 : t 종속변수 : x

독립변수가 2개 이상인 경우의 미분, 즉 편미분을 미지수로 포함하는 미분방정식을 **편미분방정식** partial differential equation이라고 한다. 예를 들어, 다음과 같은 미분방정식은 편미분방정식이다.

$$z_x(1+z_y)-2z_{xy}z_xz_y+z_y(1+z_x^2)=0$$

➜ 독립변수 : x, y 종속변수 : z

$$\frac{\partial u}{\partial t}-\frac{\partial^2 u}{\partial x^2}-\frac{\partial^2 u}{\partial y^2}-\frac{\partial^2 u}{\partial z^2}=0$$

➜ 독립변수 : t, x, y, z 종속변수 : u

■ 계수에 의한 분류

미분방정식에 포함된 도함수들의 미분 횟수를 도함수의 **계수** order라 하고, 미분방정식의 항들의 계수 중 가장 큰 계수를 미분방정식의 계수로 정한다. 이때 미분방정식의 항들 중 가장 큰 계수를 갖는 항의 차수를 미분방정식의 **차수** degree라 한다. 예를 들어, 다음과 같이 분류할 수 있다.

$$y' = -\frac{\sqrt{1-y^2}}{y}$$ ➜ 1계 1차 미분방정식

$$y^2(1+y'^2) = 1$$ ➜ 1계 2차 미분방정식

$$3(y'') + 2(y')^2 + y = 0$$ ➜ 2계 1차 미분방정식

■ 선형성에 의한 분류

일반적으로 n계 상미분방정식은 다음과 같이 나타낼 수 있다.

$$F(x,\, y,\, y',\, \cdots,\, y^{(n)}) = 0 \tag{3.1}$$

만일 F가 종속변수 y와 그 도함수 $y', \cdots, y^{(n)}$의 차수가 1이면 식 (3.1)을 **선형 미분방정식** linear differential equation)이라고 한다.

n계 선형 미분방정식은 다음과 같이 나타낼 수 있다.

$$a_n(x)y^{(n)} + a_{n-1}(x)y^{(n-1)} + \cdots + a_1(x)y' + a_0(x)y = f(x) \tag{3.2}$$

만일 F가 종속변수 y와 $y', \cdots, y^{(n)}$의 차수가 1차가 아니면 식 (3.1)을 **비선형 미분방정식**이라고 한다. 예를 들어, 다음과 같이 분류할 수 있다.

$$x\frac{dy}{dx} + y = x^2$$ ➜ 1계 선형 미분방정식

$$y'' + \frac{1}{x}y' - 6y = 0$$ ➜ 2계 선형 미분방정식

$$x^2y^{(3)} + 4y' = 2x^3$$ ➜ 3계 선형 미분방정식

$$x^2(y')^2 + y' + y = \cos x$$ ➜ 1계 비선형 미분방정식

$$xyy'' + 2y = \ln x$$ ➜ 2계 비선형 미분방정식

$$y^{(3)} + \cos y = x$$ ➜ 3계 비선형 미분방정식

미분방정식의 해

식 (3.1)과 같은 n계 상미분방정식의 해 $y = f(x)$는 어떤 구간 I 에서 정의되며, 다음을 만족한다.

❶ $y = f(x)$의 각 n계 도함수들이 구간 I의 각 점에서 존재하고 연속이다.

❷ $y = f(x)$가 식 (3.1)을 만족해야 한다.

n계 미분방정식에서 n번 적분하여 얻어진 해는 임의의 상수 n개를 포함하는 다음과 같은 형태가 된다.

$$F(x,\ y,\ c_1,\ c_2, \cdots,\ c_n) = 0$$

이 해를 **일반해**general solution라고 한다. 일반해는 곡선군이 되는데, 곡선군의 각각의 곡선을 나타내는 방정식을 **특수해**particular solution라고 한다. 즉 일반해에 c_1, c_2, $\cdots$, c_n에 대한 조건에 의해 구해지는 각 해를 특수해라 한다. 예를 들어, $y' = x^3$의 일반해는 $y = \frac{1}{4}x^4 + c$(c는 임의의 상수)이고, $y = \frac{1}{4}x^4$은 하나의 특수해이다.

이때 조건이 주어지는 방법에 따라 미분방정식을 구분할 수 있는데, x값 하나에 대해 n개의 조건이 주어진 경우, 즉 $x = x_0$일 때 $y = y_0$, $y' = y_1$, $\cdots$, $y^{(n-1)} = y_{n-1}$을 만족하는 미분방정식을 **초깃값 문제**라고 하고, x값 2개에 대해 n개의 조건이 주어진 경우의 미분방정식을 **경계값 문제**라고 한다. 예를 들어, 다음과 같이 구분할 수 있다.

$$y'' + 2y = 0,\ y(0) = 0,\ y'(0) = 1$$ → 초깃값 문제

$$y'' + 2y = 0,\ y(0) = 0,\ y(1) = 1$$ → 경계값 문제

또한 일반해에 속하지 않는 해가 존재할 수 있는데, 이런 해를 **특이해**singular solution라고 한다. 예를 들어, $(y')^2 = 4y$의 일반해는 $y = (x + c)^2$이다. $y = 0$도 하나의 해이다. 그러나 일반해에 포함된 c에 어떠한 값을 대입해도 $y = 0$을 얻을 수 없다. 그러므로 $y = 0$은 특이해이다.

그리고 해의 형태가 양함수 $y = f(x)$이면 **양함수 해**explicit solution라고 하고, 해의 형태가 음함수 $f(x,\ y) = 0$이면 **음함수 해**implicit solution라고 한다. 예를 들어, $y' - y = 0$의 일반해 $y = ce^x$은 양함수 해이고, $y' = \frac{x}{y}$의 특수해 $x^2 - y^2 = 0$은 음함수 해이다.

Section
3.2 변수분리형 미분방정식

이 절에서는 1계 도함수가 독립변수를 갖는 함수와 종속변수를 갖는 함수의 곱으로 분리될 때 그 풀이 방법을 살펴본다.

변수분리형

다음과 같은 형태의 방정식을 1계 미분방정식이라 한다.

$$F(x, y, y') = 0 \text{ 또는 } y' = f(x, y)$$

1계 미분방정식을 x와 y에 대한 함수로 분리할 수 있을 때, 이 미분방정식을 **변수분리형**이라 한다.

정리 3-1 변수분리형

1계 미분방정식의 변수분리형은 다음과 같다.

$$\frac{dy}{dx} = f(x, y) = g(x)h(y) \tag{3.3}$$

식 (3.3)은 다음과 같이 나타낼 수 있다.

$$\frac{1}{h(y)}dy = g(x)dx \tag{3.4}$$

식 (3.4)의 양변을 적분하면

$$\int \frac{1}{h(y)}dy = \int g(x)dx + c$$

이다. 이 적분을 구하여 해를 얻는다.

예제 3-1

$\frac{1}{2}x\,dx + \frac{1}{2}y\,dy = 0$의 해를 구하라.

풀이

먼저 주어진 미분방정식의 형태를 살펴보자.

$$\underbrace{\frac{1}{2}x\,dx}_{x\text{만의 함수}} + \underbrace{\frac{1}{2}y\,dy}_{y\text{만의 함수}} = 0$$

dx 앞에 x만의 함수가 있고, dy 앞에 y만의 함수가 있으므로 변수분리형이다. 이 식을 적분하면 다음과 같다.

$$\int \frac{1}{2}x\,dx + \int \frac{1}{2}y\,dy = c$$

$$x^2 + y^2 = c$$

따라서 미분방정식의 해는 $x^2 + y^2 = c$이다.

예제 3-2

$xy\,dx + (1 + x^2)\,dy = 0$의 해를 구하라.

풀이

먼저 주어진 미분방정식의 형태를 살펴보면

$$\underbrace{x}_{x\text{만의 함수}}\ \underbrace{y}_{y\text{만의 함수}}\,dx + \underbrace{(1 + x^2)}_{x\text{만의 함수}}\,dy = 0$$

이므로, 변수분리형이다. 주어진 식을 x만의 함수를 dx 앞으로, y만의 함수를 dy 앞으로 변수분리하면

$$\frac{x}{1+x^2}\,dx + \frac{1}{y}\,dy = 0$$

이다. 이 식을 적분하면 다음과 같다.

$$\int \frac{x}{1+x^2}\,dx + \int \frac{1}{y}\,dy = c'$$

$$\frac{1}{2}\ln(1 + x^2) + \ln|y| = c'$$

$$\ln(1 + x^2)y^2 = 2c'$$

$$(1 + x^2)y^2 = c$$

> **연계** [예제 2-16]
>
> $$\int \frac{x}{1+x^2}\,dx = \frac{1}{2}\ln(1 + x^2) + C$$

따라서 미분방정식의 해는 $(1 + x^2)y^2 = c$이다.

예제 3-3

초깃값 문제 $\dfrac{dy}{dx} = -\dfrac{x}{y}$, $y(3) = 4$를 풀어라.

풀이

먼저 주어진 미분방정식의 형태를 살펴보면

$$\frac{dy}{dx} = -\frac{x}{y} = \underbrace{-x}_{x\text{만의 함수}} \cdot \underbrace{\frac{1}{y}}_{y\text{만의 함수}}$$

이므로, 변수분리형이다. 주어진 식을 변수분리하면

$$y\,dy + x\,dx = 0$$

이다. 이 식을 적분하면 다음과 같다.

$$\int y\,dy + \int x\,dx = c'$$

$$\frac{1}{2}y^2 + \frac{1}{2}x^2 = c'$$

$$x^2 + y^2 = c^2 \qquad (c^2 = 2c')$$

이는 원점을 중심으로 하는 동심원군이다. $x = 3$, $y = 4$이면 $c^2 = 25$이므로, 초기조건을 만족하는 특수해는 $x^2 + y^2 = 25$(음함수 해)이다.

예제 3-4

$\dfrac{dy}{dx} - y^2 = -9$의 해를 구하라.

풀이

주어진 미분방정식을 정리하면 다음과 같다.

$$\frac{dy}{dx} = y^2 - 9 \tag{3.5}$$

- $y^2 - 9 \neq 0$인 경우

  식 (3.5)를 적분하면 다음과 같다.

$$\int \frac{dy}{y^2 - 9} = \int dx$$

$$\frac{1}{6}\ln\left|\frac{y-3}{y+3}\right| = x + c'$$

> 연계 [예제 2-37]
>
> $$\int \frac{dy}{y^2 - 9} = \frac{1}{6}\ln\left|\frac{y-3}{y+3}\right| + C$$

$$\left|\frac{y-3}{y+3}\right| = e^{6x+6c'}$$

$$\frac{y-3}{y+3} = \pm e^{6c'}e^{6x} = ce^{6x}$$

이를 y에 대해 정리하면

$$y-3 = ce^{6x}(y+3)$$

$$(1-ce^{6x})y = 3(1+ce^{6x})$$

이므로, 일반해는 $y = 3\dfrac{1+ce^{6x}}{1-ce^{6x}}$ 이다.

- $y^2-9=0$인 경우

  $y=\pm 3$일 때 $dy=0$이므로 미분방정식의 해는 $y=\pm 3$이다. 이 중에서 $y=3$은 일반해에서 $c=0$일 때의 특수해이다. 그러나 $y=-3$은 일반해에 속하지 않으므로 특이해이다.

예제 3-5 응용

박테리아의 수는 임의의 시간 t에서 박테리아의 수에 비례하여 변한다고 한다. 초기에 100마리였던 박테리아가 1시간 후에 300마리로 증가하였다. 10시간 후 박테리아의 수가 몇 마리인지 구하라.

풀이

시간 t에서의 박테리아의 수를 $P(t)$라 하면

$$\frac{dP}{dt} = kP,\ \ P(0) = 100,\ \ P(1) = 300$$

이고, 변수를 분리하면

$$\frac{dP}{P} = k\,dt$$

이다. 이 식을 적분하면 다음과 같다.

$$\int\frac{dP}{P} = \int k\,dt + c'$$

$$\ln|P| = kt + c'$$

$$|P| = e^{kt+c'}$$

$$P = \pm e^{c'}e^{kt} = ce^{kt}$$

이때 주어진 값을 대입하면

$$P(0) = 100 \rightarrow 100 = c$$
$$P(1) = 300 \rightarrow 300 = ce^k = 100e^k;\ e^k = 3;\ k = \ln 3$$

이다. 그러므로 $P = 100e^{(\ln 3)t}$이다. $t = 10$일 때

$$P = 100e^{10\ln 3} = 3^{10} \times 100$$

이므로, 10시간 후 박테리아의 수는 $3^{10} \times 100$(마리)이다.

예제 3-6 응용

방사능 물질의 감소율은 임의의 시간 t에서의 남아 있는 양에 비례한다고 한다. 초기 방사능 물질의 양이 1000mg이고, 5시간마다 질량이 10%씩 감소한다고 할 때, 10시간 후 남아 있는 방사능 물질의 양이 얼마인지 구하라.

풀이

임의의 시간 t에서의 방사능 물질의 양을 $A(t)$라 하면

$$\frac{dA}{dt} = kA,\ A(0) = 1000,\ A(5) = 1000 \times \frac{90}{100} = 900$$

이다. 이때 $A = ce^{kt}$이므로 주어진 값을 대입하면

$$A(0) = 1000 \rightarrow 1000 = c$$
$$A(5) = 900 \rightarrow 900 = 1000e^{5k};\ e^{5k} = 0.9;\ 5k = \ln 0.9;\ k = \frac{1}{5}\ln 0.9$$

이다. 그러므로 $A = 1000e^{\left(\frac{1}{5}\ln 0.9\right)t}$이다. $t = 10$일 때

$$A = 1000e^{\left(\frac{1}{5}\ln 0.9\right)10} = 1000e^{2\ln 0.9} = 1000 \times 0.9^2 = 810$$

이므로, 10시간 후 남아 있는 방사능 물질은 810mg이다.

변수분리형으로 변환할 수 있는 미분방정식

원래는 변수분리형이 아니지만 적당한 변환을 통해 변수분리형으로 풀 수 있는 미분방정식에 대해 살펴보자.

■ 동차 미분방정식

함수 $f(x, y)$의 각 항이 x, y에 대해 n차인 경우 $f(x, y)$를 **n차 동차함수**라 한다. 즉 다음과 같은 경우 $f(x, y)$는 n차 동차함수이다.

$$f(tx, ty) = t^n f(x, y)$$

예를 들어, $f_1(x, y) = x^2y + y^3$은 3차 동차함수, $f_2(x, y) = 2\dfrac{x^3}{y} + x^2 + 3xy$는 2차 동차함수이다. 그리고 $f_3(x, y) = e^{\frac{y}{x}} + \sin\dfrac{y}{x}$는 0차 동차함수이다. 다음과 같은 1계 미분방정식에서 $M(x, y)$와 $N(x, y)$가 n차 동차함수일 때, 이 미분방정식을 **동차 미분방정식**이라 한다.

$$M(x, y)\,dx + N(x, y)\,dy = 0 \tag{3.6}$$

이러한 동차 미분방정식은 다음과 같이 변형할 수 있다.

$$\frac{dy}{dx} = f\left(\frac{y}{x}\right) \quad \text{또는} \quad \frac{dy}{dx} = g\left(\frac{x}{y}\right)$$

동차 미분방정식은 다음과 같이 해를 구할 수 있다.

❶ 식 (3.6)의 각 항을 x^n으로 나누고 정리하면

$$M(x, y) = x^n M\left(1, \frac{y}{x}\right), \quad N(x, y) = x^n N\left(1, \frac{y}{x}\right)$$

이다. 이때 $\dfrac{y}{x} = u$로 치환하면

$$y = xu, \quad dy = u\,dx + x\,du$$

이다. 이를 식 (3.6)에 대입하면

$$M(x, y)\,dx + N(x, y)\,dy = 0$$

$$x^n M\left(1, \frac{y}{x}\right)dx + x^n N\left(1, \frac{y}{x}\right)dy = 0$$

$$x^n M(1, u)\,dx + x^n N(1, u)(u\,dx + x\,du) = 0$$

이다. 이 식을 x^n으로 나누면

$$[M(1, u) + uN(1, u)]\,dx + xN(1, u)\,du = 0$$

이므로, 변수분리형이 된다. 다음과 같이 x와 u에 대해 정리하고, 이를 적분하여 해를 구한다.

$$\frac{1}{x}\,dx + \frac{N(1, u)}{M(1, u) + uN(1, u)}\,du = 0$$

❷ 식 (3.6)의 각 항을 y^n으로 나누고 정리하면

$$M(x, y) = y^n M\left(\frac{x}{y}, 1\right), \quad N(x, y) = y^n N\left(\frac{x}{y}, 1\right)$$

이다. 이때 $\frac{x}{y} = v$로 치환하면

$$x = yv, \quad dx = v\,dy + y\,dv$$

이다. 이를 (3.6)에 대입하면

$$y^n M(v, 1)(v\,dy + y\,dv) + y^n N(v, 1)\,dy = 0$$

이다. 이 식을 y^n으로 나누면

$$M(v, 1)(v\,dy + y\,dv) + N(v, 1)\,dy = 0$$
$$[v M(v, 1) + N(v, 1)]\,dy + y M(v, 1)\,dv = 0$$

이므로, 변수분리형이 된다. 따라서 이를 적분하여 해를 구한다.

예제 3-7

$(y-x)\,dx + (y+x)\,dy = 0$의 해를 구하라.

풀이

주어진 미분방정식에서

$$M(x, y) = y - x, \quad N(x, y) = y + x$$

라 하면, $M(x, y)$와 $N(x, y)$는 1차 동차함수이다. 각 항을 x로 나누면

$$\left(\frac{y}{x} - 1\right)dx + \left(\frac{y}{x} + 1\right)dy = 0 \tag{3.7}$$

이다. 이때 $\frac{y}{x} = u$로 치환하면

$$y = xu, \quad dy = u\,dx + x\,du$$

이다. 이를 식 (3.7)에 대입하면

$$(u-1)\,dx + (u+1)(u\,dx + x\,du) = 0$$
$$(u^2 + 2u - 1)\,dx + x(u+1)\,du = 0$$

이므로, 변수분리형이 된다. x와 u에 대해 정리하면

$$\frac{1}{x}\,dx + \frac{u+1}{u^2+2u-1}\,du = 0$$

이다. 이 식을 적분하면 다음과 같다.

$$\int \frac{1}{x}\,dx + \int \frac{u+1}{u^2+2u-1}\,du = c'$$

$$\ln|x| + \frac{1}{2}\ln|u^2+2u-1| = c'$$

$$\ln|x^2(u^2+2u-1)| = 2c'$$

$$x^2(u^2+2u-1) = \pm e^{2c'}$$

따라서 $u = \frac{y}{x}$를 대입하면 미분방정식의 해는 다음과 같다.

$$x^2\left(\frac{y^2}{x^2} + 2\frac{y}{x} - 1\right) = \pm e^{2c'}$$

$$y^2 + 2xy - x^2 = c \quad (\pm e^{2c'} = c)$$

예제 3-8

$x\,dy - y\,dx - \sqrt{x^2-y^2}\,dx = 0$의 해를 구하라. 단, $x > 0$이다.

풀이

주어진 미분방정식에서

$$M(x, y) = -\left(y + \sqrt{x^2-y^2}\right),\ \ N(x, y) = x$$

라 하면, $M(x, y)$와 $N(x, y)$는 1차 동차함수이다. 따라서

$$-\left(y + \sqrt{x^2-y^2}\right)dx + x\,dy = 0$$

은 동차 미분방정식이므로, 각 항을 x로 나누면

$$-\left(\frac{y}{x} + \sqrt{1-\frac{y^2}{x^2}}\right)dx + dy = 0 \tag{3.8}$$

이다. 이때 $\frac{y}{x} = u$로 치환하면

$$y = xu,\ \ dy = u\,dx + x\,du$$

이다. 이를 식 (3.8)에 대입하면

$$-\left(u+\sqrt{1-u^2}\right)dx+u\,dx+x\,du=0$$

$$-\left(\sqrt{1-u^2}\right)dx+x\,du=0$$

$$-\frac{1}{x}dx+\frac{1}{\sqrt{1-u^2}}du=0$$

이므로, 변수분리형이 된다. 이 식을 적분하면 다음과 같다.

$$-\int\frac{1}{x}dx+\int\frac{1}{\sqrt{1-u^2}}du=c'$$

$$-\ln|x|+\sin^{-1}u=c'$$

$$\sin^{-1}u=\ln|x|+c'$$

연계 [정리 2-9]

$$\int\frac{1}{\sqrt{1-x^2}}dx=\sin^{-1}x+C$$

따라서 $u=\dfrac{y}{x}$를 대입하면 미분방정식의 해는 다음과 같다.

$$\sin^{-1}\frac{y}{x}=\ln|cx|\quad(\ln c=c',\ c=e^{c'})$$

■ $\dfrac{dy}{dx}=f(Ax+By+C)$의 형태

$f(Ax+By+C)$는 f가 $Ax+By+C$를 변수로 갖는 함수이다. 예를 들면,

$$f(x+y)=\frac{x+y}{3x+3y-4}$$

$$g(y-4x)=(y-4x)^2$$

$$h(x+y)=\tan^2(x+y)$$

가 이에 해당한다. 다음과 같은 미분방정식을 살펴보자.

$$\frac{dy}{dx}=f(Ax+By+C) \tag{3.9}$$

먼저 $Ax+By+C=u$로 치환하고 x로 미분하면 다음과 같다.

$$A+B\frac{dy}{dx}=\frac{du}{dx};\quad B\frac{dy}{dx}=\frac{du}{dx}-A;\quad \frac{dy}{dx}=\frac{1}{B}\frac{du}{dx}-\frac{A}{B}$$

이를 식 (3.9)에 대입하면

$$\frac{1}{B}\frac{du}{dx}-\frac{A}{B}=f(u);\quad \frac{du}{dx}-A=Bf(u);\quad \frac{du}{dx}=Bf(u)+A$$

이므로, 변수분리형이 된다.

예제 3-9

$\dfrac{dy}{dx}=\dfrac{x+y}{3x+3y-4}$ 의 해를 구하라.

풀이

주어진 미분방정식은

$$\frac{dy}{dx}=\frac{x+y}{3(x+y)-4}$$

로 나타낼 수 있으므로 $x+y$에 대한 분수함수이다. 따라서 $x+y=u$로 치환하고 x로 미분하면

$$1+\frac{dy}{dx}=\frac{du}{dx}$$

$$\frac{dy}{dx}=\frac{du}{dx}-1$$

이다. 이를 주어진 미분방정식에 대입하면

$$\frac{du}{dx}-1=\frac{u}{3u-4}$$

$$\frac{du}{dx}=\frac{u}{3u-4}+1=\frac{4u-4}{3u-4}$$

이므로, 변수분리형이 된다. x와 u에 대해 정리하면

$$\frac{3u-4}{4u-4}du=dx$$

이다. 이 식을 적분하면 다음과 같다.

$$\int\frac{3u-4}{4u-4}du=\int dx$$

$$3u-\ln|u-1|=4x+4c'$$

$$\ln|u-1|=3u-4x-4c'$$

$$u-1=ce^{3u-4x}$$

$$(c=\pm e^{-4c'})$$

연계 [예제 2-22]

$\dfrac{3u-4}{4u-4}=\dfrac{3}{4}-\dfrac{1}{4u-4}$ 이므로

$$\int\left(3-\frac{1}{u-1}\right)du=4\int dx$$

$$3u-\ln|u-1|=4x+4c'$$

따라서 $u=x+y$를 대입하면 미분방정식의 해는 다음과 같다.

$$x+y=ce^{3y-x}+1$$

예제 3-10

$\dfrac{dy}{dx} = (y-4x)^2$의 해를 구하라.

풀이

주어진 미분방정식은 $\dfrac{dy}{dx}$가 $y-4x$에 대한 2차 함수이다. 따라서 $y-4x=u$로 치환하고, x로 미분하면 다음과 같다.

$$\frac{dy}{dx} - 4 = \frac{du}{dx}$$

$$\frac{dy}{dx} = \frac{du}{dx} + 4$$

이를 주어진 미분방정식에 대입하면

$$\frac{du}{dx} + 4 = u^2; \quad \frac{du}{dx} = u^2 - 4$$

이므로, 변수분리형이 된다. x와 u에 대해 정리하면

$$\frac{du}{u^2-4} = dx$$

이다. 이 식을 적분하면 다음과 같다.

$$\int \frac{1}{u^2-4}\,du = \int dx$$

$$\frac{1}{4}\ln\left|\frac{u-2}{u+2}\right| = x + c'$$

$$\ln\left|\frac{u-2}{u+2}\right| = 4x + 4c'$$

$$\frac{u-2}{u+2} = ce^{4x} \qquad (c = \pm e^{4c'})$$

$$u-2 = ce^{4x}(u+2)$$

$$(1-ce^{4x})u = 2(1+ce^{4x})$$

$$u = \frac{2(1+ce^{4x})}{1-ce^{4x}}$$

연계 [예제 2-36]

$$\frac{1}{u^2-4} = \frac{1}{4}\left(\frac{1}{u-2} - \frac{1}{u+2}\right)\text{이므로}$$

$$\frac{1}{4}\int\left(\frac{1}{u-2} - \frac{1}{u+2}\right)du = \int dx$$

$$\frac{1}{4}(\ln|u-2| - \ln|u+2|) = x + c'$$

$$\frac{1}{4}\ln\left|\frac{u-2}{u+2}\right| = x + c'$$

따라서 $y-4x=u$를 대입하면 미분방정식의 해는 다음과 같다.

$$y = 4x + 2\frac{1+ce^{4x}}{1-ce^{4x}}$$

예제 3-11 응용

$-\tan^2(x+y)\,dx+dy=0$의 해를 구하라.

풀이

주어진 미분방정식은

$$\frac{dy}{dx}=\tan^2(x+y)$$

로 나타낼 수 있으므로 $x+y$에 대한 탄젠트 함수이다. 따라서 $x+y=u$로 치환하고, x로 미분하면 다음과 같다.

$$1+\frac{dy}{dx}=\frac{du}{dx}\ ;\ \ \frac{dy}{dx}=\frac{du}{dx}-1$$

이를 주어진 미분방정식에 대입하면

$$\frac{du}{dx}-1=\tan^2 u\ ;\ \ \frac{du}{dx}=1+\tan^2 u$$

이므로, 변수분리형이 된다. x와 u에 대해 정리하면

$$\frac{du}{1+\tan^2 u}=dx$$

이다. 이 식을 적분하면

$$\int\frac{du}{1+\tan^2 u}=\int\frac{du}{\sec^2 u}=\int\cos^2 u\,du=x+c'$$

이고, 이를 정리하면 다음과 같다.

> **연계 1장 [들어가기 전에]**
> - $1+\tan^2\theta=\sec^2\theta$
> - $\cos^2 x=\dfrac{1+\cos 2x}{2}$

$$\frac{1}{2}\int(1+\cos 2u)du=x+c'$$

$$\int(1+\cos 2u)du=2x+2c'$$

$$u+\frac{1}{2}\sin 2u=2x+c \qquad (c=2c')$$

따라서 $u=x+y$를 대입하면 미분방정식의 해는 다음과 같다.

$$x+y+\frac{1}{2}\sin(2x+2y)=2x+c$$

$$\frac{1}{2}\sin(2x+2y)=x-y+c$$

$$\sin(2x+2y)=2x-2y+C \qquad (C=2c)$$

Section 3.3 완전 미분방정식

여기에서는 어떤 함수의 전미분 형태인 미분방정식의 풀이 방법을 살펴보자.

완전 미분방정식의 해

$z = f(x, y)$가 전미분이 가능할 때, z의 전미분(또는 미분)은 다음과 같다.

$$dz = \frac{\partial f}{\partial x}dx + \frac{\partial f}{\partial y}dy$$

미분방정식

$$M(x, y)\,dx + N(x, y)\,dy = 0 \tag{3.10}$$

에서 좌변이 어떤 함수의 전미분과 같을 때, 즉

$$d\phi(x, y) = M(x, y)\,dx + N(x, y)\,dy$$

인 $\phi(x, y)$가 존재할 때, 식 (3.10)을 **완전 미분방정식**이라고 한다. 이때 이 미분방정식의 일반해는 $\phi(x, y) = c$이다. 예를 들어, $x\,dy + y\,dx = 0$은 $d(xy) = x\,dy + y\,dx$이므로 $d(xy) = 0$이다. 따라서 양변을 적분하면 $xy = c$가 일반해임을 알 수 있다.

정리 3-2 완전 미분방정식의 판단조건

$M(x, y)$와 $N(x, y)$가 연속함수이고 xy 평면의 어떤 영역 R에서 연속인 1계 편도함수를 가진다고 하자.

$$M(x, y)\,dx + N(x, y)\,dy = 0 \tag{3.11}$$

이때 식 (3.11)이 완전 미분방정식일 필요충분조건은 다음과 같다.

$$\frac{\partial M}{\partial y} = \frac{\partial N}{\partial x}$$

증명 먼저 식 (3.11)이 완전 미분방정식이라고 하자. 그러면

$$\frac{\partial \phi}{\partial x} = M, \quad \frac{\partial \phi}{\partial y} = N \tag{3.12}$$

을 만족하는 함수 $\phi(x, y)$가 존재한다. 그러면

$$\frac{\partial}{\partial y}\frac{\partial\phi}{\partial x} = \frac{\partial}{\partial y}M \quad\Rightarrow\quad \frac{\partial^2\phi}{\partial y\,\partial x} = \frac{\partial M}{\partial y}$$

$$\frac{\partial}{\partial x}\frac{\partial\phi}{\partial y} = \frac{\partial}{\partial x}N \quad\Rightarrow\quad \frac{\partial^2\phi}{\partial x\,\partial y} = \frac{\partial N}{\partial x}$$

이다. ϕ, $\frac{\partial\phi}{\partial x}$, $\frac{\partial\phi}{\partial y}$가 연속이므로

$$\frac{\partial^2\phi}{\partial y\,\partial x} = \frac{\partial^2\phi}{\partial x\,\partial y}$$

이다. 따라서 다음을 만족한다.

$$\frac{\partial M}{\partial y} = \frac{\partial N}{\partial x}$$

역으로, $\frac{\partial M}{\partial y} = \frac{\partial N}{\partial x}$이라고 하자.

$$\phi(x, y) = \int M(x, y)\,dx + g(y)$$

이라 할 때, $\frac{\partial\phi}{\partial y} = N$이 성립하도록 $g(y)$를 결정해보자. ϕ를 y에 대해 편미분을 하면

$$\begin{aligned} N(x, y) = \frac{\partial\phi}{\partial y} &= \frac{\partial}{\partial y}\left(\int M(x, y)\,dx + g(y)\right) \\ &= \frac{\partial}{\partial y}\left(\int M(x, y)\,dx\right) + g'(y) \end{aligned}$$

이다. 그러므로

$$g'(y) = N(x, y) - \frac{\partial}{\partial y}\int M(x, y)dx$$

를 얻는다. 이제 $g'(y)$가 y만의 함수임을 보이기 위해 x에 대해 편미분을 하면

$$\begin{aligned} \frac{\partial}{\partial x}g'(y) &= \frac{\partial}{\partial x}\left(N - \frac{\partial}{\partial y}\int M(x, y)\,dx\right) \\ &= \frac{\partial N}{\partial x} - \frac{\partial^2}{\partial x\,\partial y}\int M(x, y)\,dx \\ &= \frac{\partial N}{\partial x} - \frac{\partial M}{\partial y} \\ &= 0 \end{aligned}$$

이다. 그러므로 $g'(y)$는 y만의 함수이므로 $g(y) = \int g'(y)\,dy$이다. ■

예를 들어, $(x^2 + y)dx + (y^2 + x)dy = 0$은

$$\frac{\partial M}{\partial y} = \frac{\partial}{\partial y}(x^2 + y) = 1 = \frac{\partial N}{\partial x} = \frac{\partial}{\partial x}(y^2 + x)$$

이므로, 완전 미분방정식이다. 그리고 $(x+y^2)dx+(x^2+y)dy=0$은

$$\frac{\partial M}{\partial y}=2y\neq 2x=\frac{\partial N}{\partial x}$$

이므로, 완전 미분방정식이 아니다.

완전 미분방정식은 다음과 같은 과정으로 해를 구할 수 있다.

❶ 미분방정식이 $\frac{\partial M}{\partial y}=\frac{\partial N}{\partial x}$인지 확인한다.

❷ $\frac{\partial \phi}{\partial x}=M$, $\frac{\partial \phi}{\partial y}=N$을 만족하는 함수 $\phi(x, y)$를 구한다.

❸ 주어진 미분방정식의 일반해는 $\phi(x, y)=c$이다.

예제 3-12

$(y+1)dx+(x+1)dy=0$의 해를 구하라.

풀이

$M=y+1$, $N=x+1$이라 하자. 그러면

$$\frac{\partial M}{\partial y}=1=\frac{\partial N}{\partial x}$$

이므로, 주어진 방정식은 완전 미분방정식이다. 따라서

$$\frac{\partial \phi}{\partial x}=y+1 \tag{3.13}$$

$$\frac{\partial \phi}{\partial y}=x+1 \tag{3.14}$$

을 만족하는 $\phi(x, y)$가 존재한다. 식 (3.13)을 x로 적분하면

$$\phi=xy+x+g(y) \tag{3.15}$$

이다. 식 (3.15)를 y로 편미분하고 식 (3.14)와 비교한 후 $g(y)$를 구하면

$$\frac{\partial \phi}{\partial y}=x+g'(y)=x+1$$

이므로

$$g'(y)=1$$

이다. 이를 y에 대해 적분하면

$$g(y) = y + c \quad \leftarrow c = 0\text{으로 놓는다.}$$

이다. $g(y)$를 식 (3.15)에 대입하면

$$\phi(x, y) = xy + x + y$$

이므로, 일반해는 다음과 같다.

$$xy + x + y = c$$

예제 3-13

$(2x^2 + 3y)\,dx + (3x - y + 1)\,dy = 0$의 해를 구하라.

풀이

$M = 2x^2 + 3y$, $N = 3x - y + 1$이라 하자. 그러면

$$\frac{\partial M}{\partial y} = 3 = \frac{\partial N}{\partial x}$$

이므로, 주어진 방정식은 완전 미분방정식이다. 따라서

$$\frac{\partial \phi}{\partial x} = 2x^2 + 3y \tag{3.16}$$

$$\frac{\partial \phi}{\partial y} = 3x - y + 1 \tag{3.17}$$

을 만족하는 $\phi(x, y)$가 존재한다. 식 (3.16)을 x로 적분하면

$$\phi = \frac{2}{3}x^3 + 3xy + g(y) \tag{3.18}$$

이고, 식 (3.18)을 y로 편미분하고 식 (3.17)과 비교한 후 $g(y)$를 구하면

$$\frac{\partial \phi}{\partial y} = 3x + g'(y) = 3x - y + 1$$

이므로

$$g'(y) = -y + 1$$

$$g(y) = -\frac{1}{2}y^2 + y + c \quad \leftarrow c = 0\text{으로 놓는다.}$$

이다. $g(y)$를 식 (3.18)에 대입하면

$$\phi(x, y) = \frac{2}{3}x^3 + 3xy - \frac{1}{2}y^2 + y$$

이므로, 일반해는 다음과 같다.

$$\frac{2}{3}x^3 + 3xy - \frac{1}{2}y^2 + y = c \quad \text{또는} \quad 4x^3 + 18xy - 3y^2 + 6y = c$$

예제 3-14

$(1 + y\cos x)dx + \sin x\,dy = 0$의 해를 구하라.

풀이

$M = 1 + y\cos x$, $N = \sin x$라 하자. 그러면

$$\frac{\partial M}{\partial y} = \cos x = \frac{\partial N}{\partial x}$$

이므로, 주어진 방정식은 완전 미분방정식이다. 따라서

$$\frac{\partial \phi}{\partial x} = 1 + y\cos x \tag{3.19}$$

$$\frac{\partial \phi}{\partial y} = \sin x \tag{3.20}$$

를 만족하는 $\phi(x, y)$가 존재한다. 식 (3.19)를 x로 적분하면

$$\phi = x + y\sin x + g(y) \tag{3.21}$$

이고, 식 (3.21)을 y로 편미분하고 식 (3.20)과 비교한 후 $g(y)$를 구하면

$$\frac{\partial \phi}{\partial y} = \sin x + g'(y) = \sin x$$

이므로

$$g'(y) = 0$$

$$g(y) = c \quad \leftarrow c = 0\text{으로 놓는다.}$$

이다. 식 (3.21)에서 $\phi(x, y) = x + y\sin x$이므로, 일반해는 다음과 같다.

$$x + y\sin x = c$$

예제 3-15

$[(x-1)e^{x}-e^{y}]\,dx-xe^{y}dy=0$, $y(2)=0$의 해를 구하라.

풀이

$M=(x-1)e^{x}-e^{y}$, $N=-xe^{y}$이라 하자. 그러면

$$\frac{\partial M}{\partial y}=-e^{y}=\frac{\partial N}{\partial x}$$

이므로, 주어진 방정식은 완전 미분방정식이다. 따라서

$$\frac{\partial \phi}{\partial x}=(x-1)e^{x}-e^{y} \tag{3.22}$$

$$\frac{\partial \phi}{\partial y}=-xe^{y} \tag{3.23}$$

을 만족하는 $\phi(x,y)$가 존재한다. 식 (3.22)를 x로 적분하면

$$\begin{aligned}\phi&=\int(x-1)e^{x}dx-xe^{y}+g(y)\\&=\int(xe^{x}-e^{x})dx-xe^{y}+g(y)\\&=(x-1)e^{x}-e^{x}-xe^{y}+g(y)\\&=(x-2)e^{x}-xe^{y}+g(y)\end{aligned} \tag{3.24}$$

이고, 식 (3.24)를 y로 편미분하고 식 (3.23)과 비교한 후 $g(y)$를 구하면

$$\frac{\partial \phi}{\partial y}=-xe^{y}+g'(y)=-xe^{y}$$

이므로

$$g'(y)=0$$

$$g(y)=c \quad \leftarrow c=0\text{으로 놓는다.}$$

이다. 식 (3.24)에서 $\phi(x,y)=(x-2)e^{x}-xe^{y}$이므로, 일반해는 다음과 같다.

$$(x-2)e^{x}-xe^{y}=c$$

또한 $x=2$, $y=0$일 때, $c=-2$이므로 초기조건을 만족하는 특수해는 다음과 같다.

$$(x-2)e^{x}-xe^{y}=-2$$

적분인자를 이용하는 방법

완전 미분방정식이 아닌 미분방정식에 어떤 함수를 곱하여 완전 미분방정식이 되게 하는 함수를 **적분인자**라고 한다. 미분방정식 $M(x, y)dx + N(x, y)dy = 0$이

$$\frac{\partial M}{\partial y} \neq \frac{\partial N}{\partial x}$$

인 경우, 즉 완전 미분방정식이 아닌 경우 적분인자 $\mu(x, y) \neq 0$을 곱한

$$\mu(x, y)M(x, y)dx + \mu(x, y)N(x, y)dy = 0 \tag{3.25}$$

은 완전 미분방정식이 되어 해를 구할 수 있다. 적분인자 $\mu(x, y)$를 구하는 방법은 다양한데, 여기에서는 그 중 간단한 두 가지 경우를 살펴보자.

식 (3.25)가 완전 미분방정식이므로

$$\frac{\partial}{\partial y}(\mu M) = \frac{\partial}{\partial x}(\mu N)$$

이 성립한다. 따라서 다음을 만족한다.

$$\frac{\partial \mu}{\partial y}M + \mu\frac{\partial M}{\partial y} = \frac{\partial \mu}{\partial x}N + \mu\frac{\partial N}{\partial x}$$

$$\frac{\partial \mu}{\partial y}M - \frac{\partial \mu}{\partial x}N = \left(\frac{\partial N}{\partial x} - \frac{\partial M}{\partial y}\right)\mu \tag{3.26}$$

❶ μ가 x만의 함수인 경우

식 (3.26)은 다음과 같이 나타낼 수 있다.

$$\frac{d\mu}{dx}N = \left(\frac{\partial M}{\partial y} - \frac{\partial N}{\partial x}\right)\mu$$

$$\frac{d\mu}{dx} = \frac{\dfrac{\partial M}{\partial y} - \dfrac{\partial N}{\partial x}}{N}\mu$$

이때 $\dfrac{\dfrac{\partial M}{\partial y} - \dfrac{\partial N}{\partial x}}{N}$이 x만의 함수여야 하므로

$$\frac{d\mu}{\mu} = \frac{\dfrac{\partial M}{\partial y} - \dfrac{\partial N}{\partial x}}{N}dx$$

이다. 따라서 적분인자는 다음과 같이 구한다.

$$\ln|\mu| = \int \frac{\frac{\partial M}{\partial y} - \frac{\partial N}{\partial x}}{N} dx$$

$$\mu = e^{\int \frac{\frac{\partial M}{\partial y} - \frac{\partial N}{\partial x}}{N} dx}$$

❷ μ가 y만의 함수인 경우

식 (3.26)은 다음과 같이 나타낼 수 있다.

$$\frac{d\mu}{dy} M = \left(\frac{\partial N}{\partial x} - \frac{\partial M}{\partial y} \right) \mu$$

$$\frac{d\mu}{dy} = \frac{\frac{\partial N}{\partial x} - \frac{\partial M}{\partial y}}{M} \mu$$

이때 $\frac{\frac{\partial N}{\partial x} - \frac{\partial M}{\partial y}}{M}$이 y만의 함수여야 하므로

$$\frac{d\mu}{\mu} = \frac{\frac{\partial N}{\partial x} - \frac{\partial M}{\partial y}}{M} dy$$

이다. 따라서 적분인자는 다음과 같이 구한다.

$$\ln|\mu| = \int \frac{\frac{\partial N}{\partial x} - \frac{\partial M}{\partial y}}{M} dy$$

$$\mu = e^{\int \frac{\frac{\partial N}{\partial x} - \frac{\partial M}{\partial y}}{M} dy}$$

예제 3-16 응용

$(3xy + y^2)dx + (x^2 + xy)dy = 0$의 해를 구하라.

풀이

$M(x, y) = 3xy + y^2$, $N(x, y) = x^2 + xy$라 하자. 그러면

$$\frac{\partial M}{\partial y} = 3x + 2y, \quad \frac{\partial N}{\partial x} = 2x + y$$

이므로, 주어진 방정식은 완전 미분방정식이 아니다. 따라서

$$\frac{\dfrac{\partial M}{\partial y}-\dfrac{\partial N}{\partial x}}{N}=\frac{(3x+2y)-(2x+y)}{x(x+y)}=\frac{1}{x}$$

임을 이용하여 적분인자를 구하면

$$\mu=e^{\int \frac{1}{x}\,dx}=e^{\ln|x|}=|x|$$

이다. 주어진 미분방정식의 양변에 적분인자 $\mu=x$를 곱하면

$$(3x^2y+xy^2)\,dx+(x^3+x^2y)\,dy=0$$

이므로, 완전 미분방정식이 된다. 따라서

$$\frac{\partial \phi}{\partial x}=3x^2y+xy^2 \tag{3.27}$$

$$\frac{\partial \phi}{\partial y}=x^3+x^2y \tag{3.28}$$

를 만족하는 $\phi(x,y)$가 존재한다. 식 (3.27)을 x로 적분하면

$$\phi=x^3y+\frac{1}{2}x^2y^2+g(y) \tag{3.29}$$

이고, 식 (3.29)를 y로 편미분하고 식 (3.28)과 비교한 후 $g(y)$를 구하면

$$x^3+x^2y+g'(y)=x^3+x^2y$$

이므로

$$g'(y)=0$$
$$g(y)=c \quad \leftarrow c=0\text{으로 놓는다.}$$

이다. 식 (3.29)에서 $\phi=x^3y+\frac{1}{2}x^2y^2$이므로 일반해는 다음과 같다.

$$x^3y+\frac{1}{2}x^2y^2=c$$

Section 3.4 선형 미분방정식

1계 미분방정식 $F(x, y, y')=0$에서 종속변수 y, y'의 차수가 일차이고, 계수가 x만의 함수인 미분방정식을 **선형 미분방정식**이라 한다. 즉 다음과 같은 형태이다.

$$a_1(x)\frac{dy}{dx}+a_0(x)y=g(x),\ \ a_1(x)\neq 0 \tag{3.30}$$

선형 미분방정식은 다음과 같이 분류할 수 있다.

- 선형 제차 미분방정식 : $a_1(x)\dfrac{dy}{dx}+a_0(x)y=0$
- 선형 비제차 미분방정식 : $a_1(x)\dfrac{dy}{dx}+a_0(x)y=g(x),\ \ g(x)\neq 0$

선형 미분방정식의 해

선형 미분방정식은 적분인자를 이용하는 방법과 매개변수 변화법으로 해를 구할 수 있다.

■ 적분인자를 이용하는 방법

선형 미분방정식의 해를 구하는 방법 중 먼저 적분인자를 이용하는 방법에 대해서 알아보자. 우선 식 (3.30)을 $a_1(x)$로 나누면

$$\frac{dy}{dx}+\frac{a_0(x)}{a_1(x)}y=\frac{g(x)}{a_1(x)}$$

가 된다. 이때 $\dfrac{a_0(x)}{a_1(x)}=P(x)$라 하고, $\dfrac{g(x)}{a_1(x)}=f(x)$라 하면

$$\frac{dy}{dx}+P(x)y=f(x) \tag{3.31}$$

이다. 이를 선형 미분방정식의 **표준형**이라 한다. 단, $P(x)$와 $f(x)$는 연속함수이다. 식 (3.31)을 변형하면 다음과 같다.

$$(P(x)y-f(x))dx+dy=0$$

이때

$$M(x, y) = P(x)y - f(x), \quad N(x, y) = 1 \tag{3.32}$$

이라 하면

$$M_y = P(x) \neq 0 = N_x$$

이므로, 식 (3.32)는 완전 미분방정식이 아니다. 그러나

$$\frac{M_y - N_x}{N} = P(x)$$

가 x만의 함수이므로 적분인자는 다음과 같다.

$$\mu = e^{\int P(x)\,dx}$$

식 (3.32)의 양변에 μ를 곱하면

$$e^{\int P(x)\,dx}(P(x)y - f(x))\,dx + e^{\int P(x)\,dx}\,dy = 0$$

이므로, 완전 미분방정식이다. 이를 정리하면

$$e^{\int P(x)dx}P(x)y\,dx + e^{\int P(x)dx}dy = e^{\int P(x)dx}f(x)dx$$

$$e^{\int P(x)dx}P(x)y + e^{\int P(x)dx}\frac{dy}{dx} = e^{\int P(x)dx}f(x)$$

$$\frac{d}{dx}\left(e^{\int P(x)dx}y\right) = e^{\int P(x)dx}f(x)$$

이고, 양변을 적분하면 다음과 같다.

$$e^{\int P(x)dx}y = \int e^{\int P(x)dx}f(x)dx + c$$

$$y = e^{-\int P(x)dx}\left[\int e^{\int P(x)dx}f(x)dx + c\right] \tag{3.33}$$

따라서 식 (3.33)은 선형 미분방정식의 일반해가 된다. 이때

$$y_c = ce^{-\int P(x)\,dx}, \quad y_p = e^{-\int P(x)\,dx}\int e^{\int P(x)\,dx}f(x)\,dx$$

라 놓으면, y_c는 $\dfrac{dy}{dx} + P(x)y = 0$의 일반해이고 y_p는 비제차 미분방정식 $\dfrac{dy}{dx} + P(x)y = f(x)$의 특수해임을 알 수 있다. 그러므로 선형 미분방정식의 일반해는 다음과 같은 형태이다.

$$y = y_c + y_p$$

다시 살펴보면

$$\frac{dy_c}{dx} + P(x)y_c = 0, \quad \frac{dy_p}{dx} + P(x)y_p = f(x)$$

이므로

$$\begin{aligned} \frac{dy}{dx} + P(x)y &= \frac{d}{dx}(y_c + y_p) + P(x)(y_c + y_p) \\ &= \left(\frac{dy_c}{dx} + P(x)y_c\right) + \left(\frac{dy_p}{dx} + P(x)y_p\right) \\ &= f(x) \end{aligned}$$

가 되어 $y = y_c + y_p$는 선형 미분방정식의 일반해임을 알 수 있다. 따라서 적분인자를 이용하여 해를 구하는 방법을 정리하면 다음과 같다.

❶ 식 (3.31)에서 적분인자 $e^{\int P(x)\,dx}$을 결정한다.

❷ 식 (3.31)에 $e^{\int P(x)\,dx}$을 곱한다.

$$\frac{d}{dx}\left(e^{\int P(x)\,dx}y\right) = e^{\int P(x)\,dx}f(x)$$

❸ 곱한 식을 x로 적분한다.

$$e^{\int P(x)\,dx}y = \int e^{\int P(x)\,dx}f(x)\,dx + c$$

$$y = e^{-\int P(x)\,dx}\left[\int e^{\int P(x)\,dx}f(x)\,dx + c\right]$$

■ 매개변수 변화법

먼저 다음과 같은 선형 제차 미분방정식의 일반해 y_c를 구해보자.

$$\frac{dy}{dx} + P(x)y = 0 \tag{3.34}$$

식 (3.34)는 변수분리형이므로

$$\frac{dy}{y} + P(x)\,dx = 0$$

이다. 이를 적분하면

$$\int \frac{dy}{y} + \int P(x)\,dx = c_1$$

$$\ln|y| + \int P(x)\,dx = c_1$$

$$\ln|y| = -\int P(x)\,dx + c_1$$

$$y_c = ce^{-\int P(x)\,dx} \quad (c = \pm e^{c_1})$$

이다. $c = 1$일 때 y_c의 특수해를 $y_1 = e^{-\int P(x)\,dx}$이라 놓자. 이때 y_p는 $y_p = u_1(x)y_1(x)$의 형태이다. 이와 같이 해를 구하는 방법을 **매개변수 변화법**method of variation of parameters이라 한다. 이때 y_p를 x로 미분하면

$$y_p{}' = u_1{}'y_1 + u_1y_1{}'$$

이다. 이를 식 (3.31)에 대입하면

$$(u_1{}'y_1 + u_1y_1{}') + P(x)u_1y_1 = f(x)$$

$$u_1{}'y_1 + u_1(y_1{}' + P(x)y_1) = f(x)$$

이고, $y_1{}' + P(x)y_1 = 0$이므로

$$u_1{}'y_1 = f(x)$$

$$u_1{}' = \frac{f(x)}{y_1}$$

이다. 이는 x만의 함수이므로

$$u_1 = \int \frac{f(x)}{y_1}\,dx$$

$$= \int e^{\int P(x)\,dx} f(x)\,dx \quad \left(y_1 = e^{-\int P(x)\,dx}\right)$$

이다. 그러므로

$$y_p = u_1y_1 = e^{-\int P(x)\,dx} \int e^{\int P(x)\,dx} f(x)\,dx$$

이다. 따라서 일반해는 다음과 같다.

$$y = y_c + y_p = ce^{-\int P(x)\,dx} + e^{-\int P(x)\,dx} \int e^{\int P(x)\,dx} f(x)\,dx$$

$$= e^{-\int P(x)\,dx}\left[\int e^{\int P(x)\,dx} f(x)\,dx + c\right]$$

예제 3-17

$\dfrac{dy}{dx} - 2xy = 4x$ 의 해를 구하라.

풀이

$\dfrac{dy}{dx} + P(x)y = f(x)$ 에서 $P(x) = -2x$, $f(x) = 4x$ 인 1계 선형 비제차 미분방정식이다.

방법 1

적분인자를 이용하여 구해보자. 적분인자를 구하면

$$\mu = e^{\int P(x)\,dx} = e^{-\int 2x\,dx} = e^{-x^2}$$

이므로, 주어진 미분방정식의 양변에 e^{-x^2} 을 곱한다.

$$\frac{d}{dx}\left(e^{-x^2}y\right) = e^{-x^2}\frac{dy}{dx} - 2xye^{-x^2} = 4xe^{-x^2}$$

이 식을 적분하면 다음과 같다.

$$e^{-x^2}y = 4\int xe^{-x^2}dx$$

$$= -2e^{-x^2} + c$$

> **연계** [예제 2-14]
>
> $x^2 = t$, $2x\,dx = dt$ 라 하면
>
> $$\int 4xe^{-x^2}dx = 2\int e^{-t}dt$$
> $$= -2e^{-t} + c$$
> $$= -2e^{-x^2} + c$$

따라서 일반해는 다음과 같다.

$$y = -2 + ce^{x^2}$$

방법 2

매개변수 변화법으로 구해보자. 일반해는

$$y = e^{-\int P(x)\,dx}\left[\int e^{\int P(x)\,dx} f(x)\,dx + c\right]$$

이므로, $P(x) = -2x$, $f(x) = 4x$ 를 대입하면 다음과 같다.

$$y = e^{\int 2x\,dx}\left[\int e^{-\int 2x\,dx} 4x\,dx + c\right]$$

$$= e^{x^2}\left[\int e^{-x^2}4x\,dx + c\right]$$

$$= e^{x^2}\left[-2e^{-x^2} + c\right]$$

$$= -2 + ce^{x^2}$$

예제 3-18

$(x-2)\dfrac{dy}{dx} = y + 2(x-2)^3$의 해를 구하라.

풀이

$\dfrac{dy}{dx}$의 계수가 1이 되도록 정리하면

$$\frac{dy}{dx} - \frac{1}{x-2}y = 2(x-2)^2$$

이므로, $P(x) = -\dfrac{1}{x-2}$이다. 적분인자를 구하면

$$\mu = e^{\int P dx} = e^{-\int \frac{1}{x-2}dx} = e^{-\ln(x-2)} = \frac{1}{x-2}$$

이다. 주어진 미분방정식의 양변에 $\dfrac{1}{x-2}$을 곱하면

$$\frac{d}{dx}\left(y\frac{1}{x-2}\right) = 2(x-2)$$

이다. 이 식을 적분하면 다음과 같다.

$$\begin{aligned} y\frac{1}{x-2} &= 2\int (x-2)dx \\ &= (x-2)^2 + c \end{aligned}$$

따라서 일반해는 다음과 같다.

$$y = |x-2|((x-2)^2 + c)$$

예제 3-19

$\dfrac{dy}{dx} - y\tan x = 5e^{\sin x}$, $y(0) = 4$의 해를 구하라.

풀이

$P(x) = -\tan x$이므로, 적분인자를 구하면

$$\mu = e^{\int P dx} = e^{-\int \tan x dx} = e^{\ln cos x} = \cos x$$

이다. 주어진 미분방정식의 양변에 $\cos x$를 곱하면

$$\frac{d}{dx}(y\cos x) = 5e^{\sin x}\cos x$$

이다. 이 식을 x로 적분하면

$$y\cos x = 5\int e^{\sin x}\cos x\,dx$$
$$= 5e^{\sin x} + c$$

> **연계 [예제 2-15(b)]**
> $\sin x = t$, $\cos x\,dx = dt$라 하면
> $$\int e^{\sin x}\cos x\,dx = \int e^t\,dt = e^t + c = e^{\sin x} + c$$

이다. 따라서

$$y = \sec x(5e^{\sin x} + c)$$

이다. 이때 $y(0) = 4$임을 이용하면

$$4 = 5 + c,\ c = -1$$

이므로, $y = \sec x(5e^{\sin x} - 1)$이다.

예제 3-20 응용

$(1+x^3)\dfrac{dy}{dx} + 3x^2y = f(x)$, $y(0) = 1$, $f(x) = \begin{cases} 1, & 0 \le x \le 1 \\ -1, & x > 1 \end{cases}$의 해를 구하라.

풀이

$\dfrac{dy}{dx}$의 계수가 1이 되도록 정리하면 다음과 같다.

$$\frac{dy}{dx} + \frac{3x^2}{1+x^3}y = \frac{1}{1+x^3}f(x) \tag{3.35}$$

이제 x의 각 구간에 대해 $f(x)$를 살펴보자.

(i) $0 \le x \le 1$인 경우

$f(x) = 1$이므로 식 (3.35)는 다음과 같이 된다.

$$\frac{dy}{dx} + \frac{3x^2}{1+x^3}y = \frac{1}{1+x^3}$$

따라서 적분인자를 구하면

$$\mu = e^{\int P dx} = e^{\int \frac{3x^2}{1+x^3}dx} = e^{\ln(1+x^3)} = 1 + x^3$$

이므로, 양변에 $1+x^3$을 곱하면

$$\frac{d}{dx}[y(1+x^3)] = 1$$

이다. 이 식을 적분하면 다음과 같다.

$$y(1+x^3) = \int dx = x + c$$

$$y = \frac{1}{1+x^3}(x+c)$$

> 연계 **[예제 2-27]**
> $1+x^3 = t$, $3x^2 dx = dt$라 하면
> $$\int \frac{3x^2}{1+x^3}dx = \int \frac{1}{t}dt$$
> $$= \ln|t| + c$$
> $$= \ln|1+x^3| + c$$

따라서 $x=0$, $y=1$일 때, $c=1$이므로

$$y = \frac{1}{1+x^3}(x+1)$$

$$= \frac{1+x}{(1+x)(1-x+x^2)} = \frac{1}{1-x+x^2}$$

이다.

(ii) $x > 1$인 경우

$f(x) = -1$이므로 식 (3.35)는 다음과 같이 된다.

$$\frac{dy}{dx} + \frac{3x^2}{1+x^3}y = -\frac{1}{1+x^3}$$

적분인자 $\mu = 1 + x^3$이므로

$$\frac{d}{dx}[(1+x^3)y] = -1$$

이다. 이 식을 적분하면 다음과 같다.

$$(1+x^3)y = -x + c$$

$$y = \frac{1}{1+x^3}(-x+c)$$

(i)과 (ii)에서 구한 미분방정식의 해를 정리하면

$$y = \begin{cases} \dfrac{1}{1-x+x^2}, & 0 \le x \le 1 \\ \dfrac{-x+c}{1+x^3}, & x > 1 \end{cases}$$

이다. 해가 $x=1$에서 연속이기 위해서는

$$\lim_{x\to 1^+}\frac{1}{1+x^3}(-x+c)=\left.\frac{1}{1-x+x^2}\right|_{x=1}$$

> TIP $f(x)$가 $x=1$에서 연속이기 위한 필요충분조건은 $\lim_{x\to 1} f(x)=f(1)$이다.

을 만족해야 하므로

$$\frac{1}{2}(-1+c)=1;\ c=3$$

이다. 따라서 주어진 미분방정식의 해는 다음과 같다.

$$y=\begin{cases}\dfrac{1}{1-x+x^2}, & 0\le x\le 1\\[2ex] \dfrac{-x+3}{1+x^3}, & x>1\end{cases}$$

예제 3-21 응용

$y\ln y\,dx+(x-\ln y)dy=0$의 해를 구하라.

풀이

$\dfrac{dy}{dx}$에 대해 정리하면

$$(x-\ln y)\frac{dy}{dx}+y\ln y=0$$

이므로, 비선형 미분방정식이다. 그러나 $\dfrac{dx}{dy}$에 대해 정리하면

$$\frac{dx}{dy}+\frac{1}{y\ln y}x=\frac{1}{y}$$

이므로, 선형 미분방정식이 된다. $P(y)=\dfrac{1}{y\ln y}$이므로 적분인자를 구하면

$$\mu=e^{\int P\,dy}=e^{\int\frac{1}{y\ln y}dy}=e^{\ln(\ln y)}=\ln y$$

> 연계 [예제 2-25]
> $\ln y=t$, $\dfrac{1}{y}=\dfrac{dt}{dy}$라 하면
> $$\int\frac{1}{y\ln y}dy=\int\frac{1}{t}dt=\ln|t|+c=\ln|\ln y|+c$$

이다. 양변에 $\ln y$를 곱하면

$$\frac{d}{dy}[x\ln y]=\frac{1}{y}\ln y$$

이다. 이 식을 y로 적분하면 일반해는 다음과 같다.

$$x \ln y = \int \frac{1}{y} \ln y \, dy$$

$$= \frac{1}{2}(\ln y)^2 + c_1$$

$$2x \ln y = (\ln y)^2 + c \qquad (c = 2c_1)$$

베르누이 방정식

베르누이 방정식 Bernoulli equation의 형태는 다음과 같다.

$$\frac{dy}{dx} + P(x)y = f(x)y^n, \ n\text{은 임의의 실수} \tag{3.36}$$

$n = 0$일 때, 식 (3.36)의 형태는 다음과 같으므로, 선형 비제차 미분방정식이 된다.

$$\frac{dy}{dx} + P(x)y = f(x)$$

$n = 1$일 때, 식 (3.36)의 형태는 다음과 같으므로, 선형 제차 미분방정식이 된다.

$$\frac{dy}{dx} + P(x)y = f(x)y$$

$$\frac{dy}{dx} + (P(x) - f(x))y = 0$$

만약 $n \neq 0$, $n \neq 1$인 경우에는 치환에 의해 선형으로 해를 구할 수 있다. $n \neq 0$, $n \neq 1$일 때 식 (3.36)의 각 항을 y^n으로 나누면 다음과 같다.

$$y^{-n}\frac{dy}{dx} + P(x)y^{1-n} = f(x) \tag{3.37}$$

$y^{1-n} = u$로 치환하고 x로 미분하면

$$(1-n)y^{-n}\frac{dy}{dx} = \frac{du}{dx}$$

$$y^{-n}\frac{dy}{dx} = \frac{1}{1-n}\frac{du}{dx}$$

이므로, 선형 비제차 미분방정식이 된다. 이를 식 (3.37)에 대입하면 다음과 같이 구할 수 있다.

$$\frac{1}{1-n}\frac{du}{dx} + P(x)u = f(x)$$

$$\frac{du}{dx} + (1-n)P(x)u = (1-n)f(x)$$

예제 3-22

$\frac{dy}{dx}+y=xy^4$의 해를 구하라.

풀이

주어진 미분방정식의 양변을 y^4으로 나누면 다음과 같다.

$$y^{-4}\frac{dy}{dx}+y^{-3}=x \tag{3.38}$$

$y^{-3}=u$로 치환하고 x로 미분하면

$$-3y^{-4}\frac{dy}{dx}=\frac{du}{dx}$$

$$y^{-4}\frac{dy}{dx}=-\frac{1}{3}\frac{du}{dx}$$

이다. 이를 식 (3.38)에 대입하면

$$-\frac{1}{3}\frac{du}{dx}+u=x$$

$$\frac{du}{dx}-3u=-3x \quad \text{← 선형 미분방정식}$$

이고, 적분인자가 $e^{\int Fdx}=e^{-3x}$이므로

$$\frac{d}{dx}(ue^{-3x})=-3xe^{-3x}$$

이다. 이 식을 적분하면 다음과 같다.

$$\begin{aligned}ue^{-3x}&=-3\int xe^{-3x}dx\\&=-3\left(-\frac{1}{3}xe^{-3x}+\frac{1}{3}\int e^{-3x}dx\right)\\&=xe^{-3x}+\frac{1}{3}e^{-3x}+c\end{aligned}$$

$$u=x+\frac{1}{3}+ce^{3x}$$

> 연계 [예제 2-51]
> $x=u$, $e^{-3x}=dv$라 하면
> $$\begin{aligned}&\int xe^{-3x}dx\\&=-\frac{1}{3}xe^{-3x}+\frac{1}{3}\int e^{-3x}dx\\&=-\frac{1}{3}xe^{-3x}-\frac{1}{9}e^{-3x}+c\end{aligned}$$

따라서 일반해는 다음과 같다.

$$\frac{1}{y^3}=x+\frac{1}{3}+ce^{3x}$$

Chapter 03 연습문제

[3.1 미분방정식의 소개]

※ 다음 미분방정식의 계수와 차수를 결정하라.

1. $y'' + 3y' + 4y = 0$

2. $(y^{(3)})^{\frac{1}{2}} + 2x(y'')^2 = -5x$

3. $3x^2y' + x^4y^2 = 4x$

4. $(1-x)y'' + 2xy' + 5y = \sin x$

5. $x\dfrac{d^3y}{dx^3} + 4\left(\dfrac{dy}{dx}\right)^4 + y = 0$

6. $(\cos\phi)y''' - (\sin\phi)y' = 4$

※ 다음 미분방정식이 선형인지 아닌지 결정하라.

7. $x^2y'' + xy' + xy = 0$

8. $\dfrac{dy}{dx} = \dfrac{x^2+y^2}{x}$

9. $y'' + \dfrac{2}{x}y' + \dfrac{1}{x^2}y = 0$

10. $\dfrac{d^2u}{dr^2} - \dfrac{du}{dr} + 2u = \sin(r+u)$

11. $\sqrt{y}\dfrac{dy}{dx} + 3xy = 0$

12. $t^4y''' - t^3y'' + 5y = 0$

※ $y'' + y = 0$의 일반해는 $y = c_1\cos x + c_2\sin x$이다. 다음 초기조건을 만족하는 특수해를 구하라.

13. $y(0) = 1,\ y'(0) = 1$

14. $y\left(\dfrac{\pi}{2}\right) = 1,\ y'\left(\dfrac{\pi}{2}\right) = 0$

15. $y(\pi) = 0,\ y'(\pi) = 1$

※ $x'' + 4x = 0$의 일반해는 $x = c_1\cos 2t + c_2\sin 2t$이다. 다음 경계값 조건을 만족하는 특수해를 구하라.

16. $x(0) = 0,\ x(\pi/4) = 2$

17. $x(0) = 0,\ x(\pi) = 4$

[3.2 변수분리형 미분방정식]

※ 다음 미분방정식의 해를 구하라.

18. $x^2dx + (y+1)^2dy = 0$

19. $x^2(y-1)dx + y^2(x+1)dy = 0$ 예제 2-34

20. $x\,dy - y\,dx = x^2dy$ 예제 2-38(a)

21. $\dfrac{dy}{dx} = \dfrac{2y}{x(y-1)}$

22. $y^3dx - x^3dy = 0$

※ 다음 미분방정식의 해를 구하라.

23. $\cot x\,dy + y\,dx = 0$, $x = \frac{\pi}{4}$; $y = 1$ 예제 2-18

24. $\cos\theta\,d\rho + (1+e^{\rho})\sin\theta\,d\theta = 0$, $\rho = 0$; $\theta = \frac{\pi}{4}$ 예제 2-20

25. $dx + (1+x^2)\cot y\,dy = 0$, $x = 1$; $y = \frac{\pi}{2}$ 예제 2-19, 예제 2-29

26. 물속에 녹아 있는 1000 g의 사탕수수가 시간이 지나면 포도당으로 변한다. 1분 후 포도당이 900 g이 생성되었다. 포도당으로 변하는 속도가 남아 있는 사탕수수의 양에 비례한다면 5분 후 물속에 있는 포도당의 양은 얼마인가?

27. 부피가 $360\mathrm{m}^3$인 탱크에 10 kg의 소금이 녹아 있는 소금물이 가득 차 있다. 이 탱크 속으로 순수한 물이 $5\mathrm{m}^3/\mathrm{s}$의 속도로 흘러 들어와 잘 섞인 후 같은 속도로 흘러나간다. 6분 후 탱크에 남아 있는 소금의 양은 얼마인가? 단, (탱크 속 소금의 양 변화율) = (1초당 유입되는 소금의 양) − (1초당 유출되는 소금의 양)이다.

※ 다음 함수가 동차인지 아닌지를 결정하고, 동차이면 차수를 말하라.

28. $x^2 + 3xy - \frac{y^3}{x}$

29. $\cos\frac{x}{x+y}$

30. $\sqrt{x+y}\,(4x+y)$

31. $\ln x^2 + 2\ln y$

32. $\frac{x^3y + 8x^2y^2}{x-y}$

33. $\ln\frac{y^2}{x^2}$

34. $\frac{x}{y^2 - \sqrt{x^4+y^4}}$

35. $(x^{-1} - y^{-1})^2$

※ 적당한 치환을 사용하여 주어진 미분방정식을 풀어라.

36. $(2x+3y)dx + (y+4x)dy = 0$

37. $(x^3+y^3)dx - 3xy^2dy = 0$ 예제 2-23(a)

38. $\left(2x\sin\frac{y}{x} + 3y\cos\frac{y}{x}\right)dx - 3x\cos\frac{y}{x}dy = 0$

39. $y^2dx - x^2dy = 0$ 예제 2-38

40. $y\sqrt{x^2+y^2}\,dx - x(x + \sqrt{x^2+y^2})dy = 0$

41. $\frac{dy}{dx} = -\frac{x+2y}{2x+3y}$ 예제 2-23(b)

※ 주어진 초기조건을 만족하는 미분방정식을 풀어라.

42. $\left(x - ye^{\frac{y}{x}}\right)dx + xe^{\frac{y}{x}}dy = 0$, $y(1) = 0$

43. $ydx+\left(y\sin\frac{x}{y}-x\right)dy=0,\ y(1)=\frac{2}{\pi}$ 예제 2-9

44. $ydx+x(\ln x-\ln y-1)dy=0,\ y(e)=1$ 예제 2-25

45. $(\sqrt{x}+\sqrt{y})^2dx=xdy,\ y(1)=0$

※ 적당한 치환을 사용하여 주어진 미분방정식을 풀어라.

46. $(x+y+1)dx+(2x+2y+1)dy=0$

47. $(3x+2y+1)dx-(3x+2y-1)dy=0$

48. $y'=-2(2x+3y)^2$

49. $(x-2\sin y+3)dx+(2x-4\sin y-3)\cos y dy=0$

50. $\frac{dy}{dx}=\cos(x+y)$

51. $\frac{dx}{dy}=\sqrt{2x+y+1}$

52. $\frac{dx}{dy}=2+e^{x+y+2}$

[3.3 완전 미분방정식]

※ 다음 미분방정식의 해를 구하라.

53. $2x(ye^{x^2}+1)dx+e^{x^2}dy=0$

54. $(3e^{3x}y+2x)dx+e^{3x}dy=0$

55. $(2x^3+3y)dx+(3x+y^2-1)dy=0$

56. $(y^2e^{xy^2}+2x^2)dx+(2xye^{xy^2}-3y^2)dy=0$

57. $(-1+e^{2\theta})d\rho+2\rho e^{2\theta}d\theta=0$

58. $\left(4x^3y^3+\frac{1}{x}\right)dx+\left(3x^4y^2+\frac{1}{y}\right)dy=0$

59. $(x\sqrt{x^2+y^2}-y)dx+(y\sqrt{x^2+y^2}-x)dy=0$

60. $\csc\theta dr-(r\csc\theta\cot\theta+\tan\theta)d\theta=0$

61. $\left(y^2-\frac{y}{x(x+y)}+1\right)dx+\left(\frac{1}{x+y}+2y(x+1)\right)dy=0$

62. $(2xye^{x^2y}+y^2e^{xy^2}+2)dx+(x^2e^{x^2y}+2xye^{xy^2}+2y)dy=0$

※ 다음 미분방정식의 적분인자를 구하고, 해를 구하라.

63. $(x^2+y^2+x+1)dx+xydy=0$

64. $(2xy^4e^y+2xy^3+y)dx+(x^2y^4e^y-x^2y^2-3x)dy=0$

65. $(2x^3y^2+4x^2y+2xy^2+xy^4+2y)\,dx+2(x^2y+x+y^3)\,dy=0$

66. $xdy-ydx-(1-x^2)dx=0$

67. $(2y-3x)dx+xdy=0$

68. $(x-y^2)dx+2xydy=0$

69. $e^x\,dx+(e^x\cot y+2y\csc y)\,dy=0$

70. $(x+2)\sin y\,dx+x\cos y\,dy=0$

[3.4 선형 미분방정식]

※ 다음 미분방정식의 일반해를 구하라.

71. $y'-(2\tan x)y=2\tan x$ 예제 2-18

72. $x^3y'+(2+3x^2)y=\dfrac{1}{x^3}$ 예제 2-26

73. $y'-2y\cot 2x=1+\sin 2x$ 예제 2-9, 예제 2-19

74. $dr-(2r\cot\theta+\sin 2\theta)d\theta=0$ 예제 2-19

75. $(1+e^x)y'-e^xy=0$ 예제 2-15(a)

76. $(1+x^3)y'=-3x^2y+x^2$ 예제 2-27

77. $\dfrac{di}{dt}+\dfrac{1}{t}i=\sin 2t$ 예제 2-46

78. $xy'+(1-x)y=e^x\sin 2x$

79. $ydx+4(x-y^3)dy=0$

80. $ydx=(ye^y-2x)dy$ 예제 2-48

※ 다음 미분방정식을 풀어라.

81. $y'+\dfrac{2}{x}y=f(x),\ y(1)=1,\ f(x)=\begin{cases}0, & 0<x\le 2\\ 1, & x>2\end{cases}$

82. $y'+3x^2y=f(x),\ y(0)=2,\ f(x)=\begin{cases}x^2, & 0\le x<1\\ 0, & x\ge 1\end{cases}$

83. $y'+P(x)y=4x,\ y(0)=3,\ P(x)=\begin{cases}2x, & 0\le x<1\\ -\dfrac{2}{x}, & x\ge 1\end{cases}$

※ 다음 미분방정식의 일반해를 구하라.

84. $y'-2xy+xy^4=0$ 예제 2-14

85. $y'+y=(1-2x)y^3$ 예제 2-51

86. $y'-y=y^2(\cos x+\sin x)$

87. $xdy-(y+xy^2(1+\ln x))dx=0$ 예제 2-52(a)

Chapter 04

1계 미분방정식의 활용

Application of 1st order Differential Equation

||| 목차 |||

||| 학습목표 |||

- 선형모형을 미분방정식으로 표현한다.
- 비선형모형을 미분방정식으로 표현한다.
- 해의 존재성과 유일성에 대해 이해한다.

Section
4.1 1계 선형모형

공학뿐만 아니라 생물학, 물리학, 사회과학에서도 시간에 따라 변화하는 다양한 문제들을 미분방정식으로 모형화한다. 이를 통해 찾고자 하는 최선의 결과(방향)을 살펴볼 수 있다. 이 절에서는 선형모형으로 나타낼 수 있는 다양한 문제들을 살펴보고, 이를 미분방정식으로 표현하는 방법을 알아본다.

성장과 감쇠

1798년 영국의 경제학자 토마스 맬서스Thomas Malthus는 어떤 일정한 시간에서의 인구 증가율은 그 시간의 인구에 비례할 것이라는 가정 하에 인구 증가에 대한 수학적 모형을 만들었다.

임의의 시간 t에서의 인구수를 $P(t)$라 하면

$$\frac{dP}{dt} = kP \quad \text{단, } k\text{는 비례상수} \tag{4.1}$$

로 표현할 수 있다. 식 (4.1)은 인구의 단기간 증가, 박테리아와 같은 작은 개체의 증가 모형에 사용된다.

예제 4-1

어느 나라의 인구가 50년만에 2배가 되었다. 인구 증가율이 거주 인구수에 비례한다고 할 때 3배가 될 때까지 걸리는 시간을 구하라.

풀이

먼저 주어진 문제를 수학적으로 모형화해보자.

> 어느 나라의 인구가 50년만에 2배가 되었다. 인구 증가율이 거주 인구수에 비례한다고 할 때
> $P(50) = 2P_0$ $\qquad$ $\frac{dP}{dt} = kP$
> 3배가 될 때까지 걸리는 시간을 구하라.

시간 t에서의 인구수를 $P(t)$라 하고, 초기 인구수를 P_0라 하자. 인구 증가율이 $P(t)$에 비례하므로

$$\frac{dP}{dt} = kP \quad \text{단, } k\text{는 비례상수}$$

이다. 이는 1계 선형 제차 미분방정식의 형태이므로, 정리하면 다음과 같다.

$$\frac{dP}{P} = k\,dt$$

이 식의 양변을 적분하면

$$\ln P = kt + c_1$$

$$P = ce^{kt} \quad (c = e^{c_1})$$

이다. $t=0$일 때 $P = P_0$이므로

$$P_0 = c$$

이고, $t = 50$일 때 $P = 2P_0$이므로

$$2P_0 = P_0 e^{50k}$$

$$e^{50k} = 2$$

이다. 이제 $P = 3P_0$일 때의 t를 구하면

$$3P_0 = P_0 e^{tk}$$

$$e^{tk} = 3$$

$$3^{50} = e^{50kt} = 2^t$$

$$t = 50\frac{\log 3}{\log 2} \approx 79\,(\text{년})$$

이다. 즉 3배가 될 때까지 걸리는 시간은 약 79년이다.

예제 4-2

박테리아 배양에서 증가율이 시간 t에서의 수 $x(t)$에 비례한다고 한다.

(a) 4시간 후에 2배로 증가했다면 12시간 후에는 몇 배가 되는가?

(b) 3시간 후에 10^4마리, 5시간 후에 4×10^4마리라면 초기 박테리아의 수는 몇 마리인가?

풀이

먼저 주어진 문제를 수학적으로 모형화해보자.

> 박테리아 배양에서 증가율이 시간 t에서의 수 $x(t)$에 비례한다고 한다.
> $\frac{dx}{dt} = kx$
>
> (a) 4시간 후에 2배로 증가했다면 12시간 후에는 몇 배가 되는가?
> $x(4) = 2x_0$
>
> (b) 3시간 후에 10^4마리이고 5시간 후에 4×10^4마리라면 초기 박테리아의 수는 얼마인가?
> $x(3) = 10^4$ $x(5) = 4 \times 10^4$

(a) 임의의 시간 t에서의 박테리아 수를 $x(t)$라 하자. 그러면

$$\frac{dx}{dt} = kx \quad \text{또는} \quad \frac{dx}{x} = k\,dt$$

이다. 이는 1계 선형 제차 미분방정식이다. 따라서 이 식의 양변을 적분하면

$$\ln x = kt + c_1$$
$$x = ce^{kt} \quad (c = e^{c_1})$$

이다. 초기 박테리아의 수를 x_0라 하면

$$x_0 = c$$
$$x = x_0 e^{kt}$$

이고, 4시간 후에 박테리아의 수가 $2x_0$이므로

$$2x_0 = x_0 e^{4k}$$
$$e^{4k} = 2$$

이다. 따라서 12시간 후에 박테리아의 수는

$$x = x_0 e^{12k} = x_0 (e^{4k})^3 = 8x_0$$

이다. 즉 처음의 8배가 된다.

(b) $t = 3$일 때 $x = 10^4$이므로

$$10^4 = ce^{3k}$$
$$c = \frac{10^4}{e^{3k}}$$

이고, $t=5$일 때 $x=4\times10^4$이므로

$$4\times10^4 = ce^{5k}$$
$$c=\frac{4\times10^4}{e^{5k}}$$

이다. c는 $t=3$일 때나 $t=5$일 때나 같아야 하므로

$$\frac{10^4}{e^{3k}}=\frac{4\times10^4}{e^{5k}}$$
$$e^{2k}=4$$
$$e^{k}=2$$

이다. 따라서 초기 박테리아의 수 x_0는

$$x_0=c=\frac{10^4}{8}\text{(마리)}$$

이다. 즉 초기 박테리아의 수는 1,250마리이다.

탄소 연대 측정법

공기 중의 C^{14}와 C^{12}의 비는 일정하다. 식물이나 동물은 살아 있는 동안에는 호흡을 통해 공기 중과 동일한 비를 유지한다. 그런데 생물이 죽으면 C^{14}의 공급이 중단되어 시간이 흐를수록 C^{14}와 C^{12}의 비가 감소한다. 이에 따라 C^{14}의 반감기가 약 5,600년임을 이용하여 화석에 남아 있는 C^{14}의 양에 의해 화석의 연대를 추정할 수 있다. 이는 미국의 화학자 윌라드 리비Willard F. Libby가 밝혀냈다.

예제 4-3

뼈 화석에 원래 C^{14}의 20%가 남아 있다. 이 화석의 연대를 측정하라.

풀이

$A(t)$를 임의의 시간 t에서 화석에 남아 있는 C^{14}의 양이라 하자. 방사성 물질은 붕괴 속도가 현재의 질량에 비례하므로 다음과 같이 나타낼 수 있다.

$$\frac{dA}{dt}=kA,\quad A=A_0e^{kt}$$
$$A(0)=A_0,\quad A(5600)=\frac{1}{2}A_0$$

따라서 위 식들에 $t=5600$을 대입하여 정리하면

$$\frac{1}{2}A_0 = A_0 e^{5600k}$$

$$e^{5600k} = \frac{1}{2}$$

$$5600k = \ln\frac{1}{2}$$

이므로, $k = \frac{1}{5600}\ln\frac{1}{2} \approx -0.000123776$이다. 현재 남아 있는 C^{14}의 양은 20%이므로

$$A = 0.2A_0$$

이고, $A = A_0 e^{-0.000123776t}$으로 나타낼 수 있으므로

$$0.2A_0 = A_0 e^{-0.000123776t}$$

$$e^{-0.000123776t} = 0.2$$

$$-0.000123776t = \ln 0.2$$

$$t = \frac{\ln 0.2}{-0.000123776} \approx 13{,}003(\text{년})$$

이다. 즉 뼈 화석의 연대는 약 13,003년이다.

뉴턴의 냉각법칙

물질의 온도 변화율은 물질의 온도와 주변 환경의 온도의 차에 비례한다. 즉 $T(t)$를 임의의 시간 t에서 T를 물질의 온도, T_m을 주변 온도라 할 때,

$$\frac{dT}{dt} = k(T - T_m) \quad \text{단, } k\text{는 비례상수} \qquad (4.2)$$

로 나타낼 수 있다. 이를 **뉴턴의 냉각법칙**Newton's law of cooling이라 한다.

예제 4-4

100℃의 커피를 24℃의 방에 두었을 때 마시기 좋은 온도(70℃)가 되려면 몇 분을 기다려야 하는지 구하라. 단, 5분 후 커피 온도는 90℃이다.

풀이

임의의 시간 t에서의 커피 온도를 $T(t)$라고 하자. 그러면 뉴턴의 냉각법칙을 이용하여 다음과 같이 나타낼 수 있다.

$$\frac{dT}{dt} = k(T-24)$$

이는 1계 선형 비제차 미분방정식이다. 따라서 이 식을 정리하여 적분하면

$$\frac{dT}{T-24} = k\,dt$$

$$\ln(T-24) = kt + c_1$$

$$T-24 = ce^{kt} \quad (c = e^{c_1})$$

이다. $T(0)=100$이므로 $76=c$이고, $T(5)=90$이므로

$$90-24 = 76e^{5k}$$

$$e^{5k} = \frac{66}{76}$$

$$5k = \ln\frac{66}{76}$$

$$k = \frac{1}{5}\ln\frac{66}{76} \approx -0.0282$$

이다. 이제 커피의 온도가 70℃가 될 때의 시간을 구하면

$$70 = 24 + 76e^{-0.0282t}$$

$$e^{-0.0282t} = \frac{46}{76}$$

$$-0.0282t = \ln\frac{23}{38}$$

$$t = -\frac{\ln 23 - \ln 38}{0.0282} \approx 17.8(\text{분})$$

이다. 즉 커피 온도가 70℃가 되려면 약 17.8분을 기다려야 한다.

예제 4-5

뉴턴의 냉각법칙에 의하면 움직이는 공기 중에서 물체가 식는 속도는 임의의 시간 t에서 물체의 온도 $T(t)$와 공기의 온도 T_m의 차에 비례한다. 만약 공기의 온도가 300K이고 물질이 15분 만에 370K에서 340K로 식었다면, 물체의 온도가 310K가 될 때까지 걸린 시간을 구하라.

풀이

먼저 주어진 문제를 수학적으로 모형화해보자.

> 뉴턴의 냉각법칙에 의하면 움직이는 공기 중에서 물체가 식는 속도는 임의의 시간 t에서 물체의 온도 $T(t)$와 공기의 온도 T_m의 차에 비례한다. 만약 공기의 온도가 300 K이고 물질이
>
> $\frac{dT}{dt}=k(T-\text{공기의 온도})$ $T_m=300$
>
> 15분 만에 370 K에서 340 K로 식었다면, 물체의 온도가 310 K가 될 때까지
>
> $T(0)=370$ $T(15)=340$
>
> 걸린 시간을 구하라.

공기의 온도 $T_m=300$이므로

$$\frac{dT}{dt}=k(T-300)$$

이다. 이는 1계 선형 비제차 미분방정식이다. 따라서 이 식을 정리하여 적분하면

$$\frac{dT}{T-300}=k\,dt$$

$$\ln(T-300)=kt+c_1$$

$$T-300=ce^{kt}\quad (c=e^{c_1})$$

$$T=ce^{kt}+300$$

이다. $T(0)=370$이므로

$$370=c+300;\ c=70$$

$$T=70e^{kt}+300$$

이고, $T(15)=340$이므로

$$340=70e^{15k}+300$$

$$e^{15k}=\frac{4}{7}$$

$$15k=\ln\frac{4}{7}\approx-0.56$$

$$k=-\frac{0.56}{15}$$

이다. 이제 310 K이 될 때까지 걸린 시간을 구하면

$$310 = 70e^{kt} + 300$$

$$e^{kt} = \frac{1}{7};\ kt = \ln\frac{1}{7}$$

$$t = \ln\frac{1}{7} \times \left(-\frac{15}{0.56}\right) \approx 52\,(\text{분})$$

이다. 즉 310 K 이 될 때까지 걸린 시간은 약 52분이다.

혼합물

큰 혼합 용기에 서로 다른 농도를 가진 소금물을 혼합하는 경우를 생각해보자. 이 경우 용기 내의 소금의 농도 변화율은 유입되는 소금의 양과 유출되는 소금의 양 차이다.

예제 4-6

연못에 신선한 물 $10^7\,l$가 들어 있다. 이 연못으로 해마다 바람직하지 않은 화합물이 $5 \times 10^6\,l$씩 유입되어 섞인 후, 해마다 $5 \times 10^6\,l$씩 유출된다. 임의의 시간 t에서 연못의 화합물의 양 $Q(t)$를 결정하라. 단, 유입되는 화합물의 농도는 $2 + \sin 2t$ g/l이다.

풀이

임의의 시간 t에서의 화합물의 변화율은 유입되는 양 R_{in}과 유출되는 양 R_{out}의 차이므로

$$\frac{dQ}{dt} = R_{in} - R_{out}$$

으로 나타낼 수 있다. 주어진 문제에서 R_{in}과 R_{out}을 식으로 나타내면

$$R_{in} = (5 \times 10^6) \times (2 + \sin 2t)\ \ [l/\text{yr} \cdot \text{g}/l]$$

$$R_{out} = 5 \times 10^6 \times \frac{Q}{10^7}\ \ [l/\text{yr} \cdot \text{g}/l]$$

이다. 따라서 시간이 t일 때의 화합물의 양은

$$\frac{dQ}{dt} = (5 \times 10^6)(2 + \sin 2t) - \frac{Q(t)}{2}\ \ [\text{g/yr}]$$

이다. $q(t) = \dfrac{Q(t)}{10^6}$라 놓으면

$$\frac{dq}{dt} = \frac{1}{10^6}\frac{dQ}{dt},\quad \frac{dQ}{dt} = 10^6\frac{dq}{dt}$$

이므로

$$10^6\frac{dq}{dt}+\frac{1}{2}10^6 q(t)=(5\times 10^6)(2+\sin 2t)$$

$$\frac{dq}{dt}+\frac{1}{2}q(t)=10+5\sin 2t,\ \ q(0)=0 \tag{4.3}$$

으로 나타낼 수 있다. $P(x)=\dfrac{1}{2}$ 임을 이용하여 적분인자 μ를 구하면 다음과 같다.

$$\mu=e^{\int \frac{1}{2}dt}=e^{\frac{1}{2}t}$$

식 (4.3)의 양변에 $e^{\frac{1}{2}t}$ 을 곱하면

$$\frac{d}{dt}\left(qe^{\frac{1}{2}t}\right)=(10+5\sin 2t)e^{\frac{1}{2}t}$$

이고, 이 식을 적분하면 다음과 같다.

$$qe^{\frac{1}{2}t}=10\int e^{\frac{1}{2}t}dt+5\int e^{\frac{1}{2}t}\sin 2t\,dt$$

$$q=e^{-\frac{1}{2}t}\left(10\int e^{\frac{1}{2}t}dt+5\int e^{\frac{1}{2}t}\sin 2t dt\right)$$

연계 [예제 2-53]

$u=e^{\frac{1}{2}t}$, $dv=\sin 2t\,dt$ 라 하면

$du=\dfrac{1}{2}e^{\frac{1}{2}t}dt$, $v=-\dfrac{1}{2}\cos 2t$ 이므로

$$\int e^{\frac{1}{2}t}\sin 2t\,dt=-\frac{1}{2}e^{\frac{1}{2}t}\cos 2t+\frac{1}{4}\int e^{\frac{1}{2}t}\cos 2t\,dt$$

다시 $u=e^{\frac{1}{2}t}$, $dv=\cos 2t\,dt$ 라 하면

$du=\dfrac{1}{2}e^{\frac{1}{2}t}dt$, $v=\dfrac{1}{2}\sin 2t$ 이므로

$$-\frac{1}{2}e^{\frac{1}{2}t}\cos 2t+\frac{1}{4}\left[\frac{1}{2}e^{\frac{1}{2}t}\sin 2t-\frac{1}{4}\int e^{\frac{1}{2}t}\sin 2t\,dt\right]$$

$$=-\frac{8}{17}e^{\frac{1}{2}t}\cos 2t+\frac{2}{17}e^{\frac{1}{2}t}\sin 2t+C$$

이를 정리하면

$$q=20+5e^{-\frac{1}{2}t}\left(-\frac{8}{17}e^{\frac{1}{2}t}\cos 2t+\frac{2}{17}e^{\frac{1}{2}t}\sin 2t+c'\right)$$

$$=20-\frac{40}{17}\cos 2t+\frac{10}{17}\sin 2t+ce^{-\frac{1}{2}t}$$

이다. 초기에 연못의 물은 신선한 상태이므로 $q(0)=0$ 임을 이용하면

$$20-\frac{40}{17}+c=0$$

이므로, $c=-\dfrac{300}{17}$ 이다. 따라서

$$q=20-\frac{40}{17}\cos 2t+\frac{10}{17}\sin 2t-\frac{300}{17}e^{-\frac{1}{2}t}$$

이다. 따라서 임의의 시간 t에서의 화합물의 양 $Q(t)$는 다음과 같이 나타낼 수 있다.

$$Q(t) = 10^6\left(20 - \frac{40}{17}\cos 2t + \frac{10}{17}\sin 2t - \frac{300}{17}e^{-\frac{1}{2}t}\right)$$

예제 4-7

탱크 속에 소금물 $100l$가 들어 있다. 속도 $r\ l/\text{min}$으로 소금물을 유입시키고 섞은 뒤 속도 $(r-1)\ l/\text{min}$으로 유출시킨다. 유입되는 소금의 농도가 $\frac{1}{4}\text{kg}/l$일 때, 임의의 시간 t에서 탱크 속의 소금의 양을 구하라. 단, 처음에 소금 $100l$에 녹아 있는 소금의 양은 $A_0\text{kg}$이다.

풀이

임의의 시간 t에서의 탱크 속의 소금의 양을 $A(t)$라 하자. 그러면 탱크 속의 소금 변화율은 $\frac{dA}{dt} = R_{in} - R_{out}$이므로, 다음과 같이 나타낼 수 있다.

$$\begin{aligned}\frac{dA}{dt} &= r[l/\text{min}] \times \frac{1}{4}[\text{kg}/l] - (r-1)[l/\text{min}] \times \frac{A}{100+t}[\text{kg}/l] \\ &= \frac{r}{4} - \frac{r-1}{100+t}A\,[\text{kg}/\text{min}]\end{aligned}$$

이 식을 정리하면

$$\frac{dA}{dt} + \frac{r-1}{100+t}A = \frac{r}{4}$$

이므로, 1계 선형 비제차 미분방정식이다. 적분인자 μ를 구하면

$$\mu = e^{\int P\,dt} = e^{\int \frac{r-1}{100+t}dt} = e^{(r-1)\ln(100+t)} = (100+t)^{r-1}$$

이다. $(100+t)^{r-1}$을 양변에 곱하면

$$\frac{d}{dt}\left(A(100+t)^{r-1}\right) = \frac{r}{4}(100+t)^{r-1}$$

이고, 이를 적분하면 다음과 같다.

$$A(100+t)^{r-1} = \frac{r}{4}\cdot\frac{1}{r}(100+t)^r + c = \frac{1}{4}(100+t)^r + c$$

$$A = \frac{1}{4}(100+t) + c(100+t)^{-r+1}$$

이때 $A(0) = A_0$이므로

$$25 + c\,100^{-r+1} = A_0$$

임을 이용하여 c를 구하면 $c=(A_0-25)100^{r-1}$이다. 따라서 시간 t에서 소금의 양은 다음과 같다.

$$
\begin{aligned}
A &= \frac{1}{4}(100+t)+(A_0-25)100^{r-1}(100+t)^{-r+1} \\
&= \frac{1}{4}(100+t)+(A_0-25)\left(\frac{100}{100+t}\right)^{r-1} \text{[kg]}
\end{aligned}
$$

전기회로

[그림 4-1]과 같은 전기회로에서 를 저항(R), 를 인덕터(L), 를 축전기(C)라고 한다. 저항은 전류의 흐름을 방해하고, 인덕터는 전류의 변화를 방해하며, 축전기는 전류를 저장하는 에너지 탱크와 같다. 이들은 모두 전류의 에너지를 빼앗으므로 전압강하를 일으킨다. 이때 인덕터에서의 전압강하는 $L\frac{di}{dt}$, 저항에서의 전압강하는 Ri, 축전기에서의 전압강하는 $\frac{1}{C}\int idt$이다.

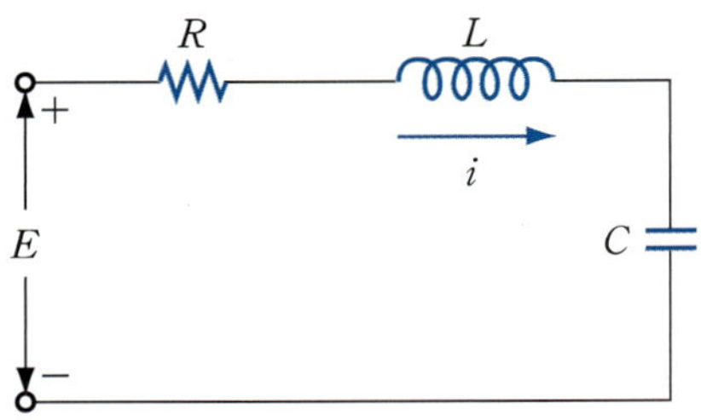

[그림 4-1] RLC 회로

[표 4-1] 전기회로 구성요소의 단위

구성요소	단위	구성요소	단위
저항(R)	옴(Ω)	전압(E)	볼트(V)
축전기(C)	패럿(F)	전류(i)	암페어(A)
인덕터(L)	헨리(H)	전하량(q)	쿨롬(C)

전기회로를 모형화하는 데 쓰이는 키르히호프의 법칙은 다음과 같다.

정의 4-1 키르히호프의 법칙

폐회로에서 전원에 의해 가해진 전압은 회로에서의 전압강하의 합과 같다.

$$E=L\frac{di}{dt}+Ri+\frac{1}{C}\int idt$$

■ **직렬 RL 회로**

직류전원 E_0가 가해진 RL 회로에 키르히호프의 법칙을 적용하면

$$L\frac{di}{dt} + Ri = E_0 \tag{4.4}$$

로 나타낼 수 있다. 식 (4.4)의 양변을 L로 나누면

$$\frac{di}{dt} + \frac{R}{L}i = \frac{E_0}{L}$$

이므로, 1계 선형 비제차 미분방정식이 된다. 적분인자 $\mu = e^{\int \frac{R}{L}dt} = e^{\frac{R}{L}t}$을 곱하면

$$\frac{d}{dt}\left(ie^{\frac{R}{L}t}\right) = \frac{E_0}{L}e^{\frac{R}{L}t}$$

이므로, 양변을 적분하면 다음과 같다.

$$ie^{\frac{R}{L}t} = \frac{E_0}{L}\frac{L}{R}e^{\frac{R}{L}t} + c = \frac{E_0}{R}e^{\frac{R}{L}t} + c$$

그러므로

$$i = \frac{E_0}{R} + ce^{-\frac{R}{L}t}$$

이다. $t=0$일 때 $i=0$임을 이용하면 $c = -\frac{E_0}{R}$를 구할 수 있고, 이를 정리하면

$$i = \frac{E_0}{R} - \frac{E_0}{R}e^{-\frac{R}{L}t}$$

이다. 따라서 i의 최종값은 $\frac{E_0}{R}$이다. 즉 R이 커지면 i가 최종값에 가까워지는 시간이 짧아지고, L이 커지면 i가 최종값에 가까워지는 시간이 길어진다. 이때 $\frac{L}{R}$을 유도시정수라고 한다.

전기기기에 전원을 인가하면 전류는 인덕턴스(관성) 때문에 급격하게 변하다가(과도상태 : $ce^{-\frac{R}{L}t}$), 그 후에 거의 변하지 않는 상태(정상상태 : $\frac{E_0}{R}$)가 된다.

예제 4-8

직렬 RL 회로에서 $E(t)=1.5\,\mathrm{V}$, $R=20\,\Omega$, $L=0.03\,\mathrm{H}$일 때, 전류가 최종값의 99.9%에 도달하는 데 걸리는 시간을 구하라.

풀이

직렬 RL 회로에 키르히호프의 법칙을 적용하면

$$0.03\frac{di}{dt}+20i=1.5$$

$$\frac{di}{dt}+\frac{2000}{3}i=50$$

이므로, 1계 선형 비제차 미분방정식이다. 따라서 적분인자 $\mu=e^{\int\frac{2000}{3}dt}=e^{\frac{2000}{3}t}$을 양변에 곱하면

$$\frac{d}{dt}\left(ie^{\frac{2000}{3}t}\right)=50e^{\frac{2000}{3}t}$$

이다. 이 식을 적분하면

$$ie^{\frac{2000}{3}t}=50\times\frac{3}{2000}e^{\frac{2000}{3}t}+c$$

$$i=\frac{3}{40}+ce^{-\frac{2000}{3}t}$$

이다. $t=0$일 때 $i=0$임을 이용하면 $c=-\frac{3}{40}$이므로

$$i=\frac{3}{40}-\frac{3}{40}e^{-\frac{2000}{3}t}$$

이고, 따라서 최종 전류는 $\frac{3}{40}$이다. 이제 $i=\frac{3}{40}\times 0.999$일 때의 시간 t를 구하면

$$\frac{3}{40}\times 0.999=\frac{3}{40}-\frac{3}{40}e^{-\frac{2000}{3}t}$$

$$-0.001\times\frac{3}{40}=-\frac{3}{40}e^{-\frac{2000}{3}t}$$

$$e^{-\frac{2000}{3}t}=0.001$$

이다. 따라서 양변에 자연로그 ln을 취하면

$$-\frac{2000}{3}t=\ln 0.001=-3\ln 10$$

$$t=\frac{9\ln 10}{2000}\approx 1{,}036\times 10^{-5}(\text{초})$$

이다. 즉 전류가 최종값의 99.9%에 도달하기까지 약 $1{,}036\times 10^{-5}$초가 걸린다.

■ 교류 RL 회로

교류전원 $E=E_0\sin\omega t$가 가해진 교류 RL 회로에 키르히호프의 법칙을 적용하면

$$L\frac{di}{dt}+Ri=E_0\sin\omega t \tag{4.5}$$

로 나타낼 수 있다. 식 (4.5)의 양변을 L로 나누면

$$\frac{di}{dt}+\frac{R}{L}i=\frac{E_0}{L}\sin\omega t$$

이므로, 1계 선형 비제차 미분방정식이다. 적분인자 $\mu=e^{\int\frac{R}{L}dt}=e^{\frac{R}{L}t}$을 곱하여 양변을 적분하면 다음과 같다.

$$i(t)=e^{-\frac{R}{L}t}\left[\int e^{\frac{R}{L}t}\frac{E_0}{L}\sin\omega t\,dt\right]$$

$$=e^{-\frac{R}{L}t}\left[\frac{E_0}{L}\int e^{\frac{R}{L}t}\sin\omega t\,dt\right]$$

이 식을 부분적분에 의해 적분하면 예제 2-54

$$i(t)=ce^{-\frac{R}{L}t}+\frac{E_0}{R^2+\omega^2L^2}(R\sin\omega t-\omega L\cos\omega t)$$

이다. 우변의 삼각함수를 사인함수로 합성하면

$$i(t)=ce^{-\frac{R}{L}t}+\frac{E_0}{\sqrt{R^2+\omega^2L^2}}\sin(\omega t-\delta)\qquad \text{단, 위상각 }\delta=\tan^{-1}\frac{\omega L}{R}$$

이다. 이때 $i(0)=0$이므로

$$c=\frac{E_0}{\sqrt{R^2+\omega^2L^2}}\sin\delta$$

이고, 따라서 $i(t)$의 최종값은 다음과 같다.

$$i(t) = \frac{E_0}{\sqrt{R^2+\omega^2 L^2}}\left[ce^{-\frac{R}{L}t} + \sin(\omega t - \delta)\right]$$

$e^{-\frac{R}{L}t}$의 그래프와 $\sin(\omega t - \delta)$의 그래프는 [그림 4-2(a)]와 같으며, 이 두 그래프를 합성하면 [그림 4-2(b)]와 같다. 결국 처음에만 지수함수의 영향으로 조금 변형되고 나중에는 사인함수가 된다. 사인함수의 교류전압을 입력하면 정상상태에서는 사인함수의 교류전류가 출력되는 것을 알 수 있다.

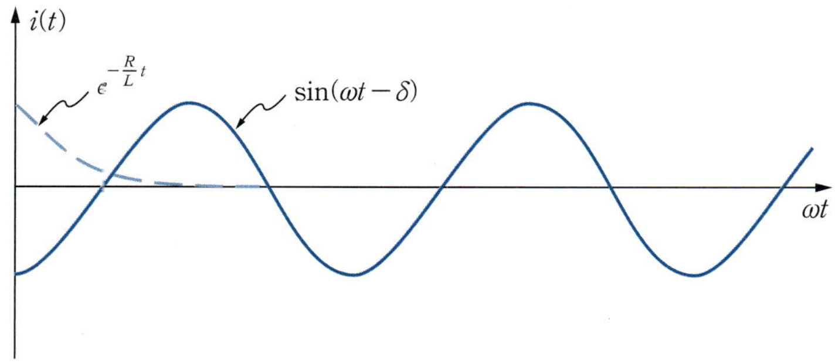

(a) $e^{-\frac{R}{L}t}$의 그래프와 $\sin(\omega t - \delta)$의 그래프

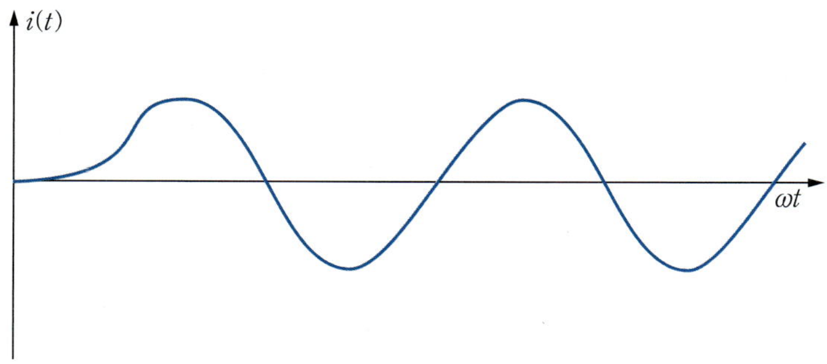

(b) $e^{-\frac{R}{L}t}$의 그래프와 $\sin(\omega t - \delta)$의 그래프를 합성한 결과

[그림 4-2] $e^{-\frac{R}{L}t}$의 그래프와 $\sin(\omega t - \delta)$의 그래프의 합성

교류의 경우에는 인덕턴스 $L \to 0$일 때 $e^{-\frac{R}{L}t} \to 0$이므로 과도상태는 존재하지 않는다. 또한 인덕턴스는 정상상태(y_p)에도 영향을 미친다.

$L=0$일 때 $\delta = 0$이고, $\frac{\omega L}{R} \to \infty$일 때 $\delta \to \frac{\pi}{2}$이므로 주파수 ω가 커지면 전압과 전류 사이에 $\frac{\pi}{2}$의 위상차가 생긴다.

예제 4-9

교류 RL 회로에서 $E(t)=110\sin 120\pi t\,\mathrm{V}$, $R=15\,\Omega$, $L=3\,\mathrm{H}$일 때, 전류를 구하라.

풀이

교류 RL 회로에 키르히호프의 법칙을 적용하면

$$3\frac{di}{dt}+15i=110\sin 120\pi t$$

$$\frac{di}{dt}+5i=\frac{110}{3}\sin 120\pi t$$

이므로, 1계 선형 비제차 미분방정식이다. 따라서 적분인자 $\mu=e^{\int 5\,dt}=e^{5t}$을 양변에 곱하면

$$\frac{d}{dt}(ie^{5t})=\frac{110}{3}e^{5t}\sin 120\pi t$$

이다. 이 식을 적분하면

$$ie^{5t}=\frac{110}{3}\int e^{5t}\sin 120\pi t\,dt \tag{4.6}$$

이고, 부분적분법을 이용하여 우변을 적분하면

$$\begin{aligned}\int e^{5t}\sin 120\pi t\,dt &= \frac{1}{5}e^{5t}\sin 120\pi t-24\pi\int e^{5t}\cos 120\pi t\,dt\\ &= \frac{1}{5}e^{5t}\sin 120\pi t-24\pi\left[\frac{1}{5}e^{5t}\cos 120\pi t+24\pi\int e^{5t}\sin 120\pi t\,dt\right]\\ &= \frac{1}{5}e^{5t}\sin 120\pi t-\frac{24\pi}{5}e^{5t}\cos 120\pi t-576\pi^2\int e^{5t}\sin 120\pi t\,dt\end{aligned}$$

이다. 이 식을 정리하면

$$(1+576\pi^2)\int e^{5t}\sin 120\pi t\,dt=\frac{1}{5}e^{5t}\sin 120\pi t-\frac{24\pi}{5}e^{5t}\cos 120\pi t$$

$$\int e^{5t}\sin 120\pi t\,dt=\frac{1}{5(1+576\pi^2)}e^{5t}(\sin 120\pi t-24\pi\cos 120\pi t)$$

이므로, 식 (4.6)에 대입하면 전류 i는 다음과 같다.

$$i=\frac{110}{3}\cdot\frac{1}{5(1+576\pi^2)}(\sin 120\pi t-24\pi\cos 120\pi t)+ce^{-5t}$$

■ **직렬 RC 회로**

직류전원 E_0가 가해진 RC 회로는 키르히호프 법칙을 이용하면 다음과 같이 모형화할 수 있다.

$$Ri + \frac{1}{C}\int i dt = E_0 \tag{4.7}$$

q를 축전기에 축적된 전하량이라 할 때, $i = \frac{dq}{dt}$이므로 식 (4.7)에 대입하면

$$R\frac{dq}{dt} + \frac{1}{C}q = E_0$$

$$\frac{dq}{dt} + \frac{1}{RC}q = \frac{E_0}{R}$$

이다. 이는 1계 선형 비제차 미분방정식이다. 이때 RC를 **축전시정수**라고 한다.

예제 4-10

[그림 4-3]과 같은 직렬 RC 회로에서 전하 q를 구하라.

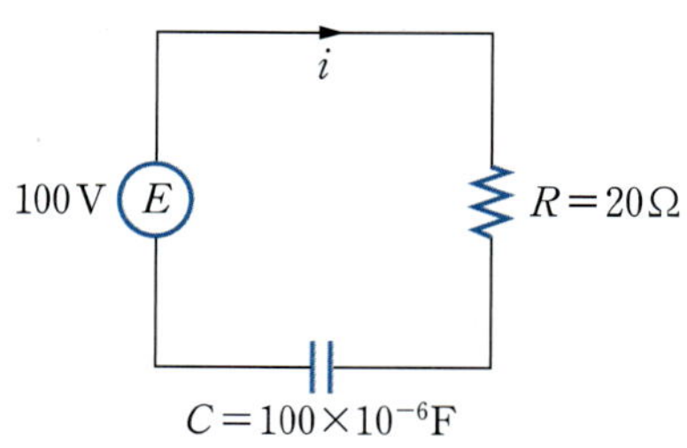

[그림 4-3] [예제 4-10]의 직렬 RC 회로

풀이

주어진 직렬 RC 회로를 모형화하면

$$20i + 10^4 q = 100$$

$$20\frac{dq}{dt} + 10^4 q = 100$$

$$\frac{dq}{dt} + 500q = 5$$

이므로, 1계 선형 비제차 미분방정식이다. 따라서 적분인자 $e^{\int P dt} = e^{500t}$을 양변에 곱하면

$$\frac{d}{dt}(qe^{500t}) = 5e^{500t}$$

이고, 이 식을 적분하면 다음과 같다.

$$qe^{500t} = \frac{1}{100}e^{500t} + c$$

$$q = \frac{1}{100} + ce^{-500t}$$

■ **교류 RC 회로**

교류전원 $E = E_0 \sin \omega t$이 가해진 교류 RC 회로는 키르히호프의 법칙을 이용하여 다음과 같이 모형화할 수 있다.

$$Ri + \frac{1}{C}\int idt = E_0 \sin\omega t \tag{4.8}$$

식 (4.8)을 t로 미분하면

$$R\frac{di}{dt} + \frac{1}{C}i = \omega E_0 \cos \omega t$$

$$\frac{di}{dt} + \frac{1}{RC}i = \frac{\omega E_0}{R}\cos\omega t$$

이다. 적분인자 $\mu = e^{\int \frac{1}{RC}dt} = e^{\frac{1}{RC}t}$을 이용하여 해를 구하면 다음과 같다.

$$i(t) = ce^{-\frac{1}{RC}t} + \frac{\omega E_0 C}{1+(\omega RC)^2}(\cos\omega t + \omega RC\sin\omega t)$$

$$= ce^{-\frac{1}{RC}t} + \frac{\omega E_0 C}{\sqrt{1+(\omega RC)^2}}\sin(\omega t + \delta)$$

$$\text{단, } \delta = \tan^{-1}\left(\frac{1}{\omega RC}\right)$$

또는 식 (4.8)을 다음과 같이 나타내면 전하량 $q(t)$를 구할 수 있다.

$$Ri + \frac{1}{C}q = E_0 \sin\omega t$$

$$R\frac{dq}{dt} + \frac{1}{C}q = E_0 \sin\omega t$$

예제 4-11

교류 RC 회로에서 $R=10\Omega$, $C=10^{-3}\text{F}$, $E(t)=100\sin 120\pi t\ \text{V}$일 때, 전하 q를 구하라.

풀이

주어진 교류 RC 회로를 모형화하면

$$10\frac{dq}{dt}+10^3 q=100\sin 120\pi t$$

$$\frac{dq}{dt}+100q=10\sin 120\pi t$$

이므로, 1계 선형 비제차 미분방정식이다. 따라서 적분인자 $e^{\int 100\,dt}=e^{100t}$을 양변에 곱하면

$$\frac{d}{dt}(qe^{100t})=10e^{100t}\sin 120\pi t$$

이고, 이 식을 적분하면 다음과 같다.

$$qe^{100t}=10\int e^{100t}\sin 120\pi t\,dt$$

이때 우변을 적분하면

$$\int e^{100t}\sin 120\pi t\,dt$$

$$=\frac{1}{4(25+36\pi^2)}e^{100t}\sin 120\pi t-\frac{3\pi}{10(25+36\pi^2)}e^{100t}\cos 120\pi t$$

이므로, 전하 q는 다음과 같다.

$$q=\frac{5}{2(25+36\pi^2)}\sin 120\pi t-\frac{3\pi}{25+36\pi^2}\cos 120\pi t+ce^{-100t}$$

■ 충전기의 방전

충전된 전하를 q_0라고 하자. 이때 $\frac{dq}{dt}=i$, $q=\int i\,dt$이므로 $Ri+\frac{1}{C}\int i\,dt=0$에서

$$R\frac{dq}{dt}+\frac{1}{C}\int\frac{dq}{dt}\,dt=0$$

$$\frac{dq}{dt}+\frac{1}{RC}q=0$$

이다. 따라서 1계 선형 제차 미분방정식이고, 일반해는

$$q(t) = ce^{-\frac{1}{RC}t}$$

이다. $q(0) = q_0$ 이므로 $c = q_0$ 이다. 따라서

$$q(t) = q_0 e^{-\frac{1}{RC}t} \tag{4.9}$$

이다. 식 (4.9)를 통해 저항 R이나 커패시턴스 C가 크면 방전하는 데 시간이 많이 걸림을 알 수 있다. 이는 저항이 크면 전하들이 이동하기 힘들고, 커패시턴스가 크면 전하를 많이 저장하고 있어 전하들이 빠져나가기 어렵기 때문이다.

속도

움직이는 물체의 운동에 대해 생각해보자. 물체에 영향을 주는 총 힘 F는 뉴턴의 운동 제2법칙이 적용된다.

$$F = ma \tag{4.10}$$

여기서 F는 힘, m은 물체의 질량, a는 물체의 가속도이다. 떨어지는 물체에 작용하는 힘에 대해 생각해보자. 중력은 물체의 무게에 비례하는 $mg(g = 9.8\text{m/sec}^2$: 중력 가속도)이다. 저항이 속도에 비례한다고 가정하면, 떨어지는 물체에 작용하는 힘은 다음과 같다.

$$F = mg - rv \tag{4.11}$$

이다. 식 (4.10)과 식 (4.11)에 의해

$$ma = mg - rv$$

이므로, 다음이 성립한다.

$$m\frac{dv}{dt} = mg - rv \tag{4.12}$$

$$\frac{dv}{dt} + \frac{r}{m}v = g$$

이는 1계 선형 비제차 미분방정식이다. 예를 들어, $m = 10\text{kg}$, $r = 2\text{kg/sec}$인 경우를 생각해보자.

$$10\frac{dv}{dt} = 98 - 2v$$

$$\frac{dv}{dt} + \frac{1}{5}v = 9.8$$

이므로, $P(t)=\dfrac{1}{5}$ 임을 이용해 적분인자 μ를 구하면

$$\mu = e^{\int Pdt} = e^{\frac{1}{5}t}$$

이다. 양변에 μ를 곱하면

$$\frac{d}{dt}\left(ve^{\frac{1}{5}t}\right) = 9.8e^{\frac{1}{5}t}$$

이고, 양변을 적분하여 v를 구하면 다음과 같다.

$$ve^{\frac{1}{5}t} = 9.8\int e^{\frac{1}{5}t}dt = 49e^{\frac{1}{5}t} + c$$

$$v = 49 + ce^{-\frac{1}{5}t}$$

예제 4-12

떨어지고 있는 낙하산이 펼쳐질 때 속도가 55 m/s 였다. 공기저항이 $\dfrac{Wv^2}{25}$ N 일 때, 떨어지고 있는 낙하산의 속도를 낙하산이 펼쳐진 후의 시간 t에 대한 함수로 나타내라. 단, W는 사람과 낙하산 무게의 합이다.

풀이

떨어지는 물체에 작용하는 힘＝무게－저항이므로

$$\frac{W}{g}\frac{dv}{dt} = W - \frac{Wv^2}{25}$$

으로 나타낼 수 있다. 이 식에 $g=9.8\ \mathrm{m/s^2}$을 대입하여 정리하면

$$\frac{dv}{v^2-25} = -\frac{9.8}{25}dt$$

이다. 이 식을 적분하면

$$\frac{1}{10}\ln\frac{v-5}{v+5} = -\frac{9.8}{25}t + c_1$$

$$\ln\frac{v-5}{v+5} = -\frac{98}{25}t + 10c_1$$

$$\frac{v-5}{v+5} = ce^{-\frac{98}{25}t} \quad (c = e^{10c_1})$$

> 연계 [예제 2-36]
> $\displaystyle\int\frac{dx}{x^2-a^2}$에 $x=v$, $a=5$를 대입하면
> $$\frac{1}{10}\int\left(\frac{1}{v-5}-\frac{1}{v+5}\right)dv$$
> $$= \frac{1}{10}(\ln|v-5| - \ln|v+5|) + c$$

이다. $t=0$일 때 $v=55$이므로 $c_1=\frac{5}{6}$이다. 따라서 떨어지고 있는 낙하산의 속도는 다음과 같다.

$$v=5\left(\frac{6+5\cdot e^{-\frac{98}{25}t}}{6-5\cdot e^{-\frac{98}{25}t}}\right)$$

예제 4-13

얼음판 위로 썰매가 짐을 끌고 있다. 썰매와 짐의 무게는 35 kg이고, 얼음에 의한 저항은 무시할 만하나 공기의 저항은 $70v\,\mathrm{m/sec^2}$일 때 다음을 구하라.

(a) 썰매가 도착할 때, 속도가 16 km/hr 인 경우의 힘

(b) 48초 후 속도와 이동한 거리를 구하라.

풀이

썰매에 미치는 힘은

$$\begin{aligned}\text{질량}[\mathrm{kg}]\times\text{가속도}[\mathrm{m/s^2}]&=\text{힘}[\mathrm{N}]\\&=\text{전진력}-\text{저항}\end{aligned}$$

이므로, 전진력을 F라고 하면

$$35\frac{dv}{dt}=F-70v$$

로 나타낼 수 있다. 이 식을 정리하면

$$\frac{dv}{dt}+2v=\frac{F}{35}$$

이고, 이는 1계 선형 비제차 미분방정식이다. 적분인자 $\mu=e^{\int 2\,dt}=e^{2t}$을 양변에 곱하고 적분하면

$$v=\frac{F}{70}+ce^{-2t}$$

이다. $t=0$일 때, $v=0$이므로 $c=-\frac{F}{70}$이다. 따라서 속도는 다음과 같다.

$$v=\frac{F}{70}(1-e^{-2t})$$

(a) $t\to\infty$일 때, $v=\frac{F}{70}=16[\mathrm{km/hr}]=\frac{16000}{3600}=\frac{40}{9}[\mathrm{m/s}]$이므로, 다음을 얻는다.

$$F=\frac{2800}{9}\approx 311\ [\mathrm{N}]$$

(b) $t=48$일 때, $v=\frac{40}{9}(1-e^{-96})\approx\frac{40}{9}$[m/s]이므로, 다음을 얻는다.

$$s=\int_0^{48} v\,dt=\frac{40}{9}\int_0^{48}(1-e^{-2t})\,dt=211\,[\mathrm{m}]$$

복리

원금에 연 $r\%$의 복리가 붙는 경우 $S(t)$를 임의의 시간 t에서의 투자금이라고 하자. 그러면 투자금의 성장률 $\frac{dS}{dt}=r\times S(t)$이다. $S(0)=S_0$이고, 복리가 연속적으로 발생한다고 가정하면

$$S(t)=S_0e^{rt}$$

이다. 유한시간 구간에서 복리가 발생한다고 할 때, 이율은 1년에 1번 복리로 계산하면 t년 후에는

$$S(t)=S_0(1+r)^t \tag{4.13}$$

이고, 1년에 2번 복리를 계산하면

$$6\text{개월 말의 투자금}=S_0\left(1+\frac{r}{2}\right)$$
$$1\text{년 말의 투자금}=S_0\left(1+\frac{r}{2}\right)^2$$
$$t\text{년 말의 투자금}=S_0\left(1+\frac{r}{2}\right)^{2t}$$

이다. 그러므로 1년에 두 번 복리로 계산할 때, n년 말의 투자금은 다음과 같다.

$$S(t)=S_0\left(1+\frac{r}{2}\right)^{nt} \tag{4.14}$$

예제 4-14

연 5%의 복리로 계산할 때, 원금의 2배가 될 때까지 걸린 시간을 구하라.

풀이

원금을 x_0원, 임의의 시간 t에서의 원리합계를 $x(t)$라고 하자. 그러면

$$\frac{dx}{dt}=0.05x=\frac{1}{20}x$$
$$\frac{dx}{x}=\frac{1}{20}dt$$

인 변수분리형 미분방정식이다. 이 식을 변수분리 후 적분하면

$$x = ce^{\frac{1}{20}t} = x_0 e^{\frac{1}{20}t}$$

이다. 원금의 2배가 되는 시간은 $x = 2x_0$가 될 때의 시간 t이므로 다음과 같다.

$$2x_0 = x_0 e^{\frac{1}{20}t}, \quad e^{\frac{1}{20}t} = 2$$

$$t = 20\ln 2 \approx 13.9(\text{년})$$

연립 미분방정식과 선형모형

여러 개의 종속변수가 독립변수 하나에 대한 함수일 때 이를 연립 미분방정식으로 표현할 수 있다. 이 절에서는 혼합물, 전기회로 등의 예에서 미분방정식을 수학적으로 모형화만하고, 그에 대한 풀이 방법은 6.2절에서 다룬다.

예제 4-15

[그림 4-4]와 같이 2개의 탱크가 파이프로 연결되어 있다. 탱크 A에는 소금이 150g 녹아 있는 소금물이 $20l$가 들어 있다. 탱크 B에는 소금 50g이 녹아 있는 소금물이 $10l$가 들어 있다. 이때 임의의 시간 t에서 각 탱크 속의 소금의 양에 대한 수학적 모형을 세워라.

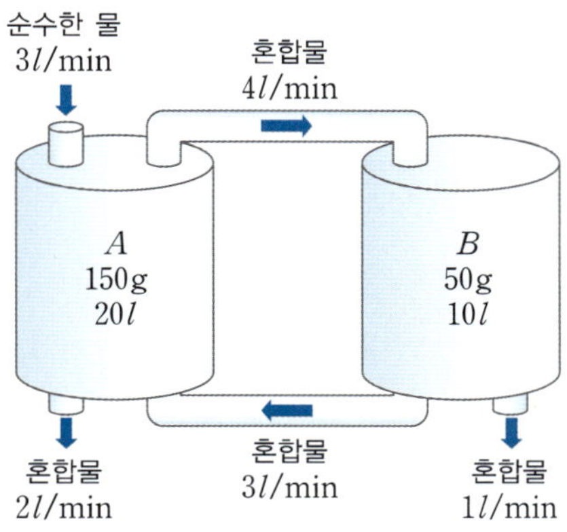

[그림 4-4] [예제 4-15]의 물 탱크

풀이

임의의 시간 t에서 탱크 A에 있는 소금의 양을 $x_1(t)$라 하고, 탱크 B에 있는 소금의 양을 $x_2(t)$라 하자. 그러면 다음과 같은 연립 미분방정식을 세울 수 있다.

$$\frac{dx_1}{dt} = \text{소금의 유입 속도} - \text{소금의 유출 속도}$$

$$= \left(3[l/\text{min}] \cdot 0[\text{g}/l] + 3[l/\text{min}] \cdot \frac{x_2}{10}[\text{g}/l]\right)$$

$$- \left(2[l/\text{min}] \cdot \frac{x_1}{20}[\text{g}/l] + 4[l/\text{min}] \cdot \frac{x_1}{20}[\text{g}/l]\right)$$

$$= \frac{3}{10}x_2 - \frac{6}{20}x_1 = -\frac{3}{10}x_1 + \frac{3}{10}x_2$$

$$\frac{dx_2}{dt} = \left(4[l/\text{min}] \cdot \frac{x_1}{20}[\text{g}/l]\right) - \left(3[l/\text{min}] \cdot \frac{x_2}{10}[\text{g}/l] + 1[l/\text{min}] \cdot \frac{x_2}{10}[\text{g}/l]\right)$$

$$= \frac{4}{20}x_1 - \frac{4}{10}x_2 = \frac{1}{5}x_1 - \frac{2}{5}x_2, \quad x_1(0) = 150, \quad x_2(0) = 50$$

예제 4-16

[그림 4-4]의 탱크 B에서 탱크 A로 혼합물을 $2l/\text{min}$의 속도로 내보낸다고 하자. 이때 각 탱크의 소금의 양에 대한 수학적 모형을 세워라.

풀이

탱크 B에 유입되는 혼합물 양은 $4l/\text{min}$이고, 유출되는 혼합물 양은 $3l/\text{min}$이므로, 1분에 $1l$씩 부피가 늘어난다. 그러므로 t분 후 탱크 B의 혼합물의 부피는 $10+t\,l$이다. 그러면 다음과 같은 연립 미분방정식을 세울 수 있다.

$$\frac{dx_1}{dt} = 2[l/\text{min}] \cdot \frac{x_2}{10+t} - \left(2[l/\text{min}] \cdot \frac{x_1}{20-t} + 4[l/\text{min}]\frac{x_1}{20-t}\right)$$

$$= -\frac{6}{20-t}x_1 + \frac{2}{10+t}x_2$$

$$\frac{dx_2}{dt} = 4[l/\text{min}] \cdot \frac{x_1}{20-t} - \left(2[l/\text{min}] \cdot \frac{x_2}{10+t} + 1[l/\text{min}] \cdot \frac{x_2}{10+t}\right)$$

$$= \frac{4}{20-t}x_1 - \frac{3}{10+t}x_2$$

예제 4-17

[그림 4-5]의 전기회로에 대해 수학적 모형을 세워라.

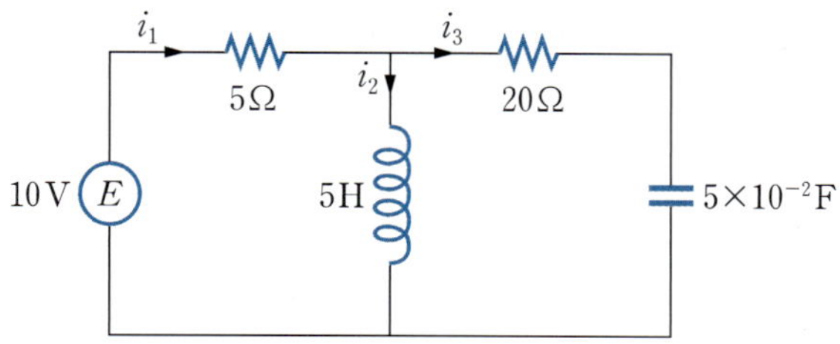

[그림 4-5] [예제 4-17]의 전기회로

풀이

키르히호프의 제1 법칙에 의하면 $i_1 = i_2 + i_3$이고, 각 회로에 키르히호프의 제2 법칙을 적용하면

$$5i_1 + 5i_2{}' = 10$$

$$5i_1 + 20i_3 + \frac{1}{5\times 10^{-2}}q_3 = 10 \quad (q_3{}' = i_3)$$

이다. 이를 미분하면

$$5i_1{}' + 20i_3{}' + \frac{1}{5\times 10^{-2}}i_3 = 0$$

이므로

$$5i_2 + 5i_3 + 5i_2{}' = 10$$

$$5i_2{}' + 25i_3{}' + \frac{1}{5\times 10^{-2}}i_3 = 0$$

인 연립 미분방정식을 얻는다.

Section
4.2 비선형모형

이 절에서는 1계 비선형 미분방정식으로 표현할 수 있는 모델로서 성장모형과 화학반응 그리고 토리첼리의 법칙을 살펴본다.

성장모형

시간에 따라 성장하거나 감쇠하는 현상을 지수적 성장, 로지스틱 모형, 곰페르츠 모형과 전염병 확산으로 나누어 살펴본다.

■ 지수적 성장

$y=\phi(t)$를 임의의 시간 t에서 어떤 종species의 개체 수라고 하자. 개체 수의 변화율에 관한 가장 간단한 가정은 y의 변화율이 임의의 시간 t에서의 y에 비례한다는 것이다.

$$\frac{dy}{dt}=ry \qquad \text{단, } r\text{은 성장률(감쇠)}$$

초기의 개체 수가 y_0라면

$$y=y_0\, e^{rt}$$

이다.

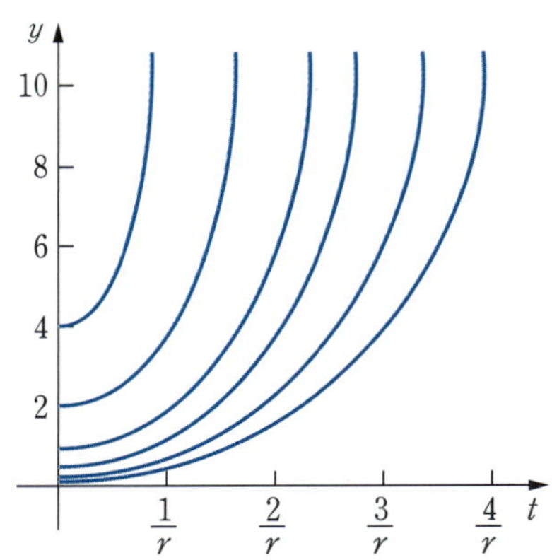

[그림 4-6] 지수적 성장

■ 로지스틱 모형

성장률이 현재 개체 수에 좌우된다는 것을 고려해서

$$\frac{dy}{dt}=h(y)y \tag{4.15}$$

라 하자. y가 작을 때는 $h(y)\approx r>0$, y가 충분히 클 때는 $h(y)<0$이 되도록 $h(y)$를 택하고자 한다. 그 중 가장 간단한 형태는 $h(y)=r-ay$이다. 단, a는 양의 상수이다.

$h(y) = r - ay$를 식 (4.15)에 대입하면

$$\frac{dy}{dt} = (r - ay)y \tag{4.16}$$

이고, 이를 **로지스틱**Logistic **방정식** 또는 고안자의 이름을 따서 Verhulst **방정식**이라 한다. 로지스틱 방정식은 다음과 같이 변형해서 사용하기도 한다.

$$\frac{dy}{dt} = r\left(1 - \frac{y}{k}\right)y, \quad k = \frac{r}{a} \tag{4.17}$$

단, r은 본질적인 성장률

로지스틱 방정식은 비선형이지만 변수분리형(또는 Bernoulli형)으로 해를 구할 수 있다. 만약 $y \neq 0$이고 $y \neq k$라 가정하자. 그러면 식 (4.17)은 다음과 같이 변형할 수 있다.

$$\frac{dy}{\left(1 - \frac{y}{k}\right)y} = r\,dt$$

$$\left(\frac{1}{y} + \frac{\frac{1}{k}}{1 - \frac{y}{k}}\right)dy = r\,dt$$

이 식을 적분하면

$$\ln y - \ln\left(1 - \frac{y}{k}\right) = rt + c$$

$$\ln\frac{y}{1 - \frac{y}{k}} = rt + c$$

이다. 초기조건을 $y(0) = y_0$라 하면, $c_1 = \dfrac{y_0}{1 - \frac{y_0}{k}}$ $(c_1 = e^c)$이고,

$$y = \frac{y_0 k}{y_0 + (k - y_0)e^{-rt}}$$

이다.

참고 **P.F Verhulst(1804–1849)**

벨기에 수학자로서 1838년 인구 변화율의 한 모델로 로지스틱 방정식을 소개했다. 그러나 부정확한 인구 데이터로 인해 그의 모델의 적합성을 검증하는 데 실패해서 오랫동안 주목받지 못했다. 그러다 1930년 R. Pearl과 1935년 G. F. Gause가 실험 데이터에 의해 이를 확증했다.

예제 4-18

로지스틱 모형은 태평양의 특정 지역에 사는 가자미의 자연 성장률을 파악하는 데 이용된다. 임의의 시간 t에서 가자미의 총량(kg)을 $y(t)$라고 하자. $y(0)=0.25k$일 때, 2년 후 가자미의 총량을 구하라. 단, $r=0.71/\text{year}$이고 $k=80.5\times10^6\,\text{kg}$이다.

풀이

$y_0=0.25k$이고, $r=0.71$이므로

$$y=\frac{0.25\,k^2}{0.25k+0.75k\,e^{-0.71t}}=\frac{k}{1+3\,e^{-0.71t}}$$

이다. 따라서 2년 후 가자미의 총량은 다음과 같다.

$$y(2)=\frac{80.5\times10^6}{1+3e^{-0.71\times2}}\approx46.7\times10^6\,[\text{kg}]$$

■ **곰페르츠 모형**

다음과 같은 모형을 **곰페르츠**Gompertz **방정식**이라 한다.

$$\frac{dy}{dt}=ry\ln\left(\frac{K}{y}\right)\qquad 단,\ r과\ K는\ 양의\ 상수 \tag{4.18}$$

식 (4.18)을 정리한

$$\frac{dy}{dt}=ry(\ln K-\ln y)$$

에서 $a=r\ln K$, $b=r$이라 놓으면

$$\frac{dy}{dt}=y(a-b\ln y) \tag{4.19}$$

이다. 이때 $\ln y=Y$로 놓고 $y=e^Y$을 t로 미분하면

$$\frac{dy}{dt}=e^Y\frac{dY}{dt} \tag{4.20}$$

이므로, 식 (4.20)을 식 (4.19)에 대입하면 다음과 같다.

$$e^Y\frac{dY}{dt}=e^Y(a-bY)$$

$$\frac{dY}{dt}=a-bY$$

이는 변수분리형 또는 선형 미분방정식의 형태가 된다. 변수분리 후 적분하면

$$\frac{dY}{a-bY}=dt$$

$$-\frac{1}{b}\ln(a-bY)=t+c_1$$

$$\ln(a-bY)=-bt-bc_1$$

$$a-bY=ce^{-bt}\qquad (c=e^{-bc_1})$$

이므로, Y에 관해 정리하면 다음과 같다.

$$\ln y=Y=\frac{a-ce^{-bt}}{b}$$

■ 전염병 확산

1760년 다니엘 베르누이Daniel Bernoulli가 전염병의 확산에 대한 연구를 수학적 방법으로 표현했다. 최근에는 여러 가지 질병에 대한 수학적 모델이 등장했다. 또한 이러한 모델은 소문의 확산과 소비제품의 확산에도 적용되고 있다.

예제 4-19

임의의 시간 t에서 전염병에 감염된 사람의 수를 $x(t)$라 하자. 전체 수를 1이라 하면 감염되지 않은 사람의 수는 $1-x$이다. 전염병의 확산 속도는 감염된 사람과 감염되지 않은 사람 수에 비례한다고 할 때, t시간 후 감염자 수를 구하라.

풀이

주어진 문제를 수학적으로 모형화하면

$$\frac{dx}{dt}=kx(1-x),\ x(0)=x_0$$

인 로지스틱 방정식이다. 변수를 분리하면

$$\frac{dx}{(1-x)x}=k\,dt$$

$$\left(\frac{1}{x}+\frac{1}{1-x}\right)dx=k\,dt$$

이고, 이 식을 적분하면

$$\ln x-\ln(1-x)=kt+c$$

$$\ln\frac{x}{1-x}=kt+c$$

이다. $x(0)=x_0$이므로, $c_1=\dfrac{x_0}{1-x_0}\,(c_1=e^c)$이고, 감염자 수는 다음과 같다.

$$x=\frac{x_0}{x_0+(1-x_0)e^{-kt}}$$

화학반응

화합물 P와 Q를 결합시켜 새로운 물질 X를 생성한다고 하자. P와 Q의 초기의 양을 각각 p, q라 하고 임의의 시간 t에서 X의 양을 $x(t)$라 하자.

2차 화학반응에서 물질 P의 1 mole과 물질 Q의 1 mole을 결합시켜 새로운 물질 X의 1 mole을 생성한다. 물질 P와 Q의 초기 농도를 각각 p, q라 하고 임의의 시간 t에서 X의 밀도를 $x(t)$라 하면 $p-x(t)$와 $q-x(t)$는 각각 시간 t에서 P와 Q의 농도가 된다. 따라서 반응 속도는 다음과 같이 된다.

$$\frac{dx}{dt}=\alpha(p-x)(q-x) \qquad \text{단, } \alpha\text{는 양의 상수} \tag{4.21}$$

예제 4-20

두 화학 물질 A와 B가 결합하여 혼합물 C가 된다. 반응 속도는 혼합물 C로 변환되지 않은 A와 B의 양의 곱에 비례한다. 초기의 양이 A는 30 g, B는 50 g이고 A의 3 g당, B의 1 g이 반응한다. 10분 후 10 g의 C가 생성되었을 때, 오랜 시간이 경과한 후 C의 최종값을 구하라.

풀이

임의의 시간 t에서 생성된 C의 양을 $x(t)$라 하자. 그러면

$$\frac{dx}{dt}\propto\left(30-\frac{3}{4}x\right)\left(50-\frac{1}{4}x\right)$$

이므로

$$\frac{dx}{dt}=k(40-x)(200-x),\ \ x(0)=0,\ \ x(10)=10$$

으로 나타낼 수 있다. 변수를 분리하여 적분하면

$$\frac{dx}{(40-x)(200-x)}=k\,dt$$

$$\frac{1}{160}\left(\frac{1}{40-x}-\frac{1}{200-x}\right)dx = k\,dt$$

$$\ln\frac{200-x}{40-x} = 160kt + c'$$

$$\frac{200-x}{40-x} = ce^{160kt} \qquad (c = e^{c'})$$

이고, $x(0) = 0$이므로 $c = 5$이다. 따라서

$$x = \frac{200(e^{160kt}-1)}{5e^{160kt}-1}$$

이다. 또한 $x(10) = 10$이므로

$$10 = 200\frac{e^{1600k}-1}{5e^{1600k}-1}$$

$$e^{1600k} = \frac{19}{15}$$

$$1600k = \ln\frac{19}{15}$$

$$160k = \frac{1}{10}\ln\frac{19}{15} \approx 0.02364$$

이다. 그러므로

$$x = \frac{200(e^{0.02364t}-1)}{5e^{0.02364t}-1} = \frac{200(1-e^{-0.02364t})}{5-e^{-0.02364t}}$$

이고, $t \to \infty$일 때 $x = 40\,\mathrm{g}$이다.

토리첼리의 법칙

중력에 의해 물 탱크 구멍을 통해 흘러나오는 액체의 속도 v는 액체 표면과 입구의 중심 간의 수직거리 h의 제곱근과 중력 가속도의 2배, 즉 $2g$의 곱의 제곱근에 비례한다.

$$v \propto \sqrt{2gh} \qquad \text{단, } g = 9.8\,\mathrm{m/sec^2} \tag{4.22}$$

예제 4-21

반지름이 2.5 m, 높이 3 m인 원통형 탱크에 물이 가득 차 있다. 탱크의 밑바닥에서 반지름이 2.5 cm인 구멍을 통해 물이 흘러나가기 시작한다. 임의의 시간 t에서의 탱크 내의 물의 높이 $h(t)$를 구하라. 그리고 탱크가 텅 비게 될 때까지 걸리는 시간을 구하라. 단, 마찰계수는 0.6이다.

풀이

흘러나온 물의 1초당 부피는 반경이 25 mm이고 높이 v(속도)인 원통의 부피로 생각할 수 있다. 그러므로 dt초 동안 흘러나온 부피는

$$dV = \pi(0.025)^2 \times v\,dt$$

로 나타낼 수 있다. 속도 v는 식 (4.22)에 의해

$$v = 0.6\sqrt{2gh} = \frac{8.4}{\sqrt{10}}\sqrt{h} \approx 2.7\sqrt{h}$$

이다. 여기서 상수 0.6은 흘러나가는 물의 단면적이 유출구의 단면적보다 다소 작기 때문에 도입된 것이다. v를 위 식에 대입하면 다음을 얻는다.

$$dV = \pi \times (0.025)^2 \times 2.7\sqrt{h}\,dt$$

탱크 안에서 줄어드는 물의 높이를 dh라 하면, 밖으로 흘러나가는 물의 부피는 $\pi(2.5)^2 dh$이므로

$$\pi(0.025)^2(2.7)\sqrt{h}\,dt = -\pi(2.5)^2 dh$$

이고, 이를 정리하면 다음과 같다.

$$\frac{dt}{dh} = -\frac{(2.5)^2}{(0.025)^2(2.7\sqrt{h})} = -\frac{10^5}{27}\frac{1}{\sqrt{h}}$$

이 식을 변수분리 후에 양변을 적분하면

$$t \approx -7407\sqrt{h} + C$$

이다. $t = 0$일 때 $h = 3$이므로 $C = 7407\sqrt{3}$이다. 따라서

$$t \approx -7407\sqrt{h} + 7407\sqrt{3}$$

이다. 또한 탱크가 텅 비면 $h = 0$이므로

$$t = 7407\sqrt{3} \approx 3\text{시간 } 33\text{분 } 29\text{초}$$

이다.

Section 4.3 해의 존재성과 유일성

이 절에서는 다음과 같은 초깃값 문제의 해의 존재성과 유일성에 대해 생각해보자.

$$y' = f(x, y),\ \ y(x_0) = y_0$$

예제 4-22

$\dfrac{dy}{dx} = \dfrac{x}{y}$, $y(0) = 1$에서 해의 존재성과 유일성에 대해 판단하라.

풀이

$\dfrac{dy}{dx} = \dfrac{x}{y}$의 일반해는 $x^2 - y^2 = c$이다. 점 $(0, 1)$을 만족하는 상수 $c = -1$이다. 그러므로 $x^2 - y^2 = -1$은 유일하다.

예제 4-23

$|y'| + |y| = 0$, $y(0) = 1$에서 해의 존재성과 유일성에 대해 판단하라.

풀이

$|y'| + |y| = 0$, $y(0) = 1$은 해가 없다. 그러므로 $y = 0$만이 $|y'| + |y| = 0$의 유일한 해이다.

예제 4-24

$\dfrac{dy}{dx} = \sqrt{y}$, $y(0) = 0$에서 해의 존재성과 유일성에 대해 판단하라.

풀이

$\dfrac{dy}{dx} = \sqrt{y}$의 일반해는 $y = \dfrac{1}{4}(x + c)^2$이다. 점 $(0, 0)$을 지나는 초깃값 문제의 해는 $y = \dfrac{1}{4}x^2$과 $y = 0$이다.

앞의 예제에서 보았듯이 초깃값 문제의 해는 존재하지 않는 경우 또는 존재하지만 유일하거나 그렇지 않은 경우가 있다. 물리계에서 다루는 모형이 복잡한 경우나 미분방정식이 초등적인 방법으로 풀 수 없는 경우 문제를 직접 풀기 전에 초깃값 문제의 해가 존재하는지, 존재하지 않는지, 존재한다면 몇 개나 존재하는지 아는 것은 중요한 일이다.

초깃값 문제

$$y' = f(x, y), \ y(x_0) = y_0 \tag{4.23}$$

에 대한 다음의 두 정리를 살펴보자.

정리 4-2 해의 존재성 정리

xy 평면에서 점 (x_0, y_0)를 포함하는 영역 $|x - x_0| < a$, $|y - y_0| < b$를 R이라 하자. R 내의 모든 점 (x, y)에 대해

$$f(x, y)\text{가 연속, } |f(x, y)| \le K$$

인 상수 K가 존재하면 식 (4.23)은 적어도 하나의 해를 갖는다. 이 해는 $|x - x_0| < a$의 부분구간 $|x - x_0| < \alpha$에서 존재한다. α는 a와 $\dfrac{b}{K}$ 중 작은 것이다.

정리 4-3 해의 유일성 정리

R 내의 모든 점 (x, y)에 대해

$$f(x, y)\text{가 연속, } |f(x, y)| \le K$$
$$\frac{\partial f}{\partial y}\text{가 연속, } \left|\frac{\partial f}{\partial y}(x,y)\right| \le M$$

인 상수 K, M이 각각 존재하면 구간 $|x - x_0| < \alpha$에서 유일한 해를 갖는다.

예제 4-25

[예제 4-22]와 [예제 4-24]에 대해 해의 유일성을 그래프를 통해 확인하라.

풀이

[예제 4-22]에서 $f(x, y) = \dfrac{x}{y}$, $f_y = -\dfrac{x}{y^2}$가 연속이고 유계이도록 [그림 4-7]처럼 R을 잡을 수 있다. 그러므로 점 $(0, 1)$을 지나는 해는 유일하다.

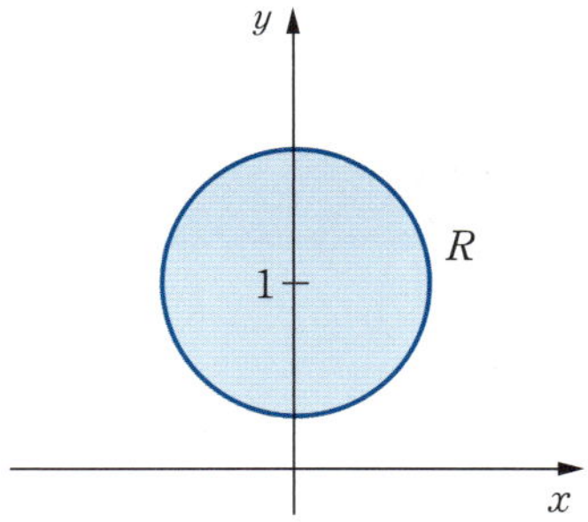

[그림 4-7] [예제 4-22]가 연속이고 유계이도록 하는 R의 영역

[예제 4-24]에서 $f(x, y) = \sqrt{y}$, $f_y = \dfrac{1}{2\sqrt{y}}$ 이 연속이 되도록 하는 점 $(0, 0)$을 포함하는 영역 R을 잡을 수 없다. 따라서 초깃값 문제가 유일하다고 말할 수 없고 직접 풀어봐야 알 수 있다.

Chapter 04 연습문제

[4.1 1계 선형모형]

1. 효모를 배양할 때 활성 효소가 성장하는 양은 현재의 존재량에 비례한다. 1시간당 2배로 증가한다면, 2.25 시간 후 효모의 양은 원래 양의 몇 배가 될 것이라 예상할 수 있는가?

2. 어느 지역에서 모기의 개체 수는 현재 개체 수의 비율에 비례하여 증가한다. 다른 요인이 없다면, 매주 2배의 개체 수가 된다. 처음에 300,000마리의 모기가 있을 때 시간에 따른 모기의 개체 수를 결정하라.

3. 특정 집단의 인구 성장률은 시간에 따라 변동된다. 인구수가 다음의 미분방정식을 만족할 때, $y(t)$를 구하라.

$$\frac{dy}{dt} = (1+\sin t)y/5, \quad y(0) = y_0$$

4. 공기의 온도가 290K이고, 어떤 물질이 10분 동안 370K에서 350K로 온도가 낮아졌다면, 40분 후의 온도는 얼마인가?

5. 어떤 조건 아래서 한 벽면에서 나오는 열의 양(J/s)은

$$Q = -kA\frac{dT}{dx} \quad \text{단, } k\text{는 전도율}$$

로 주어진다. 유출되는 방향에 수직인 벽면의 넓이는 $A\,\text{m}^2$이고, 벽면에서 $x\,\text{m}$ 떨어진 곳의 온도는 $T\,\text{K}$이다. x가 증가하면 T는 감소한다. 이때 $k=1.05$이고 두께가 $1.25\,\text{m}$인 냉장고 벽의 $1\,\text{m}^2$에서 나오는 시간당 열량을 구하라. 단, 안쪽 면의 온도는 268K이고 바깥쪽 면의 온도는 348K이다.

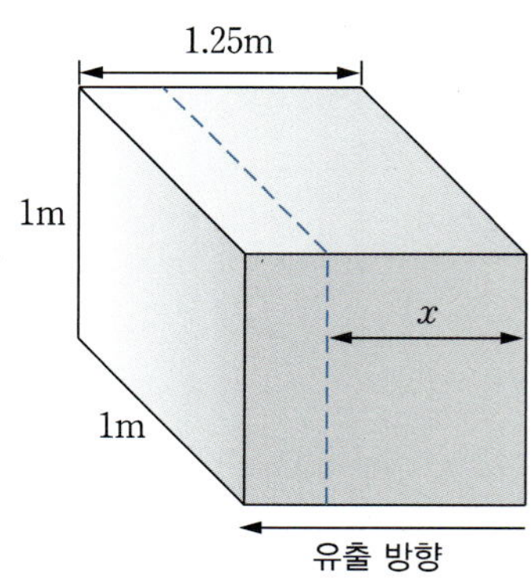

6. 라듐은 현재 존재량에 비례하여 분해된다. 라듐의 반감기가 1600년이라면, 100년간 몇 %가 분해되는가?

7. 방사능 물질인 $Ra-228$의 붕괴상수는 0.2778/day이다. 1g의 $Ra-228$이 2일 뒤에는 얼마나 남아 있는가?

8. 부피가 $0.5\,\text{m}^3$인 탱크에 20kg의 소금이 용해된 소금물이 가득 차 있다. 순수한 물이 $15\times10^{-5}\,\text{m}^3/\text{s}$의 비율로 유입되고 잘 저은 후 같은 비율로 유출된다. 1시간 후 탱크 속의 소금 양을 구하라.

9. 소금 20 kg을 물에 녹여 만든 소금물 450 l가 탱크에 들어 있다. 리터당 1/9 kg의 소금을 포함하는 소금물이 9 l/min의 속도로 들어와 섞인다. 이 때, 섞인 소금물은 잘 섞여 균일하게 유지되고, 13.5 l/min의 속도로 빠져나간다. 1시간 후, 탱크에 있는 소금의 양은 얼마인가?

10. 용량이 500 l인 탱크 속에 200 l의 물에 소금 100 kg을 녹여 소금물을 만들었다. 이 탱크에 리터당 1 kg의 소금이 녹아 있는 소금물이 3 l/min의 속도로 흘러들어와 균일하게 섞이고, 2 l/min의 속도로 탱크에서 흘러나온다.
   (a) 탱크에서 소금물이 넘쳐흐르기 전 탱크에 들어 있는 소금의 양을 구하라.
   (b) 탱크에서 소금물이 넘쳐흐르기 시작할 때의 소금물의 농도를 구하라.

11. 방의 크기가 50 m × 17.5 m × 4 m인 방의 공기 중에 CO_2가 0.2% 포함되어 있다. 환풍기로 CO_2농도가 0.05%인 신선한 공기를 4.2 m^3/s의 비율로 유입시키고 있다. 20분 후의 CO_2의 양(%)을 구하라.

12. $L=1\,H$, $R=4\Omega$, $E=220\,V$일 때, 전류 i를 구하라.

13. $L=10\,H$, $R=20\Omega$, $E=100\cos t\,V$에서 전류 i를 구하라. 예제 2-55

14. 남자와 보트의 무게는 총 150 kg이다. 노를 저어나가는 방향으로 가해지는 힘이 70 N이고, 보트의 움직임에 대한 저항(N)은 보트가 나아가는 속도(m/s)의 30배이다. 정지된 상태에서부터 출발하여 15초 후 이 보트의 속도는 얼마인가?

15. 60 N의 물체를 테이블 위에서 미끄러트린다. 이때 마찰력은 속도의 60배이고, 물체에 $54\sin 2t$ N의 힘이 가해진다. $t=0$일 때 $v=0$이다. 이때 시간에 따른 속도의 함수를 구하라.

16. 물 탱크의 형태가 직원기둥이고, 높이가 3 m라고 하자. 탱크의 반지름은 1 m이고, 탱크 바닥의 원형 배수구는 지름이 0.1 m일 때, 탱크가 비는 데 걸리는 시간은 얼마인가? 단, 마찰계수는 0.6이다.

17. 가로, 세로가 2 m, 깊이가 4 m인 직각기둥 모양의 탱크의 바닥에 반지름이 0.22 m의 구멍이 나 있다. 이 구멍을 통해 물이 빠져나가 탱크가 비는 데 걸리는 시간을 구하라. 단, 마찰계수는 0.6이다.

18. 반지름 2 m, 높이 4 m인 수직 원통형의 탱크에 $0.003\pi\,m^3/s$의 속도로 물이 흘러들어온다. 탱크의 바닥에 직경 24 mm의 구멍이 있어서 물이 빠져나간다면, 이 탱크를 모두 채우는 데 걸리는 시간은 얼마인가? 단, 마찰계수는 0.6이다.

19. 구형 좀약은 증발에 의해 부피가 줄어드는 속도가 그 표면적에 비례한다고 가정하자. 좀약의 직경이 3개월 동안에 2cm에서 1cm로 감소했다. 좀약의 직경이 1mm가 될 때까지 걸리는 시간을 구하라.

※ 다음의 두 탱크에 들어 있는 소금의 양 $x_1(t)$, $x_2(t)$를 구하는 연립 미분방정식을 구하라.

20.

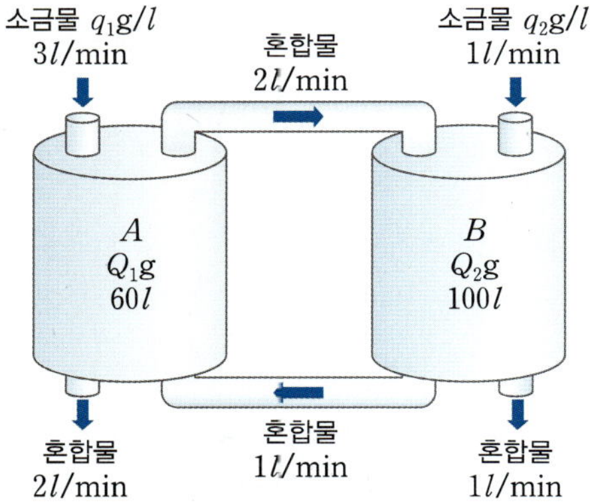

21.

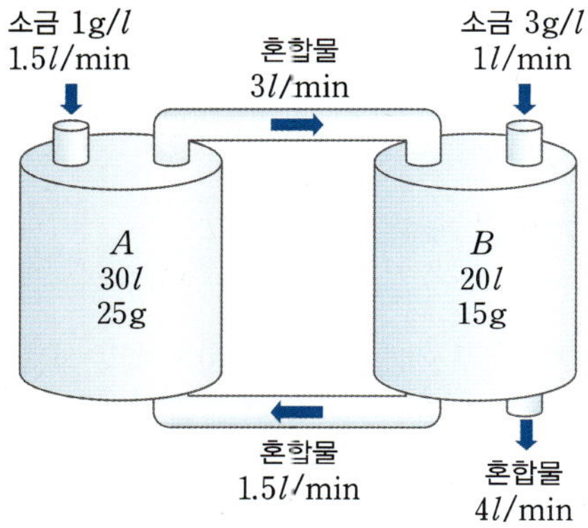

※ 다음 전기회로도에서 $i_2(t)$와 $i_3(t)$에 대한 연립 미분방정식을 구하라.

22.

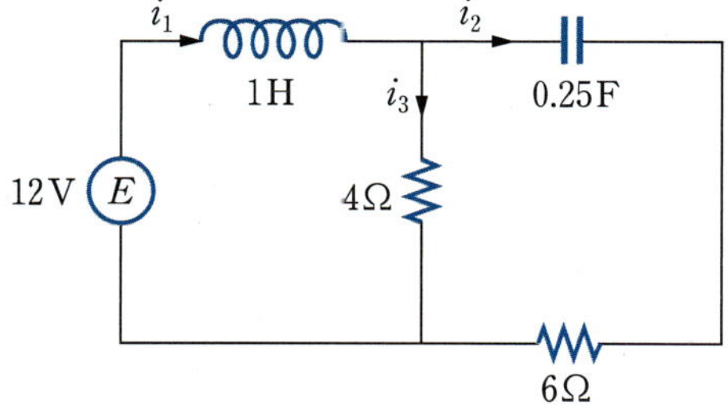

23.

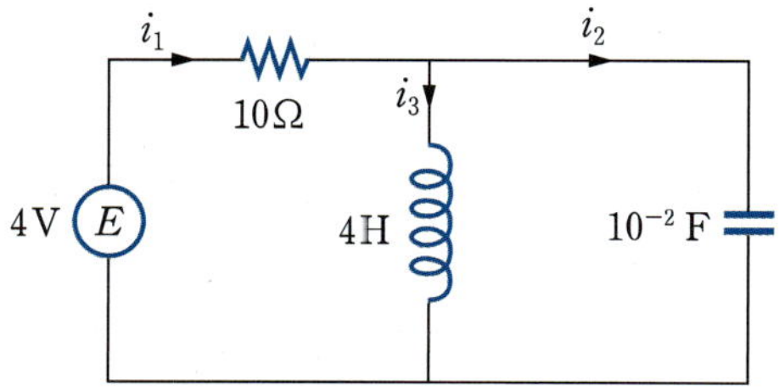

[4.2 비선형모형]

24. 감염될 수 있는 사람의 수를 x, 감염자 수를 y라 하면 $x+y=1000$이다. 질병이 감염자와 비감염자의 접촉에 의해 확산되며, 이때 질병의 확산 속도 $\frac{dy}{dt}$는 접촉자의 수에 비례한다고 가정하자. 그리고 감염자와 비감염자가 자유롭게 왕래해서 접촉자의 수는 x와 y의 곱에 비례한다고 하자. $x=1000-y$이므로 다음과 같이 나타낼 수 있다.

$$\frac{dy}{dt}=\alpha y(1000-y),\ \ y(0)=y_0 \quad \text{단, } \alpha>0\text{인 비례상수}$$

(a) 임의의 시간 t에서 감염자 수를 구하라.

(b) 끝까지 감염되지 않을 사람 수를 구하라.

25. 어떤 SNS 상에서 이벤트 광고에 노출된 사람의 수 $P(t)$는 로지스틱 방정식에 의해 결정된다. 초깃값이 $P(0)=100$이고, $P(1)=300$이다. SNS의 이용자 수가 2만명이라 가정할 때, $P(t)$를 구하라.

26. 어느 관광도시의 관광객 수 $P(t)$가 다음의 초깃값 문제로 주어진다고 한다. 여기서 t의 단위는 월이다.

$$\frac{dP}{dt}=P(10^{-1}-10^{-6}P),\ \ P(0)=3000$$

(a) 관광객 수의 최댓값은 얼마인가?

(b) 최댓값의 절반에 달하는 데 걸리는 시간은?

27. 두 화학물질 A와 B를 1몰씩 결합하여 화합물 C 1몰을 생성한다고 하자. A와 B의 초기의 양을 각각 a, b라 하자. 임의의 시간 t에서 화합물 C의 양을 $x(t)$라 하면 반응 속도는 다음과 같이 A와 B의 남은 양에 비례한다.

$$\frac{dx}{dt}=\alpha(a-x)(b-x) \quad \text{단, } \alpha\text{는 양의 상수}$$

(a) 화학물질의 초기 양이 다른 경우 $x(0)=0$일 때의 $x(t)$와 $t\to\infty$일 때의 $x(t)$를 구하라.

(b) 화학물질의 초기 양이 같은 경우 $x(0)=0$일 때의 $x(t)$와 $t\to\infty$일 때의 $x(t)$를 구하라.

28. 두 화학물질 A와 B가 결합하여 혼합물 C가 생성된다. 반응 속도는 혼합물 C로 변환되지 않은 A와 B의 순간적인 양의 곱에 비례한다. 초기의 양이 A와 B가 50g이고, A의 1g당 B의 3g이 반응한다. 10분 경과 후 16g의 C가 생성된 것으로 관찰되었다.

(a) 20분 경과 후 C의 양은 얼마인가?

(b) 반응이 완전히 종료되었을 때의 C의 양은 얼마인가?

(c) 반응이 완전히 종료되고 남은 A와 B의 양은 얼마인가?

[4.3 해의 존재성과 유일성]

※ 다음 초깃값 문제의 해가 유일한가? 유일성 정리에 의해 판단하라.

29. $\dfrac{dy}{dx} = 3xy^{\frac{1}{3}}$, $y(0)=0$

30. $(x-1)y' = y$, $y(1)=1$

※ 주어진 방정식이 점 $(x_0,\ y_0)$을 지나는 유일한 해를 갖기 위한 영역을 결정하라.

31. $y' = \sqrt{y^2-9}$

32. $(4-y)y' = x$

33. $(y-x)y' = y$

34. $(x^2-x)y' = (2x-1)y$의 해가 없도록 유일한 해, 2개 이상의 해를 갖기 위한 초기조건을 구하라.

Chapter 05

고계 선형 미분방정식

Linear Differential Equation of higher order

||| 목차 |||

||| 학습목표 |||

- 선형 미분방정식의 해의 구조를 이해한다.
- 제차 선형 미분방정식의 일반해의 구조를 이해한다.
- 상수계수를 갖는 선형 제차 미분방정식의 해를 구한다.
- 미정계수법으로 상수계수를 갖는 선형 비제차 미분방정식의 특수해를 구한다.
- 매개변수 변화법으로 선형 비제차 미분방정식의 특수해를 구한다.
- 코시-오일러 방정식의 해를 구한다.

Section 5.1 선형 미분방정식의 기본 이론

이 장에서는 n계 선형 미분방정식

$$a_n(x)\frac{d^n y}{dx^n} - a_{n-1}(x)\frac{d^{n-1}y}{dx^{n-1}} + \cdots + a_1(x)\frac{dy}{dx} + a_0(x)y = g(x) \tag{5.1}$$

의 해의 구조를 살펴보고, 유형에 따라 제차형의 일반해와 비제차형의 특수해를 구한다. 먼저 선형 미분방정식을 미분 연산자로 표현해보자. 미분 연산자는 6장의 연립 선형 미분방정식의 해를 구하는 경우에도 유용하게 쓰이는 도구이다.

미분 연산자

x에 관한 함수 $y = f(x)$의 도함수는

$$\frac{dy}{dx} = Dy$$

로 나타낸다. 그러면 고계 도함수는

$$\frac{d^2y}{dx^2} = \frac{d}{dx}\frac{d}{dx}y = DDy = D^2y, \quad \frac{d^n y}{dx^n} = D^n y$$

로 나타낼 수 있다.

임의의 함수 y에 대해 함수 Ty를 대응시킬 때 T를 연산자라고 한다. 미분 가능한 함수 y에 대해서 그 도함수 Dy를 대응시키는 D도 연산자이다. 특히 이러한 연산자를 **미분 연산자**라고 한다.

식 (5.1)을 미분 연산자를 이용하여 나타내면 다음과 같다.

$$a_n(x)D^n y + a_{n-1}(x)D^{n-1}y + \cdots + a_1(x)Dy + a_0(x)y = g(x)$$

$$(a_n(x)D^n + a_{n-1}(x)D^{n-1} + \cdots + a_1(x)D + a_0(x))y = g(x) \tag{5.2}$$

이때

$$L = a_n(x)D^n + a_{n-1}(x)D^{n-1} + \cdots + a_1(x)D + a_0(x)$$

라 하면, 식 (5.2)는 다음과 같이 된다.

$$L(y)=g(x)$$

미분 연산자에 대해서 다음의 정리가 성립한다.

정리 5-1 미분 연산자의 성질

a, b, c는 상수이고 m, n, r은 자연수일 때, 다음이 성립한다.

(1) $aD^m+bD^n=bD^n+aD^m$

(2) $aD^m+[(bD^n)+(cD^r)]=[(aD^m)+(bD^n)]+cD^r$

(3) $(aD^m)(bD^n)=(ab)D^{m+n}=(bD^n)(aD^m)$

(4) $(aD^m)[(bD^n)(cD^r)]=[(aD^m)(bD^n)](cD^r)$

(5) $(aD^m)[(bD^n)+(cD^r)]=(aD^m)(bD^n)+(aD^m)(cD^r)$

(6) $(D^m)^n=D^{mn}$

(7) $Da=aD1$

예제 5-1

$y'''+2xy''+(2x-1)y'-xy=\cos x$를 미분 연산자로 나타내라.

풀이

미분 연산자를 이용하여 주어진 식을 나타내면

$$D^3y+2xD^2y+(2x-1)Dy-xy=\cos x$$

이고, 이를 정리하면 다음과 같다.

$$(D^3+2xD^2+(2x-1)D-x)y=\cos x$$

[정리 5-1]에 의해 a, b가 상수일 때

$$\begin{aligned}(D+a)(D+b)&=(D+a)D+(D+a)b\\&=D^2+aD+bD+ab\\&=D^2+(a+b)D+ab\end{aligned}$$

이다.

이와 같이 미분 연산자는 다항식의 전개 공식처럼 사용할 수 있다. 그러나 $xD \neq Dx$ 이므로

$$
\begin{aligned}
(D+x)(D+x^2) &= (D+x)D+(D+x)x^2 \\
&= D^2+xD+Dx^2+x^3 \\
&\neq D^2+(x+x^2)D+x^3
\end{aligned}
$$

임에 유의해야 한다. a, b가 상수일 때 미분 연산자들은 다항식의 인수분해와 같이 쓸 수 있다.

예제 5-2

다음 미분방정식을 간단히 나타내라.

(a) $D^2+(a+b)D+cb$ (b) D^2-a^2

풀이

(a) $D^2+(a+b)D+ab = D^2+aD+bD+ab$

$$= D(D+a)+b(D+a) = (D+a)(D+b)$$

(b) $D^2-a^2 = D^2-aD+aD-a^2 = D(D-a)+a(D-a) = (D-a)(D+a)$

예제 5-3

$y''+(a+b)y'+aby=0$의 일반해를 구하라. 단, a와 b는 $a \neq b$인 상수이다.

풀이

미분 연산자를 이용하여 주어진 미분방정식을 나타내면

$$(D^2+(a+b)D+ab)y=0$$

이고, 이를 인수분해하면

$$(D+a)(D+b)y=0$$

이다. 이때 $(D+b)y=z$라 두면

$$(D+a)z=0,\ \text{즉}\ \frac{dz}{dx}+az=0$$

이고, z항을 이항한 후 양변을 적분하면

$$z=c_1{}'e^{-ax}$$

이다. 따라서

$$(D+b)y = c_1{}'e^{-ax}$$

$$\frac{dy}{dx} + by = c_1{}'e^{-ax}$$

이므로, 일반해를 구하면 다음과 같다.

$$\begin{aligned} y &= e^{-bx}\left[c_1{}'\int e^{bx}e^{-ax}dx + c_2\right] \\ &= e^{-bx}\left[c_1{}'\int e^{(b-a)x}dx + c_2\right] \\ &= e^{-bx}\left[c_1{}'\left(\frac{1}{b-a}\right)e^{(b-a)x} + c_2\right] \\ &= c_1e^{-ax} + c_2e^{-bx} \end{aligned}$$

예제 5-4

$(D+a)^2y = 0$의 해를 구하라.

풀이

$z = (D+a)y$라 두면, 주어진 방정식은

$$(D+a)z = 0,\ 즉\ \frac{dz}{dx} + az = 0$$

이고, z항을 이항한 후 양변을 적분하면

$$z = c_1e^{-ax}$$

이다. 따라서

$$\frac{dy}{dx} + ay = c_1e^{-ax}$$

이므로, 일반해를 구하면 다음과 같다.

$$\begin{aligned} y &= e^{-ax}\left[c_1\int e^{ax}e^{-ax}dx + c_2\right] \\ &= e^{-ax}(c_1x + c_2) \end{aligned}$$

해의 존재성 및 유일성

다음과 같은 n계 선형 미분방정식의 초깃값 문제의 해의 존재성에 대해 생각해보자.

$$a_n(x)\frac{d^n y}{dx^n}+a_{n-1}(x)\frac{d^{n-1}y}{dx^{n-1}}+\cdots+a_1(x)\frac{dy}{dx}+a_0(x)y=g(x)$$
$$y(x_0)=y_0,\ y'(x_0)=y_1,\cdots,\ y^{(n-1)}(x_0)=y_{n-1} \tag{5.3}$$

정리 5-2 해의 존재성 및 유일성

$a_n(x)$, $a_{n-1}(x)$, $\cdots$, $a_1(x)$, $a_0(x)$와 $g(x)$가 x_0를 포함하는 구간 I에서 연속이고, 구간 I의 모든 x에 대해 $a_n(x)\neq 0$이라 하자. 만약 $x=x_0$가 구간 내의 한 점이라면, 초깃값 문제인 식 (5.3)의 해는 이 구간에서 존재하며 유일하다.

예제 5-5

$y''+y'=0$, $y(\pi)=0$, $y'(\pi)=1$에서 해의 존재성과 유일성을 판단하라.

풀이

$y''+y'=0$, $y(\pi)=0$, $y'(\pi)=1$에서 $a_2(x)=1$, $a_1(x)=1$, $g(x)=0$은 π를 포함하는 구간 I에서 연속이고, 구간 I의 모든 점 x에 대해 $a_2(x)=1\neq 0$이므로 초깃값 문제의 해는 구간 I에서 유일하게 존재한다.

예제 5-6

$\frac{1}{x}y''+y'=e^x$, $y(0)=1$, $y'(0)=-1$에서 해의 존재성과 유일성을 판단하라.

풀이

$\frac{1}{x}y''+y'=e^x$, $y(0)=1$, $y'(0)=-1$에서 $a_2(x)=\frac{1}{x}$, $a_1(x)=1$, $g(x)=e^x$은 $x\neq 0$인 모든 실수에서 연속이다. 그런데 초기조건의 $x=0$을 포함하는 구간 I를 잡을 수 없으므로, 이 초기값 문제의 해가 유일한지는 알 수 없다.

예제 5-7 응용

$x''' + 4x' = 0$, $x(0) = 0$, $x(\pi) = 0$에서 해의 존재성과 유일성을 판단하라.

풀이

이처럼 서로 다른 t의 값에서 주어진 조건 '$x(0) = 0$, $x(\pi) = 0$'을 **경계조건**이라 하고, 경계조건이 주어진 미분방정식을 **경계값 문제**라 한다.

$$x''' + 4x' = 0, \quad x(0) = 0, \quad x(\pi) = 0$$

의 일반해는 다음과 같다.

$$x = c_1 + c_2 \cos 2t + c_3 \sin 2t$$

$a_3(x) = 1$, $a_1(x) = 4$, $g(x) = 0$은 $(0, \pi) \subset I$에서 연속이다. 그러나 $x(0) = 0$과 $x(\pi) = 0$을 만족하는 해의 형태는

$$x = c_1 - c_1 \cos 2t + c_3 \sin 2t$$

이므로, 해가 무수히 많다. 그러므로 [정리 5-2]를 경계값 문제에는 적용할 수 없음을 알 수 있다.

Section

5.2 선형 미분방정식의 성질

선형 미분방정식

$$L(y)=(a_n(x)D^n+a_{n-1}(x)D^{n-1}+\cdots+a_1(x)D+a_0(x))y=g(x)$$

의 해를 구하기 위해, 먼저 선형 제차 미분방정식

$$L(y)=0$$

의 해에 관한 성질을 살펴보자.

정리 5-3 선형 미분방정식의 성질

$y_1(x)$, $y_2(x)$, $\cdots$, $y_n(x)$가 $L(y)=0$의 해이면, 이들의 일차결합

$$y=c_1y_1(x)+c_2y_2(x)+\cdots+c_ny_n(x)$$

도 $L(y)=0$의 해이다. 단, c_1, c_2, $\cdots$, c_n은 임의의 상수이다.

증명 $L(y_1)=L(y_2)=\cdots=L(y_n)=0$이므로

$$L(c_1y_1+c_2y_2+\cdots+c_ny_n)=c_1L(y_1)+c_2L(y_2)+\cdots+c_nL(y_n)=0$$

이다. 이로부터 $y=c_iy_i(x)$도 $L(y)=0$의 해임을 알 수 있다. 또한 $c_1=c_2=\cdots=c_n=0$일 때, $y=0$도 해가 된다. 그러므로 선형 제차 미분방정식은 언제나 자명한 해 $y=0$을 갖는다. ■

예제 5-8

선형 제차 미분방정식 $y''-9y=0$의 해 $y_1=e^{-3x}$과 $y_2=e^{3x}$을 이용하여 다른 해를 구하라.

풀이

$y_1=e^{-3x}$과 $y_2=e^{3x}$은 $y''-9y=0$의 해이므로

$$y=c_1e^{-3x}+c_2e^{3x}$$

도 이 미분방정식의 해이다. 이 해는 [정리 5-3]에 의해 일반해이다. 또한

$$y_1 = e^{-3x}, \quad y_2 = 3e^{-3x}$$

도 이 미분방정식의 해이므로

$$y = c_1 e^{-3x} + c_2(3e^{-3x}) = (c_1 + 3c_2)e^{-3x} = ce^{-3x}$$

도 이 미분방정식의 해이다. 그러나 이 해는 일반해가 아니다.

일차종속과 일차독립

이제 n계 선형 제차 미분방정식 $L(y) = 0$의 특수해 $y_1, y_2, \cdots, y_n$의 일차결합

$$y = c_1 y_1 + c y_2 + \cdots + c_n y_n$$

이 어느 경우에 일반해가 되는지 알아보자.

정의 5-4 일차종속과 일자독립

구간 I에서 정의된 함수 $y_1(x),\ y_2(x),\ \cdots,\ y_n(x)$ 중에서 $y_i(x)$를 나머지 $y_j(x)$들의 일차결합으로 표시할 수 있을 때, 즉

$$y_i(x) = c_1 y_1(x) + \cdots + c_{i-1} y_{i-1}(x) + c_{i+1} y_{i+1}(x) + \cdots + c_n y_n(x) \tag{5.4}$$

일 때, $y_1(x),\ y_2(x),\ \cdots,\ y_n(x)$는 **일차종속**linearly dependent이라 하고, 일차종속이 아닐 경우에는 **일차독립**linearly independent이라고 한다.

또한 식 (5.4)에서

$$c_1 y_1(x) + \cdots + c_{i-1} y_{i-1}(x) + c_i y_i(x) + c_{i+1} y_{i+1}(x) + \cdots + c_n y_n(x) = 0$$

을 만족하는 $c_1, c_2, \cdots, c_n$이 모두는 0이 아닐 때,

$$y_1(x),\ y_2(x), \cdots,\ y_n(x)$$

를 일차종속이라 하고, $c_1 = c_2 = \cdots = c_n = 0$일 때,

$$y_1(x),\ y_2(x), \cdots,\ y_n(x)$$

를 일차독립이라 한다.

예제 5-9

x와 x^2이 모든 구간 I에서 일차종속인지 일차독립인지를 판단하라.

풀이

$c_1x+c_2x^2=0$이 모든 구간 I에서 성립하기 위해서는 $c_1=c_2=0$이어야 한다. 그러므로 x와 x^2은 구간 I에서 일차독립이다.

예제 5-10

e^{3x}과 e^{-3x}이 모든 구간 I에서 일차종속인지 일차독립인지를 판단하라.

풀이

$c_1e^{3x}+c_2e^{-3x}=0$이라 하자. 이 식의 양변에 e^{3x}을 곱하면

$$c_1e^{6x}+c_2=0;\ c_2=-c_1e^{6x}$$

이다. 모든 구간 I에서 $e^{6x}>0$이므로 $c_1=c_2=0$이어야 한다. 그러므로 e^{3x}과 e^{-3x}은 구간 I에서 일차독립이다.

예제 5-11

$y=x$, $y_2=x^2$, $y_3=4x-4x^2$이 일차종속인지 일차독립인지를 판단하라.

풀이

$c_1x+c_2x^2+c_3(4x-4x^2)=0$이라 하자. 그러면

$$(c_1+4c_3)x+(c_2-4c_3)x^2=0$$

이므로 $c_1+4c_3=0$이고 $c_2-4c_3=0$이다. $c_3=t$라 놓으면 $c_1=-4t$이고 $c_2=4t$이므로 $c_1=4$, $c_2=-4$, $c_3=-1$일 때 성립한다. 또는 $4x-4x^2=4x+(-4)x^2$, 즉, $4x-4x^2$이 x와 x^2의 일차결합이므로 이들은 일차종속이다.

예제 5-12 응용

$y_1 = \cos x$ 와 $y_2 = \sin\left(x - \frac{\pi}{2}\right)$ 가 일차종속인지 일차독립인지를 판단하라.

풀이

$c_1 \cos x + c_2 \sin\left(x - \frac{\pi}{2}\right) = 0$ 이라 하자. 그러면

$$c_1 \cos x - c_2 \sin\left(\frac{\pi}{2} - x\right) = 0$$

$$c_1 \cos x - c_2 \cos x = 0$$

이므로

$$(c_1 - c_2)\cos x = 0$$

이다. 따라서 $c_1 = c_2$ 이므로 일차종속이다.

n 개의 함수 $y_1(x),\ y_2(x), \cdots,\ y_n(x)$ 가 일차독립이기 위한 동치조건을 살펴보기 위해 론스키안 행렬식의 정의를 살펴보자.

정의 5-5 론스키안 행렬식

함수 $y_1(x),\ y_2(x), \cdots,\ y_n(x)$ 가 구간 I 에서 정의되고, $n-1$ 번까지 미분 가능할 때,

$$W(y_1(x),\ y_2(x), \cdots,\ y_n(x)) = \begin{vmatrix} y_1(x) & y_2(x) & \cdots & y_n(x) \\ y_1{'}(x) & y_2{'}(x) & \cdots & y_n{'}(x) \\ \vdots & \vdots & & \vdots \\ y_1^{(n-1)}(x) & y_2^{(n-1)}(x) & \cdots & y_n^{(n-1)}(x) \end{vmatrix}$$

를 **론스키안**Wronskian **행렬식**이라 한다.

이 론스키안 행렬식을 이용하면 함수들의 일차독립 및 일차종속을 쉽게 판단할 수 있다.

정리 5-6 일차독립의 필요충분조건

함수 $y_1(x),\ y_2(x), \cdots,\ y_n(x)$ 가 선형 미분방정식 $L(y) = 0$ 의 해라고 하자. 이 함수들이 구간 I 에서 일차독립일 필요충분조건은 $W(y_1(x),\ y_2(x), \cdots,\ y_n(x)) \neq 0$ 이다.

증명 $W(y_1(x),\ y_2(x), \cdots,\ y_n(x)) \neq 0$이라 하고, $y_1(x),\ y_2(x), \cdots,\ y_n(x)$가 일차독립임을 보이기 위해 $c_1 y_1(x) + c_2 y_2(x) + \cdots + c_n y_n(x) = 0$이라 하자. 이를 $n-1$번까지 미분하면

$$c_1 y_1(x) + c_2 y_2(x) + \cdots + c_n y_n(x) = 0$$
$$c_1 y_1'(x) + c_2 y_2'(x) + \cdots + c_n y_n'(x) = 0$$
$$\vdots$$
$$c_1 y_1^{(n-1)}(x) + c_2 y_2^{(n-1)}(x) + \cdots + c_n y_n^{(n-1)}(x) = 0$$

이고, 행렬로 나타내면 다음과 같다.

$$\begin{pmatrix} y_1(x) & y_2(x) & \cdots & y_n(x) \\ y_1'(x) & y_2'(x) & \cdots & y_n'(x) \\ \vdots & \vdots & & \vdots \\ y_1^{(n-1)}(x) & y_2^{(n-1)}(x) & \cdots & y_n^{(n-1)}(x) \end{pmatrix} \begin{pmatrix} c_1 \\ c_2 \\ \vdots \\ c_n \end{pmatrix} = \begin{pmatrix} 0 \\ 0 \\ \vdots \\ 0 \end{pmatrix}$$

$W(y_1(x),\ y_2(x), \cdots,\ y_n(x)) \neq 0$이므로 유일한 해는 $c_1 = c_2 = \cdots = c_n = 0$이다. 그러므로 $y_1(x)$, $y_2(x), \cdots, y_n(x)$는 일차독립이다.

역으로, $y_1(x),\ y_2(x), \cdots,\ y_n(x)$가 일차독립이라 하자. $W(y_1(x),\ y_2(x), \cdots,\ y_n(x)) = 0$이라 하면

$$c_1 y_1(x) + c_2 y_2(x) + \cdots + c_n y_n(x) = 0$$
$$c_1 y_1'(x) + c_2 y_2'(x) + \cdots + c_n y_n'(x) = 0$$
$$\vdots$$
$$c_1 y_1^{(n-1)}(x) + c_2 y_2^{(n-1)}(x) + \cdots + c_n y_n^{(n-1)}(x) = 0$$

은 자명하지 않은 해를 갖는다. 즉, 모든 c_i가 동시에 0은 아니다. 이는 $y_1(x),\ y_2(x), \cdots,\ y_n(x)$가 일차독립임에 모순이 된다. 그러므로 $W(y_1(x),\ y_2(x), \cdots,\ y_n(x)) \neq 0$이다. ■

정리 5-7 일차독립인 경우의 일반해

$y_1(x),\ y_2(x), \cdots,\ y_n(x)$가 구간 I에서 선형 미분방정식 $L(y) = 0$의 일차독립인 해이면

$$y = c_1 y_1(x) + c_2 y_2(x) + \cdots + c_n y_n(x)$$

는 $L(y) = 0$의 일반해이다.

증명 y를 $L(y) = 0$의 임의의 해라 하고, x_0를 구간 I에서의 임의의 점이라 하자. $y(x)$를 초깃값이

$$y(x_0) = k_1,\ y'(x_0) = k_2, \cdots,\ y^{(n-1)}(x_0) = k_n$$

이 되도록 하면

$$c_1 y_1(x) + c_2 y_2(x) + \cdots + c_n y_n(x) = k_1$$
$$c_1 y_1'(x) + c_2 y_2'(x) + \cdots + c_n y_n'(x) = k_2$$
$$\vdots$$
$$c_1 y_1^{(n-1)}(x) + c_2 y_2^{(n-1)}(x) + \cdots + c_n y_n^{(n-1)}(x) = k_n$$

의 해 $c_1,\ c_2, \cdots, c_n$은 $W(y_1(x),\ y_2(x), \cdots,\ y_n(x)) \neq 0$이므로 유일하다. 이 c_i에 대해 $u(x)$를

$$u(x) = c_1 y_1(x) + c_2 y_2(x) + \cdots + c_n y_n(x)$$

라 두면, $u(x)$는 $L(y) = 0$을 만족하고

$$u(x_0) = k_1,\ u'(x_0) = k_2, \cdots,\ u^{(n-1)}(x_0) = k_n$$

을 만족하므로 [정리 5-2]에 의해 $u(x) = y(x)$이다. ■

예제 5-13

론스키안 행렬식을 이용하여 e^{3x}과 e^{-3x}이 일차독립인지 일차종속인지를 판단하라.

풀이

론스키안 행렬식이

$$W(e^{3x},\ e^{-3x}) = \begin{vmatrix} e^{3x} & e^{-3x} \\ 3e^{3x} & -3e^{-3x} \end{vmatrix} = -3 - 3 = -6 \neq 0$$

이므로, e^{3x}과 e^{-3x}은 일차독립이다. 또한 e^{3x}과 e^{-3x}은 $y'' - 9y = 0$의 해이다. 따라서

$$y = c_1 e^{3x} + c_2 e^{-3x}$$

은 선형 미분방정식 $y'' - 9y = 0$의 일반해이다.

예제 5-14

론스키안 행렬식을 이용하여 x와 x^2이 일차독립인지 일차종속인지를 판단하라.

풀이

론스키안 행렬식은

$$W(x,\ x^2) = \begin{vmatrix} x & x^2 \\ 1 & 2x \end{vmatrix} = 2x^2 - x^2 = x^2 \neq 0 \qquad (x = 0\text{일 때만 } 0)$$

이므로, x와 x^2은 일차독립이다. 또한 x와 x^2은 $x^2 y'' - 2xy' + 2y = 0$의 해이다. 따라서

$$y = c_1 x + c_2 x^2$$

은 선형 미분방정식 $x^2 y'' - 2xy' + 2y = 0$의 일반해이다.

이제 비제차 선형 미분방정식의 해에 대해 살펴보자.

정리 5-8 비제차 선형 미분방정식의 해

$y_c(x)$가 $L(y)=0$의 일반해이고 $y_p(x)$가 $L(y)=g(x)$의 특수해일 때, $L(y)=g(x)$의 일반해는 다음과 같다.

$$y = y_c(x) + y_p(x)$$

증명 선형 미분방정식 $L(y)$에 $y = y_c + y_p$를 대입하면

$$L(y_c + y_p) = L(y_c) + L(y_p) = 0 + g(x) = g(x)$$

이므로, $y = y_c + y_p$는 $L(y) = g(x)$의 해이다. 역으로, $L(y) = g(x)$의 모든 해는 $y = y_c + y_p$로 표현됨을 보이자. $y - y_p$는 $L(x) = 0$의 해이다. 그러므로 $y = y_c + y_p$이다. ■

예제 5-15

$y'' - 9y = e^x$의 일반해를 구하라.

풀이

[예제 5-13]으로부터 $y'' - 9y = 0$의 일반해는

$$y_c = c_1 e^{3x} + c_2 e^{-3x}$$

이다. 그리고 $y_p = -\frac{1}{8}e^x$이 $y'' - 9y = e^x$의 특수해임을 알 수 있다. 그러므로 일반해는 다음과 같다.

$$y = c_1 e^{3x} + c_2 e^{-3x} - \frac{1}{8}e^x$$

예제 5-16

$x^2 y'' - 2xy' + 2y = x^3 e^x$의 일반해를 구하라.

풀이

[예제 5-14]로부터 $x^2 y'' - 2xy' + 2y = 0$의 일반해는

$$y_c = c_1 x + c_2 x^2$$

이다. 그리고 $y_p = xe^x$ 이 $x^2y'' - 2xy' + 2y = x^3e^x$ 의 특수해임을 할 수 있다. 그러므로 일반해는 다음과 같다.

$$y = c_1 x + c_2 x^2 + xe^x$$

계수 낮추기

2계 선형 제차 미분방정식

$$a_1(x)y'' + a_2(x)y' + a_0(x)y = 0 \tag{5.5}$$

에서 하나의 해 $y_1(x)$를 알고 있을 때, $y_1(x)$와 일차독립인 해 $y_2(x)$를 구해보자. 먼저 식 (5.5)를 표준형으로 고치면

$$y'' + P(x)y' + Q(x)y = 0 \tag{5.6}$$

이다. 그리고 $y_2(x) = u(x)y_1(x)$라 놓으면

$$y_2' = u'y_1 + uy_1', \quad y_2'' = u''y_1 + 2u'y_1' + uy_1''$$

이므로, 식 (5.6)에 대입하여 정리하면

$$u''y_1 + u'(2y_1' + Py_1) + u(y_1'' + Py_1' + Qy_1) = 0$$
$$u''y_1 + u'(2y_1' + Py_1) = 0$$

이다. $u' = w$, $u'' = w' = \dfrac{dw}{dx}$라 놓으면

$$\frac{dw}{dx} + \left(2\frac{y_1'}{y_1} + P\right)w = 0$$
$$\frac{dw}{w} + \left(2\frac{y_1'}{y_1} + P\right)dx = 0$$

이므로, 변수분리형 미분방정식이 된다. 변수를 분리하고 양변을 적분하면

$$\ln|w| + 2\ln|y_1| + \int P\,dx = c'$$
$$\ln|wy_1^2| = -\int P\,dx + c'$$
$$wy_1^2 = ce^{-\int P\,dx} \quad (c = 1)$$

$$w = \frac{e^{-\int P\,dx}}{y_1^2}$$

이므로, $u(x)$는

$$u = \int \frac{e^{-\int P\,dx}}{y_1^2}\,dx$$

이다. 그러므로 $y_2(x)$는 다음과 같다.

$$y_2 = y_1 \int \frac{e^{-\int P dx}}{y_1^2} dx$$

예제 5-17

$y_1 = x$는 $x^2 y'' + 2xy' - 2y = 0$의 해이다. 구간 $x > 0$에서 일반해를 구하라.

풀이

주어진 미분방정식을 표준형으로 고치면

$$y'' + \frac{2}{x}y' - \frac{2}{x^2}y = 0$$

이다.

$$e^{-\int P\,dx} = e^{-\int \frac{2}{x}\,dx} = e^{-2\ln x} = \frac{1}{x^2}$$

이므로

$$y_2 = x \int \frac{\frac{1}{x^2}}{x^2}\,dx = x \int x^{-4}\,dx = -\frac{1}{3}x \cdot x^{-3} = -\frac{1}{3x^2}$$

이다. 그러므로 일반허는 다음과 같다.

$$y = c_1 x + c_2 \frac{1}{x^2}$$

Section 5.3 상수계수를 갖는 선형 제차 미분방정식

이 절에서는 상수를 계수로 갖는 선형 제차 미분방정식

$$L(y) = (a_n D^n + \cdots + a_1 D + a_0)y = 0 \tag{5.7}$$

의 일반해를 구하는 방법을 살펴보자. 먼저 2계 제차 미분방정식

$$ay'' + by' + cy = 0 \quad \text{단, } a,\ b,\ c\text{는 상수} \tag{5.8}$$

을 생각해보자. 이 경우의 해는 $y = e^{mx}$ 형태임을 알 수 있다. $y' = me^{mx}$, $y'' = m^2 e^{mx}$을 식 (5.8)에 대입하면

$$e^{mx}(am^2 + bm + c) = 0$$

이므로

$$am^2 + bm + c = 0 \tag{5.9}$$

이다. 식 (5.9)를 식 (5.8)의 **보조방정식**이라 한다. 이 보조방정식은 다음과 같이 세 가지 형태로 나눌 수 있다.

❶ 서로 다른 두 실근을 갖는 경우

식 (5.9)가 서로 다른 두 실근 $m_1 \neq m_2$를 갖는 경우에

$$y_1 = e^{m_1 x},\ y_2 = e^{m_2 x}$$

가 일차독립인 두 근이므로, 일반해는 다음과 같다.

$$y = c_1 e^{m_1 x} + c_2 e^{m_2 x}$$

❷ 실중근을 갖는 경우

식 (5.9)가 실중근 m을 갖는 경우에

$$y_1 = e^{m_1 x}$$

$$y_2 = y_1 \int \frac{e^{-\int \frac{b}{a} dx}}{y_1^2} dx = y_1 \int \frac{e^{-\int \frac{b}{a} dx}}{e^{2\left(-\frac{b}{2a}\right)x}} dx = y_1 \int dx = xy_1 = xe^{m_1 x}$$

이므로, 일반해는 다음과 같다.

$$y = c_1 e^{m_1 x} + c_2 x e^{m_1 x}$$

❸ 켤레복소근을 갖는 경우

식 (5.9)가 복소근 $m = \alpha \pm i\beta$를 갖는 경우에

$$y_1 = e^{(\alpha + i\beta)x}, \quad y_2 = e^{(\alpha - i\beta)x}$$

가 일차독립인 두 근이므로, 일반해는

$$y = c_1 e^{(\alpha + i\beta)x} + c_2 e^{(\alpha - i\beta)x}$$

이다. 이때 오일러Euler 공식

$$e^{ix} = \cos x + i\sin x \quad \text{단, } x\text{는 실수}$$

를 사용하면

$$e^{i\beta x} = \cos\beta x + i\sin\beta x$$
$$e^{-i\beta x} = \cos\beta x - i\sin\beta x$$

이므로, 일반해는 다음과 같다.

$$y = e^{\alpha x}\left[c_1 \cos\beta x + c_2 \sin\beta x\right]$$

예제 5-18

$y'' + 4y' + 3y = 0$의 일반해를 구하라.

풀이

보조방정식이

$$m^2 + 4m + 3 = (m+1)(m+3) = 0$$

이므로, 일반해는 다음과 같다.

$$y = c_1 e^{-x} + c_2 e^{-3x}$$

예제 5-19

$y'' + 4y' + 4y = 0$의 일반해를 구하라.

풀이

보조방정식이

$$m^2 + 4m + 4 = (m+2)^2 = 0$$

이므로, 일반해는 다음과 같다.

$$y = c_1 e^{-2x} + c_2 x e^{-2x}$$

예제 5-20

$y'' + 4y' + 5y = 0$의 일반해를 구하라.

풀이

보조방정식이

$$m^2 + 4m + 5 = 0\,;\;\; m = -2 \pm i$$

이므로, 일반해는 다음과 같다.

$$y = e^{-2x}(c_1 \cos x + c_2 \sin x)$$

식 (5.7)의 보조방정식은

$$a_n m^n + \cdots + a_1 m + a_0 = 0$$

이다. m에 관한 n차 방정식의 근에 따라 n개의 특수해 $y_1(x)$, $y_2(x), \cdots$, $y_n(x)$를 구할 수 있고, 일반해는 다음과 같이 나타낼 수 있다.

$$y = c_1 y_1 + c_2 y_2 + \cdots + c_n y_n$$

예제 5-21

$y''' + 6y'' + 11y' + 6y = 0$의 일반해를 구하라.

풀이

보조방정식이

$$m^3 + 6m^2 + 11m + 6 = (m+1)(m+2)(m+3) = 0$$

이므로, 일반해는 다음과 같다.

$$y = c_1 e^{-x} + c_2 e^{-2x} + c_3 e^{-3x}$$

예제 5-22

$y''' - 4y'' - 3y' + 18y = 0$의 일반해를 구하라.

풀이

보조방정식이

$$m^3 - 4m^2 - 3m + 18 = (m+2)(m-3)^2 = 0$$

이므로, 일반해는 다음과 같다.

$$y = c_1 e^{-2x} + c_2 e^{3x} + c_3 x e^{3x}$$

예제 5-23 응용

$y^{(5)} + 4y^{(4)} + 5y''' + 14y'' + 44y' + 40y = 0$의 일반해를 구하라.

풀이

보조방정식이

$$m^5 + 4m^4 + 5m^3 + 14m^2 + 44m + 40 = 0$$

$$(m+2)^3(m^2 - 2m + 5) = 0$$

이므로, 일반해는 다음과 같다.

$$y = c_1 e^{-2x} + c_2 x e^{-2x} + c_3 x^2 e^{-2x} + e^x(c_4 \cos 2x + c_5 \sin 2x)$$

예제 5-24

$(D+1)(D^2 - 2D + 10)^2 y = 0$의 일반해를 구하라.

풀이

보조방정식이

$$(m+1)(m^2 - 2m + 10)^2 = 0$$

이므로, 일반해는 다음과 같다.

$$y = c_1 e^{-x} + e^x(c_2 \cos 3x + c_3 \sin 3x + c_4 x \cos 3x + c_5 x \sin 3x)$$

Section 5.4 미정계수법

이 절에서는 상수를 계수로 갖는 선형 미분방정식

$$L(y) = (a_n D^n + \cdots + a_1 D + a_0)y = g(x) \tag{5.10}$$

의 특수해를 구하는 방법에 대해 살펴보자. 식 (5.10)의 일반해는 [정리 5-8]에 의해 $L(y)=0$의 일반해 y_c와 $L(y)=g(x)$의 특수해 y_p의 합, 즉

$$y = y_c + y_p$$

이다. 이제 y_p를 구해보자. 상수를 계수로 갖는 미분방정식이므로 y_p는 $g(x)$의 형태에 의해 결정될 수 있다. 이때 $g(x)$를 유한번 미분했을 때 더 이상 새로운 인자가 나타나지 않는 경우 y_p를 이들 인자의 일차결합으로 표현할 수 있다. 이 방법을 **미정계수법**이라 한다.

$g(x)$가 n차 다항함수 $P_n(x)$, 지수함수 e^{ax}, 사인함수, 코사인함수 또는 이들의 곱일 때 $g(x)$의 형태에 따라 y_p를 다양한 형태로 나타낼 수 있다. 예를 들어, 상수계수 2계 비제차 미분방정식

$$ay'' + by' + cy = g(x) \tag{5.11}$$

에 대해 $g(x)$의 형태에 따라 y_p를 생각해보자.

❶ $g(x) = P_n(x)$일 때,

$$y_p = A_n x^n + A_{n-1}x^{n-1} + \cdots + A_2 x^2 + A_1 x + A_0$$

라 놓고 $A_0, \cdots, A_n$을 구하자. 식 (5.11)에

$$y_p' = nA_n x^{n-1} + \cdots + 3A_3 x^2 + 2A_2 x + A_1$$
$$y_p'' = n(n-1)A_n x^{n-2} + \cdots + 6A_3 x + 2A_2$$

를 대입하면

$$\begin{aligned} cA_n x^n &+ (cA_{n-1} + bnA_n)x^{n-1} + (cA_{n-2} + b(n-1)A_{n-1} + an(n-1)A_n)x^{n-2} \\ &+ \cdots + (cA_1 + 2bA_2 + 6aA_3)x + (cA_0 + bA_1 + 2aA_2) \\ &= P_n(x) = a_n x^n + a_{n-1}x^{n-1} + a_{n-2}x^{n-2} + \cdots + a_1 x + a_0 \end{aligned}$$

이다. 계수를 비교하면

$$cA_n = a_n$$
$$cA_{n-1} + bnA_n = a_{n-1}$$
$$cA_{n-2} + b(n-1)A_{n-1} + an(n-1)A_n = a_{n-2}$$
$$\vdots$$
$$cA_1 + 2bA_2 + 6aA_3 = a_1$$
$$cA_0 + bA_1 + 2aA_2 = a_0$$

를 얻는다. 만약 $c = 0$, $b \neq 0$이면, $ay'' + by'$이 n차 다항식 $P_n(x)$여야 하므로

$$y_p = x(A_n x^n + \cdots + A_0)$$

의 형태로 놓는다. 그리고 만약 $c = b = 0$이면 ay''이 n차 다항식 $P_n(x)$여야 하므로

$$y_p = x^2(A_n x^n + \cdots + A_0)$$

의 형태로 놓는다.

❷ $g(x) = e^{\alpha x} P_n(x)$일 때,

$$y_p = e^{\alpha x} u(x)$$

라 놓자. 그리고 식 (5.11)에

$$y_p{}' = e^{\alpha x}[u'(x) + \alpha u(x)]$$
$$y_p{}'' = e^{\alpha x}[u''(x) + 2\alpha u'(x) + \alpha^2 u(x)]$$

를 대입하고 $e^{\alpha x}$으로 나누면

$$au''(x) + (2a\alpha + b)u'(x) + (a\alpha^2 + b\alpha + c)u(x) = P_n(x)$$

가 된다. 만약 $a\alpha^2 + b\alpha + c \neq 0$이면

$$u(x) = A_n x^n + \cdots + A_0$$

이므로

$$y_p = e^{\alpha x}(A_n x^n + \cdots + A_0)$$

이다. 만약 $a\alpha^2 + b\alpha + c = 0$이고 $2a\alpha + b \neq 0$이면

$$u(x) = x(A_n x^n + \cdots + A_0)$$

이므로

$$y_p = e^{\alpha x} x (A_n x^n + \cdots + A_0)$$

이다. 그리고 $a\alpha^2 + b\alpha + c = 0$이면 $e^{\alpha x}$이 제차 미분방정식의 해임을 알 수 있다.

또한 $a\alpha^2 + b\alpha + c = 0$이고 $2a\alpha + b = 0$이면($e^{\alpha x}$과 $xe^{\alpha x}$이 제차 미분방정식의 해가 된다),

$$u(x) = x^2 (A_n x^n + \cdots + A_0)$$

이므로

$$y_p = e^{\alpha x} x^2 (A_n x^n + \cdots + A_0)$$

이다.

❸ $g(x) = e^{\alpha x} P_n(x) \cos \beta x$ 또는 $e^{\alpha x} P_n(x) \sin \beta x$일 때, 두 경우는 비슷하므로 $e^{\alpha x} P_n(x) \sin \beta x$인 경우에 대해서 살펴보자. 오일러 공식에 의해

$$\sin \beta x = (e^{i\beta x} - e^{-i\beta x})/2i$$

이므로

$$g(x) = P_n(x) \frac{e^{(\alpha + i\beta)x} - e^{(\alpha - i\beta)x}}{2i}$$

이다. 그리고

$$y_p = e^{(\alpha + i\beta)x} (A_n x^n + \cdots + A_0) + e^{(\alpha - i\beta)x} (B_n x^n + \cdots + B_0)$$

라 놓으면, 다음과 같이 나타낼 수 있다.

$$y_p = e^{\alpha x} (A_n' x^n + \cdots + A_0') \cos \beta x + e^{\alpha x} (B_n' x^n + \cdots + B_0') \sin \beta x \tag{5.12}$$

만약 $\alpha \pm i\beta$가 제차 미분방정식의 보조방정식의 근이라면 마찬가지로 y_p에 x를 곱해야 한다. 만약 $g(x)$에 $\cos \beta x$와 $\sin \beta x$가 모두 포함되어 있다면, y_p를 식 (5.12)로 취하는 것이 더욱 쉽게 이해가 될 것이다. 예를 들어, $g(x) = x \cos x + 3 \sin x$일 때,

$$y_p = (A_1 x + A_0) \cos x + (B_1 x + B_0) \sin x$$

가 된다($\cos x$와 $\sin x$가 제차 미분방정식의 해가 아니어야 한다). 이를 정리하면 [표 5-1]과 같다.

[표 5-1] 비제차 미분방정식의 특수해의 형태

번호	$g(x)$	y_p의 형태
1	임의의 상수	A
2	$2x$	$Ax+B$
3	$2x^2+x$	Ax^2+Bx+C
4	$2x^3-x+1$	Ax^3+Bx^2+Cx+D
5	$\sin 2x$	$A\sin 2x+B\cos 2x$
6	$\cos 3x$	$A\sin 3x+B\cos 3x$
7	e^{3x}	Ae^{3x}
8	$2xe^{3x}$	$(Ax+B)e^{3x}$
9	$(x^2-1)e^{3x}$	$(Ax^2+Bx+C)e^{3x}$
10	$e^{3x}\sin 2x$	$Ae^{3x}\sin 2x+Be^{3x}\cos 2x$
11	$(x^2-1)\sin 2x$	$(Ax^2+Bx+C)\sin 2x+(Ex^2+Fx+G)\cos 2x$
12	$xe^{3x}\cos 3x$	$(Ax+B)e^{3x}\sin 3x+(Cx+E)e^{3x}\cos 3x$

예제 5-25

$y''+3y'-y=2x^3$의 일반해를 구하라.

풀이

보조방정식이 $m^2+3m-1=0$이므로

$$m=\frac{-3\pm\sqrt{9+4}}{2}=\frac{-3\pm\sqrt{13}}{2}$$

이다. 따라서

$$y_c=c_1e^{\frac{-3+\sqrt{13}}{2}x}+c_2e^{\frac{-3-\sqrt{13}}{2}x}$$

이다. $g(x)$가 3차식이므로, 특수해를

$$y_p=Ax^3+Bx^2+Cx+E$$

라 하자. 그러면

$$y_p'=3Ax^2+2Bx+C$$
$$y_p''=6Ax+2B$$

이고, 이를 주어진 미분방정식에 대입하면

$$-Ax^3+(9A-B)x^2+(6A+6B-C)x+(2B+3C-E)=2x^3$$

이므로

$$-A=2,\ 9A-B=0,\ 6A+6B-C=0,\ 2B+3C-E=0$$
$$A=-2,\ B=-18,\ C=-120,\ E=-396$$

이다. 따라서 특수해가

$$y_p=-2x^3-18x^2-120x-396$$

이므로, 일반해는 다음과 같다.

$$y=c_1e^{\frac{-3+\sqrt{13}}{2}x}+c_2e^{\frac{-3-\sqrt{13}}{2}x}-2x^3-18x^2-120x-396$$

예제 5-26

$y''+3y'=2x^3$의 일반해를 구하라.

풀이

보조방정식이 $m^2+3m=m(m+3)$이므로

$$m=0 \text{ 또는 } -3$$

이다. 따라서

$$y_c=c_1+c_2e^{-3x}$$

이다. $g(x)$가 3차식이므로, 특수해를

$$y_p=Ax^3+Bx^2+Cx+E$$

로 놓으면 될 것 같지만, 주어진 미분방정식에 대입했을 때 좌변이 2차 다항식이 되므로

$$y_p=Ax^4+Bx^3+Cx^2+Ex$$

라 놓는다. 그러면

$$y_p{}'=4Ax^3+3Bx^2+2Cx+E$$
$$y_p{}''=12Ax^2+6Bx+2C$$

이고, 이를 주어진 미분방정식에 대입하면

$$12Ax^3+(12A+9B)x^2+6(B+C)x+(2C+3E)=2x^3$$

이므로

$$12A=2,\ 12A+9B=0,\ 6(B+C)=0,\ 2C+3E=0$$

$$A=\frac{1}{6},\ B=-\frac{2}{9},\ C=\frac{2}{9},\ E=-\frac{4}{27}$$

이다. 따라서 특수해가

$$y_p=\frac{1}{6}x^4-\frac{2}{9}x^3+\frac{2}{9}x^2-\frac{4}{27}x$$

이므로, 일반해는 다음과 같다.

$$y=c_1+c_2e^{-3x}+\frac{1}{6}x^4-\frac{2}{9}x^3+\frac{2}{9}x^2-\frac{4}{27}x$$

예제 5-27

$y''+5y'+6y=3xe^x$ 의 일반해를 구하라.

풀이

보조방정식이 $m^2+5m+6=(m+2)(m+3)=0$ 이므로, $m=-2,\ -3$ 이다. 따라서

$$y_c=c_1e^{-2x}+c_2e^{-3x}$$

이다. 특수해를

$$y_p=(Ax+B)e^x$$

이라 놓자. 그러면

$$y_p{}'=(Ax+A+B)e^x$$

$$y_p{}''=(Ax+2A+B)e^x$$

이고, 이를 주어진 미분방정식에 대입하면

$$(12Ax+7A+12B)e^x=3xe^x$$

이므로

$$12A=3,\ 7A+12B=0$$

$$A=\frac{1}{4},\ B=-\frac{7}{48}$$

이다. 따라서 특수해가

$$y_p = \left(\frac{1}{4}x - \frac{7}{48}\right)e^x$$

이므로, 일반해는 다음과 같다.

$$y = c_1e^{-2x} + c_2e^{-3x} + \left(\frac{1}{4}x - \frac{7}{48}\right)e^x$$

예제 5-28

$y'' - y = \cos x$의 일반해를 구하라.

풀이

보조방정식이 $m^2 - 1 = 0$이므로, $m = \pm 1$이다. 따라서

$$y_c = c_1e^x + c_2e^{-x}$$

이다. 특수해를

$$y_p = A\cos x + B\sin x$$

라 놓자. 그러면

$$y_p' = -A\sin x + B\cos x$$

$$y_p'' = -A\cos x - B\sin x$$

이고, 이를 주어진 미분방정식에 대입하면

$$-2A\cos x - 2B\sin x = \cos x$$

이므로

$$-2A = 1,\ A = -\frac{1}{2},\ B = 0$$

이다. 따라서 특수해가

$$y_p = -\frac{1}{2}\cos x$$

이므로, 일반해는 다음과 같다.

$$y = c_1e^x + c_2e^{-x} - \frac{1}{2}\cos x$$

예제 5-29 응용

$y'' + y = \cos x$ 의 일반해를 구하라.

풀이

보조방정식이 $m^2 + 1 = 0$이므로, $m = \pm i$이다. 따라서

$$y_c = c_1 \cos x + c_2 \sin x$$

이다. 특수해를

$$y_p = A\cos x + B\sin x$$

라 놓으면, $\cos x$와 $\sin x$가 제차 미분방정식의 해이므로

$$y_p = Ax\cos x + Bx\sin x$$

라 놓아야 한다. 따라서

$$\begin{aligned} y_p{}' &= A\cos x - Ax\sin x + B\sin x + Bx\cos x \\ &= (Bx + A)\cos x + (-Ax + B)\sin x \\ y_p{}'' &= -2A\sin x - Ax\cos x + 2B\cos x - Bx\sin x \\ &= (-Ax + 2B)\cos x + (-Bx - 2A)\sin x \end{aligned}$$

이고, 이를 주어진 미분방정식에 대입하면

$$2B\cos x - 2A\sin x = \cos x$$

이므로

$$B = \frac{1}{2}, \quad A = 0$$

이다. 따라서 특수해가

$$y_p = \frac{1}{2}x\sin x$$

이므로, 일반해는 다음과 같다.

$$y = c_1\cos x + c_2\sin x + \frac{1}{2}x\sin x$$

예제 5-30 응용

$y'' + 2y' + 2y = 4e^{-x}x^2 \sin x$의 특수해의 형태를 결정해라.

풀이

보조방정식이 $m^2 + 2m + 2 = 0$이므로, $m = -1 \pm \sqrt{1-2} = -1 \pm i$이다. 따라서

$$y_c = e^{-x}(c_1 \cos x + c_2 \sin x)$$

이다. 특수해를

$$y_p = (Ax^2 + Bx + C)e^{-x}\sin x + (Ex^2 + Fx + G)e^{-x}\cos x$$

로 놓으면, $e^{-x}\cos x$와 $e^{-x}\sin x$가 제차 미분방정식의 해이므로

$$y_p = (Ax^3 + Bx^2 + Cx)e^{-x}\sin x + (Ex^3 + Fx^2 + Gx)e^{-x}\cos x$$

로 놓아야 한다.

Section

5.5 매개변수 변화법

비제차 n계 선형 미분방정식

$$(a_n(x)D^n + a_{n-1}(x)D^{n-1} + \cdots + a_1(x)D + a_0(x))y = f(x) \tag{5.13}$$

의 특수해를 구해보자. 단, $a_n(x) \neq 0$이다.

식 (5.13)은 상수를 계수로 갖지 않으므로 특수해 y_p를 $g(x)$의 형태에 의해 취할 수 없다. 또한 $g(x)$를 미분할 때마다 새로운 인자가 계속 나오는 경우에도 미정계수법에 의해 y_p를 구할 수 없다.

$a_n(x)$로 주어진 식 (5.13)을 나누면

$$(D^n + P_{n-1}(x)D^{n-1} + \cdots + P_1(x)D + P_0(x))y = g(x) \tag{5.14}$$

로 주어질 때, 식 (5.14)에서 제차 미분방정식의 일반해를

$$y_c = c_1 y_1(x) + c_2 y_2(x) + \cdots + c_n y_n(x)$$

라 하자. 임의의 상수 c_i를 함수로 생각하여

$$y_p = u_1(x) y_1(x) + u_2(x) y_2(x) + \cdots + u_n(x) y_n(x) \tag{5.15}$$

라 놓고, 식 (5.14)에 대입하여 $u_i(x)$를 구한다.

$$y_p' = u_1(x) y_1'(x) + \cdots + u_n(x) y_n'(x) + [u_1'(x) y_1(x) + \cdots + u_n'(x) y_n(x)]$$

에서

$$u_1'(x) y_1(x) + \cdots + u_n'(x) y_n(x) = 0 \tag{5.16}$$

이라 두자. 그러면

$$y_p' = u_1(x) y_1'(x) + \cdots + u_n(x) y_n'(x) \tag{5.17}$$

가 된다. 이를 미분하면

$$y_p'' = u_1(x) y_1''(x) + \cdots + u_n(x) y_n''(x) + [u_1'(x) y_1'(x) + \cdots + u_n'(x) y_n'(x)]$$

이다. 이때

$$u_1'(x)y_1'(x)+\cdots+u_n'(x)y_n'(x)=0 \tag{5.18}$$

라 두자. 그러면

$$y_p''=u_1(x)y_1''(x)+\cdots+u_n(x)y_n''(x) \tag{5.19}$$

가 된다. 이 과정을 $n-1$번 반복하면

$$y_p^{(n-1)}=u_1(x)y_1^{(n-1)}(x)+\cdots+u_n(x)y_n^{(n-1)}(x) \tag{5.20}$$

를 얻는다. 이를 미분하면

$$\begin{aligned} y_p^{(n)} &= u_1(x)y_1^{(n)}(x)+\cdots+u_n(x)y_n^{(n)}(x) \\ &\quad + [u_1'(x)y_1^{(n-1)}(x)+\cdots+u_n'(x)y_n^{(n-1)}(x)] \end{aligned} \tag{5.21}$$

이다. 식 (5.15), 식 (5.17), 식 (5.19), 식 (5.20), 식 (5.21)을 식 (5.14)에 대입하면

$$u_1'(x)y_1^{(n-1)}(x)+\cdots+u_n'(x)y_n^{(n-1)}(x)=g(x) \tag{5.22}$$

가 된다. 식 (5.16), 식 (5.18), 식 (5.22)로부터 $u_1'(x)$, $u_2'(x), \cdots$, $u_n'(x)$에 관한 다음의 연립방정식을 얻는다.

$$\begin{gathered} y_1(x)u_1'(x)+\cdots+y_n(x)u_n'(x)=0 \\ y_1'(x)u_1'(x)+\cdots+y_n'(x)u_n'(x)=0 \\ \vdots \\ y_1^{(n-1)}(x)u_1'(x)+\cdots+y_n^{(n-1)}(x)u_n'(x)=g(x) \end{gathered}$$

크래머Cramer 공식에 의해서

$$u_i'(x)=\frac{W_i}{W}, \quad i=1, 2, \cdots, n$$

$$\text{단, } W=W(y_1, \cdots, y_n)=\begin{vmatrix} y_1(x) & \cdots & y_n(x) \\ y_1'(x) & \cdots & y_n'(x) \\ \vdots & \vdots & \vdots \\ y_1^{(n-1)}(x) & \cdots & y_n^{(n-1)} \end{vmatrix}$$

이고,

$$W_i=\begin{vmatrix} y_1(x) & \cdots & 0 & \cdots & y_n(x) \\ y_1'(x) & \cdots & 0 & \cdots & y_n'(x) \\ \vdots & & \vdots & & \vdots \\ y_1^{(n-1)}(x) & \cdots & g(x) & \cdots & y_n^{(n-1)}(x) \end{vmatrix}$$

i번째 열

이다. $u_i{}'$을 적분하면

$$u_i(x) = \int \frac{W_i}{W}\,dx$$

이므로, 이를 이용하여 특수해를 구할 수 있다.

예제 5-31

$y'' + y = 3\sec x$의 해를 구하라.

풀이

보조방정식이 $m^2 + 1 = 0$이므로, $m = \pm i$이다. 따라서 제차 미분방정식의 일반해는

$$y_c = c_1 \cos x + c_2 \sin x$$

이다. 그러므로

$$y_p = u_1(x)\cos x + u_2(x)\sin x$$

라 놓으면

$$W = \begin{vmatrix} \cos x & \sin x \\ -\sin x & \cos x \end{vmatrix} = 1$$

$$W_1 = \begin{vmatrix} 0 & \sin x \\ 3\sec x & \cos x \end{vmatrix} = -3\sin x \sec x$$

$$W_2 = \begin{vmatrix} \cos x & 0 \\ -\sin x & 3\sec x \end{vmatrix} = 3$$

이므로

$$u_1{}'(x) = -3\sin x \sec x$$

$$u_2{}'(x) = 3$$

이다. 이를 적분하면

$$u_1(x) = -3\int \sin x \sec x\,dx = -3\int \frac{\sin x}{\cos x}\,dx = 3\ln|\cos x|$$

$$u_2(x) = 3x$$

이다. 따라서 특수해는 다음과 같다.

$$y_p = 3\cos x \ln|\cos x| + 3x\sin x$$

예제 5-32

$y'' - 9y = \dfrac{x}{e^{3x}}$ 의 해를 구하라.

풀이

보조방정식이 $m^2 - 9 = 0$이므로, $m = \pm 3$이다. 따라서

$$y_c = c_1 e^{3x} + c_2 e^{-3x}$$

이므로, 특수해를

$$y_p = u_1(x) e^{3x} + u_2(x) e^{-3x}$$

이라 놓자. 그러면

$$W = \begin{vmatrix} e^{3x} & e^{-3x} \\ 3e^{3x} & -3e^{3x} \end{vmatrix} = -6$$

$$W_1 = \begin{vmatrix} 0 & e^{-3x} \\ \dfrac{x}{e^{3x}} & -3e^{-3x} \end{vmatrix} = -x e^{-6x}$$

$$W_2 = \begin{vmatrix} e^{3x} & 0 \\ 3e^{3x} & \dfrac{x}{e^{3x}} \end{vmatrix} = x$$

이므로

$$u_1{}' = \frac{1}{6} x e^{-6x}, \quad u_2{}' = -\frac{1}{6} x$$

이다. 이를 적분하면

$$\begin{aligned} u_1 &= \frac{1}{6} \int x e^{-6x}\, dx \\ &= \frac{1}{6}\left(-\frac{1}{6} x e^{-6x} + \frac{1}{6}\int e^{-6x}\, dx\right) \\ &= \frac{1}{6}\left(-\frac{1}{6} x e^{-6x} - \frac{1}{36} e^{-6x}\right) \\ &= -\left(\frac{1}{36}x + \frac{1}{216}\right)e^{-6x} \end{aligned}$$

$$u_2 = -\frac{1}{12}x^2$$

> 연계 [예제 2-51]
> $u = x,\ dv = e^{-6x}$라 하면
> $\int x e^{-6x}\, dx$
> $= -\frac{1}{6} x e^{-6x} + \frac{1}{6}\int e^{-6x}\, dx$

이다. 따라서 특수해가

$$y_p = -\left(\frac{1}{36}x + \frac{1}{216}\right)e^{-3x} - \frac{1}{12}x^2e^{-3x}$$

$$= -\left(\frac{1}{12}x^2 + \frac{1}{36}x + \frac{1}{216}\right)e^{-3x}$$

이므로, 일반해는 다음과 같다.

$$y = c_1e^{3x} + c_2e^{-3x} - \left(\frac{1}{12}x^2 + \frac{1}{36}x + \frac{1}{216}\right)e^{-3x}$$

Section

5.6 코시-오일러 방정식

변수계수를 갖는 미분방정식 중에서

$$a_n x^n \frac{d^n y}{dx^n} + a_{n-1} x^{n-1} \frac{d^{n-1} y}{dx^{n-1}} + \cdots + a_1 x \frac{dy}{dx} + a_0 y = g(x) \tag{5.23}$$

단, a_0, a_1, ⋯ , a_n은 상수

의 형태를 **코시-오일러**Cauchy-Euler **방정식** 또는 **오일러**Euler **방정식**이라 한다. 먼저 다음의 2계 제차 미분방정식의 일반해를 구해보자.

$$ax^2 \frac{d^2 y}{dx^2} + bx \frac{dy}{dx} + cy = 0 \tag{5.24}$$

식 (5.23)의 각 항에서 계수의 차수와 도함수의 계수가 같으므로 해는

$$y = x^m \qquad \text{단, } m\text{은 상수}$$

의 형태임을 알 수 있다. 그리고 식 (5.24)에

$$y' = mx^{m-1}, \ y'' = m(m-1)x^{m-2}$$

을 대입하면

$$[am(m-1) + bm + c]\,x^m = 0$$

이고, $x > 0$에 대해 $x^m \neq 0$이므로

$$am^2 + (b-a)m + c = 0 \tag{5.25}$$

을 얻는다. 이 식을 보조방정식이라 한다. 이 보조방정식의 근에 따라 다음과 같이 세 가지 경우로 나누어 살펴보자.

❶ 서로 다른 두 실근을 갖는 경우

식 (5.25)의 서로 다른 두 실근을 m_1, m_2라 하자. 이때 일반해는 다음과 같다.

$$y = c_1 x^{m_1} + c_2 x^{m_2}$$

예제 5-33

$x^2y'' - xy' - 3y = 0$의 일반해를 구하라.

풀이

해의 형태를 $y = x^m$이라 놓자. 보조방정식을 구하면

$$m^2 - 2m - 3 = 0$$
$$(m-3)(m+1) = 0$$
$$m = 3\,,\ -1$$

이므로, 일반해는 다음과 같다.

$$y = c_1 x^3 + c_2 x^{-1}$$

❷ 중근을 갖는 경우

식 (5.25)의 해가 중근을 갖는다고 하자. 즉 $m_1 = m_2$라고 하자. 이에 대응하는 특수해는 $y_1 = x^{m_1}$이다. 이 경우 y_1과 일차독립인 해 y_2를 구하면

$$y_2 = y_1 \int \frac{e^{-\int \frac{b}{a}\frac{1}{x}dx}}{y_1^2}\,dx = x^{m_1}\int \frac{e^{-\frac{b}{a}\ln x}}{x^{2m_1}}\,dx$$
$$= x^{m_1}\int x^{-\frac{b}{a}-2m_1}\,dx = x^{m_1}\int x^{-\frac{b}{a}+2\frac{b-a}{2a}}\,dx$$
$$= x^{m_1}\int \frac{1}{x}\,dx = x^{m_1}\ln x$$

이다. 따라서 일반해는 다음과 같다.

$$y = c_1 x^{m_1} + c_2 x^{m_1}\ln x \quad \left(m_1 = \frac{-(b-a)}{2a}\right)$$

예제 5-34

$x^2y'' - xy' + y = 0$의 일반해를 구하라.

풀이

해의 형태를 $y = x^m$이라 놓자. 보조방정식을 구하면

$$m^2 - 2m + 1 = 0$$

$$(m-1)^2 = 0$$

$$m = 1 \ \text{(중근)}$$

이므로, 일반해는 다음과 같다.

$$y = c_1 x + c_2 x \ln x$$

❸ 복소근을 갖는 경우

식 (5.25)의 해를 $m = \alpha \pm i\beta(\alpha, \beta$는 실수)라 하자. 그러면 일반해는

$$y = c_1' x^{\alpha + i\beta} + c_2' x^{\alpha - i\beta} = x^\alpha \left(c_1' x^{i\beta} + c_2' x^{-i\beta}\right)$$

이다. 이때

$$x^{i\beta} = \left(e^{\ln x}\right)^{i\beta} = e^{i\beta \ln x} = \cos(\beta \ln x) + i \sin(\beta \ln x)$$

$$x^{-i\beta} = \cos(-\beta \ln x) + i \sin(-\beta \ln x) = \cos(\beta \ln x) - i \sin(\beta \ln x)$$

이므로, 일반해는 다음과 같다.

$$y = x^\alpha \left[c_1 \cos(\beta \ln x) + c_2 \sin(\beta \ln x)\right]$$

예제 5-35

$x^2 y'' + 2x y' + 2y = 0$의 일반해를 구하라.

풀이

$y = x^m$이라 놓자. 보조방정식을 구하면

$$m^2 + m + 2 = 0$$

$$m = \frac{-1 \pm \sqrt{1-8}}{2} = -\frac{1}{2} \pm \frac{\sqrt{7}}{2} i$$

이므로, 일반해는 다음과 같다.

$$y = x^{-\frac{1}{2}} \left[c_1 \cos\left(\frac{\sqrt{7}}{2} \ln x\right) + c_2 \sin\left(\frac{\sqrt{7}}{2} \ln x\right)\right]$$

예제 5-36

$x^2y'' + 7xy' + 5y = x^2$ 의 일반해를 구하라.

풀이

우선 $x^2y'' + 7xy' + 5y = 0$ 의 일반해를 구하자. 보조방정식을 구하면

$$m^2 + 6m + 5 = 0$$
$$m = -1, -5$$

이므로

$$y_c = c_1x^{-1} + c_2x^{-5}$$

이다. 이제 매개변수 변화법에 의해 특수해를 구해보자. 먼저

$$y_p = u_1x^{-1} + u_2x^{-5}$$

이라 놓자. 그러면

$$W = \begin{vmatrix} x^{-1} & x^{-5} \\ -x^{-2} & -5x^{-6} \end{vmatrix} = -4x^{-7}$$
$$W_1 = \begin{vmatrix} 0 & x^{-5} \\ 1 & -5x^{-6} \end{vmatrix} = -x^{-5}$$
$$W_2 = \begin{vmatrix} x^{-1} & 0 \\ -x^{-2} & 1 \end{vmatrix} = x^{-1}$$

이므로

$$u_1' = \frac{1}{4}x^2, \quad u_2' = -\frac{1}{4}x^6$$

이다. 이를 적분하면

$$u_1 = \frac{1}{12}x^3$$
$$u_2 = -\frac{1}{28}x^7$$

이다. 이를 $y_p = u_1x^{-1} + u_2x^{-5}$ 에 대입하면

$$y_p = \frac{1}{12}x^2 - \frac{1}{28}x^2 = \frac{1}{21}x^2$$

이므로, 일반해는 다음과 같다.

$$y = c_1x^{-1} + c_2x^{-5} + \frac{1}{21}x^2$$

Chapter 05 연습문제

[5.1 선형 미분방정식의 기본 이론]

※ 다음을 계산하라.

1. $(D+1)x^2$

2. $(D+1)^2(xe^x)$

3. $(D-1)e^{2x}$

4. $(D+a)\sin ax$

※ 다음을 전개하라.

5. $(D-2)(2D+3)$

6. $(xD+1)(xD-2)$

7. $(D-2)(D+2)$

8. $(x^2D+1)(D-x)$

※ 다음의 미분 연산자를 인수분해하라.

9. D^2-9

10. $2D^2+3D+1$

11. D^2+2D

12. D^3-3D^2+2D

13. $D^2-8D+12$

14. D^4-D^2+4

※ 다음의 주어진 함수를 0으로 만드는 미분 연산자를 구하라.

15. $1+3x+2x^2$

16. $1+e^{2x}$

※ 다음의 초깃값 문제가 유일한 해를 갖도록 하는 구간 I를 구하라.

17. $(x-3)y''+3y'=x^2,\ y(0)=0,\ y'(0)=1$

18. $y''+\dfrac{1}{\cos x}y'+y=e^x,\ y(\pi)=0,\ y'(\pi)=1$

[5.2 선형 미분방정식의 성질]

※ 다음 함수들이 $(-\infty,\infty)$에서 일차종속인지 일차독립인지를 결정하라.

19. $y_1=x-5,\ y_2=x+5$

20. $y_1=\sin^2 x+\cos x,\ y_2=\cos x-\cos^2 x$

21. $y_1=e^x,\ y_2=e^{x-1}$

22. $y_1=3x-5,\ y_2=9x-5$

23. $y_1 = x$, $y_2 = |x|$

24. $y_1 = e^{x/2}$, $y_2 = xe^{x/2}$

25. $y_1 = x^3$, $y_2 = |x|^3$

※ 다음 함수들이 주어진 구간에서 미분방정식의 일차독립인 해임을 보이고, 일반해를 구하라.

26. $y'' - 7y' + 12y = 0$, $y_1 = e^{3x}$, $y_2 = e^{4x}$, $(-\infty, \infty)$

27. $x^2y'' - 7xy' + 7y = 0$, $y_1 = x^7$, $y_2 = x$, $(0, \infty)$

28. $x^2y'' + xy' + 4y = 0$, $y_1 = \cos(2\ln x)$, $y_2 = \sin(2\ln x)$, $(0, \infty)$

29. $y'' - 2y' + 5y = 0$, $y_1 = e^x\cos 2x$, $y_2 = e^x\sin 2x$, $(-\infty, \infty)$

※ 주어진 y_1이 미분방정식의 해일 때, y_2를 구하라.

30. $(x-1)y'' - xy' + y = 0$, $y_1 = e^x$

31. $x^2y'' - 4xy' + 6y = 0$, $y_1 = x^2$

32. $y'' - 4y' + 4y = 0$, $y_1 = e^{2x}$

33. $2x^2y'' + 3xy' - y = 0$, $y_1 = x^{-1}$

34. $xy'' - y' + 4x^3y = 0$, $y_1 = \cos x^2$

35. $xy'' + 2y' + xy = 0$, $y_1 = \dfrac{\cos x}{x}$

[5.3 상수계수를 갖는 선형 제차 미분방정식]

※ 다음 미분방정식의 일반해를 구하라.

36. $4y'' + 2y' - 2y = 0$

37. $4y''' - 4y'' + y' = 0$

38. $y''' + y = 0$

39. $y^{(4)} + 7y'' - 18y = 0$

40. $y^{(5)} - 9y' = 0$

41. $y^{(4)} + 2y'' + y = 0$

42. $y^{(4)} - y''' + y'' = 0$

※ 다음 초깃값 문제의 해를 구하라.

43. $y'' + 4y = 0$, $y(0) = 1$, $y'(0) = -1$

44. $y'' - 6y' + 5y = 0$, $y(0) = 1$, $y'(0) = 2$

45. $y''' - 12y'' + 36y' = 0$, $y(0) = 1$, $y'(0) = -1$, $y''(0) = -2$

46. $y^{(4)} = 0$, $y(0) = 0$, $y'(0) = 1$, $y''(0) = 2$, $y'''(0) = 6$

※ 다음 경계값 문제의 해를 구하라.

47. $y'' + 10y' + 25y = 0$, $y(0) = 1$, $y(1) = 0$

48. $y'' + 9y = 0$, $y(0) = 1$, $y\left(\frac{\pi}{6}\right) = 1$

※ 주어진 보조방정식의 근을 이용하여 미분방정식을 구하라.

49. $m_1 = 1$, $m_2 = 1 + i$, $m_3 = 1 - i$

50. $m_1 = -2i$, $m_2 = 2i$

51. $m_1 = 3$, $m_2 = -1$, $m_3 = 2$

※ 주어진 함수를 해로 갖는 상수계수의 선형 미분방정식을 구하라.

52. e^{3x}, $2e^{-3x}$

53. 2, x, e^{x}

54. $3\cos 2x$, $-3\sin 2x$

[5.4 미정계수법]

※ 다음 미분방정식의 일반해를 구하라.

55. $y'' + 2y' - 3y = e^{2x}$

56. $y'' + 2y' - 3y = e^{-3x}$

57. $y'' - 2y' + 5y = 2\cos 2x$

58. $y'' - 2y' + 5y = 3e^{x}\sin 2x$

※ 다음 초깃값 문제의 해를 구하라.

59. $y'' - 4y = 2$, $y(0) = 1$, $y'(0) = 0$

60. $y''' + 2y'' + y' = xe^{-x} + 5$, $y(0) = 2$, $y'(0) = 2$, $y''(0) = 1$

61. $y'' + 4y' + 8y = x^2$, $y(0) = 0$, $y'(0) = 0$

62. $y^{(4)} + y''' = x + e^{-x}$, $y(0) = 0$, $y'(0) = 0$, $y''(0) = 0$, $y'''(0) = 0$

63. $y'' + 4y = \sin 2x - x\cos 2x$ 의 특수해의 형태를 결정하라.

[5.5 매개변수 변화법]

※ 다음 미분방정식의 일반해를 구하라.

64. $y'' - 4y = \dfrac{e^{-2x}}{x}$

65. $y'' + y = \tan x$ 예제 2-8

66. $y'' + 3y' + 2y = \dfrac{e^{3x}}{(1+e^x)}$ 예제 2-15(c)

67. $y'' + 3y' + 2y = \cos e^x$ 예제 2-56

68. $y'' + 2y' + 2y = e^{-x}\sec x$

69. $y'' - 10y' + 25y = \dfrac{e^{5x}}{x}$

70. $y'' + 2y' + 10y = e^{-x}\tan 3x$ 예제 2-8

71. $4y'' + 4y' + y = e^{-\frac{x}{2}}\sqrt{1-x^2}$ 예제 2-32

72. $y_1 = x$와 $y_2 = x\ln x$가 구간 $0 < x < \infty$에서 $x^2y'' - xy' + y = 0$의 일차독립인 해임을 보이고, $x^2y'' - xy' + y = \dfrac{1}{x}$의 일반해를 구하라. 예제 2-57

73. $y_1 = x^{-\frac{1}{2}}$과 $y_2 = x$가 구간 $0 < x < \infty$에서 $2x^2y'' + xy' - y = 0$의 일차독립인 해임을 보이고, $2x^2y'' + xy' - y = 4x + 2x^2$의 일반해를 구하라.

[5.6 코시-오일러 방정식]

※ 다음 미분방정식을 풀어라.

74. $x^2y'' + 2xy' - 6y = x^2\ln x$ 예제 2-58

75. $x^2y'' - 3xy' + 4y = \ln x$ 예제 2-60

76. $x^2y'' + xy' - 4y = \cos(\ln x)$ 예제 2-61, 예제 2-62

77. $x^2y'' + 4xy' = x^4$

78. $x^2y'' - xy' + y = x^2$ 예제 2-47

79. $x^2y'' - 2xy' + 2y = x^2e^x$

80. $x^3y''' + xy' - y = 0$

81. $x^2y'' + xy' - 4y = \dfrac{1}{x+1}$

82. 코시-오일러 방정식은 $x = e^t$으로 치환하여 상수계수를 갖는 선형 미분방정식으로 변환됨을 보여라.

83. [연습문제 82]의 방법을 사용하여 다음 미분방정식을 풀어라.

$$x^2y'' - 2xy' + 2y = x^2 + 4$$

Chapter 06

고계 선형 미분방정식의 활용

Application of Linear Differential Equation of higher order

||| 목차 |||

||| 학습목표 |||

- 2계 선형 미분방정식의 모형을 살펴본다.
- 2계 연립 선형 미분방정식의 모형을 살펴본다.

Section

6.1 고계 선형모형

이 절에서는 상수계수를 갖는 2계 선형 미분방정식의 활용에 대해 살펴보자.

$$ay'' + by' + cy = g(t) \tag{6.1}$$

식 (6.1)의 비제차 미분방정식에서 $g(t)$를 **입력**input, **구동력**driving force 또는 **강제함수**forcing function라고 하고, 이 비제차 미분방정식의 해를 입력에 대한 **출력**output 또는 구동력에 대한 **응답**response이라 한다. 이때 $g(t)$가 없는 경우의 운동을 **자유진동**free oscillation이라고 하고, $g(t)$가 있는 경우의 운동을 **강제진동**forced oscillation이라고 한다.

용수철 운동

길이가 l인 용수철을 수직으로 늘어뜨리고, 용수철의 끝에 질량이 m인 물체를 매달았을 때, 용수철이 L만큼 아래 방향(양의 방향)으로 늘어난다고 하자.

이때 물체가 매달린 용수철의 끝에는 [그림 6-1]과 같이 두 개의 힘의 작용한다. 하나는 중력 또는 물체의 무게가 아래쪽으로 작용하는 힘으로서 크기는 mg(g는 중력 가속도)이다. 다른 하나는 위쪽으로 작용하는 힘 F_s이다.

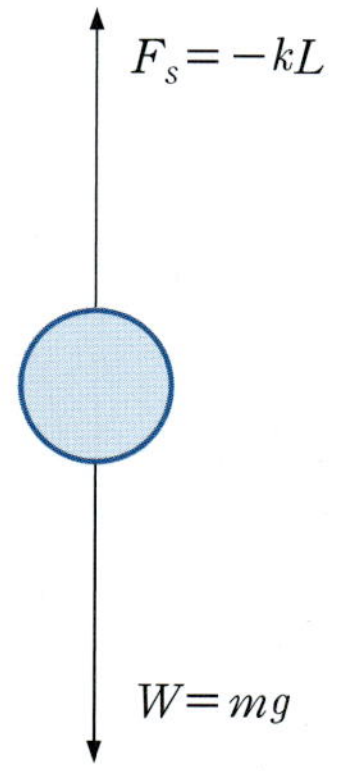

[그림 6-1] 용수철 운동

L이 작다면 용수철에 작용하는 힘은 거의 용수철의 복원력 F_s에 비례한다는 훅Hooke의 법칙이 적용된다. 즉 $F_s = -kL$(k는 비례상수, 용수철 상수)이다. 용수철의 복원력은 위쪽으로 작용하므로 음

수이다. 용수철 끝에 질량 m인 물체를 매달았을 때 위아래로 진동하다가 두 개의 힘이 평형을 이루면 멈추게 되는데, 이를 **평형상태**equilibrium라고 한다. 즉 평형상태에서는

$$mg - kL = 0$$

이 된다.

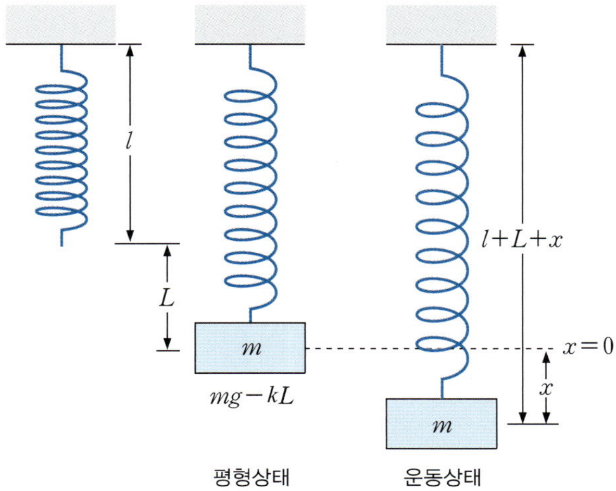

[그림 6-2] 스프링-질량 시스템

[그림 6-2]와 같이 시간 t에서 질량이 m인 물체가 평형상태에서 벗어난 위치(변위)를 $x(t)$라 하면, 뉴턴Newton의 운동법칙에 의해 물체에 작용하는 합력은

$$F = ma = mx'' \tag{6.2}$$

이다. F를 결정하기 위해서는 다음 네 가지를 고려해야 한다.

❶ 물체의 무게 $W = mg$는 항상 아래로 작용한다.

❷ 용수철의 복원력 F_s는 $L + x$에 비례한다고 가정한다.

$$F_s = -k(L+x) \quad \text{단, } k\text{는 양의 상수} \tag{6.3}$$

❸ 감쇠력 또는 저항력 F_d는 항상 물체의 운동 방향과 반대 방향으로 작용한다.

저항력에는 공기 저항 또는 다른 매체의 저항, 용수철을 확장하거나 압축할 때 분실되는 분산 등이 있다. 어느 경우든 저항력은 물체의 속력 $\left|\dfrac{dx}{dt}\right|$에 비례하다고 가정한다. 이때 $\dfrac{dx}{dt} > 0$이면 x는 증가하고, 물체는 아래쪽으로 움직인다. 그러면 F_d는 위쪽을 향하므로

$$F_d(t) = -\beta x'(t) \quad \text{단, } \beta\text{는 양수인 감쇠상수}$$

이다. 반면에, $\frac{dx}{dt} < 0$이면 x는 감소하고, 물체는 위쪽으로 움직이며, F_d는 아래쪽을 향하므로

$$F_d = \beta |x'(t)| = -\beta x'(t)$$

이다. 따라서 물체의 운동 방향에 관계없이 다음을 만족한다.

$$F_d(t) = -\beta x'(t) \tag{6.4}$$

❹ 작용하는 외력 $f(t)$는 물체가 매달린 용수철을 위로 올릴 때 생기는 힘이거나 물체에 직접 작용하는 힘이다.

$f(t)$는 위 또는 아래 방향으로 주어지며 주기적인 경우도 있다. 이를 정리하면

$$\begin{aligned} mx''(t) &= mg + F_s(t) + F_d(t) + f(t) \\ &= mg - k(L + x(t)) - \beta x'(t) + f(t) \end{aligned}$$

이고, $mg - kL = 0$이므로

$$mx''(t) + \beta x'(t) + kx(t) = f(t) \quad \text{단, } m, \beta, k\text{는 양의 상수} \tag{6.5}$$

이다. 식 (6.5)는 변위 $x(t)$에 대한 근사 방정식이다. 이 방정식을 풀기 위해 물체의 초기 위치와 초기 속도는 다음과 같이 주어진다.

$$x(0) = x_0, \ x'(0) = v_0$$

이제 용수철 운동을 네 가지 조건으로 분류하여 살펴보자.

■ 자유 무감쇠 운동

외력 $f(t) = 0$이고 감쇠력이 없다고 가정하자. 이는 이상적인 상태로서 실제로는 일어나기 어렵다. 그러나 감쇠력이 매우 작은 경우 감쇠력이 없다고 가정하고 시간 구간을 짧게 조정하여 만족할 만한 결과를 얻을 수 있기도 하다. 이 경우 다음과 같은 미분방정식으로 나타낼 수 있다.

$$mx'' + kx = 0 \tag{6.6}$$

이를 **자유 무감쇠 운동**Undamped free motion이라 한다. 식 (6.6)의 일반해는

$$x = c_1 \cos \omega t + c_2 \sin \omega t \quad \text{단, } \omega^2 = \frac{k}{m}$$

이다.

이 일반해는 다음과 같이 나타낼 수 있다.

$$x = \sqrt{c_1^2 + c_2^2}\left(\frac{c_1}{\sqrt{c_1^2+c_2^2}}\cos\omega t + \frac{c_2}{\sqrt{c_1^2+c_2^2}}\sin\omega t\right)$$
$$= \sqrt{c_1^2 + c_2^2}\,(\sin\phi\cos\omega t + \cos\phi\sin\omega t)$$
$$= \sqrt{c_1^2 + c_2^2}\,\sin(\omega t + \phi)$$

연계 1장 [들어가기 전에]

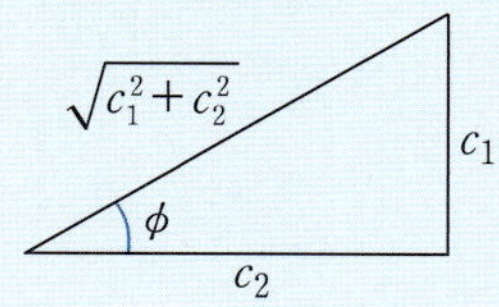

$$\tan\phi = \frac{c_1}{c_2}$$

그러므로 $x(t)$의 진폭은 $\sqrt{c_1^2+c_2^2}$, 주기는 $\dfrac{2\pi}{\omega}$이고 진동수는 $\dfrac{\omega}{2\pi}$인 사인함수이다. 이때 ϕ는 위상각이라 한다. 마찬가지 방법으로 다음이 성립한다.

$$x = \sqrt{c_1^2 + c_2^2}\,(\cos\phi\cos\omega t + \sin\phi\sin\omega t)$$
$$= \sqrt{c_1^2 + c_2^2}\,\cos(\omega t - \phi),\ \ \tan\phi = \frac{c_2}{c_1}$$

예제 6-1

96 N의 힘이 용수철의 길이를 2 m 늘린다. 용수철에 2.45 N의 물체를 달고 평형위치로부터 $\dfrac{1}{6}$ m 아래로 잡아당긴 후 위의 방향으로 초기 속도 1 m/sec에서 운동을 시작하였다. 이때 변위 $x(t)$를 구하라. 단, N = kg · m/sec^{2}이다.

풀이

용수철의 상수 k와 질량 m은

$$k = \frac{96\,[\mathrm{N}]}{2\,[\mathrm{m}]} = 48\,[\mathrm{N/m}]$$
$$m = \frac{w}{g} = \frac{2.45}{9.8}\left[\frac{\mathrm{kg\cdot m/sec^2}}{\mathrm{m/sec^2}}\right] = \frac{1}{4}\,[\mathrm{kg}]$$

이므로, 운동방정식은

$$\frac{1}{4}x'' + 48x = 0$$
$$x'' + 192x = 0$$

이다. 따라서 일반해는

$$x = c_1\cos(8\sqrt{3}\,t) + c_2\sin(8\sqrt{3}\,t)$$

이다. $x(0) = \dfrac{1}{6}$, $x'(0) = -1$이므로 변위 $x(t)$는

$$x = \frac{1}{6}\cos(8\sqrt{3}\,t) - \frac{1}{8\sqrt{3}}\sin(8\sqrt{3}\,t)$$

이다. 이를 분석하면, 주기는 $T=\dfrac{2\pi}{8\sqrt{3}}\approx 0.45345\,[\mathrm{sec}]$이고, 진폭은

$$R^2=\frac{1}{36}+\frac{1}{192}=\frac{19}{576}$$

$$R\approx 0.18162\,[\mathrm{m}]$$

이다. 그리고 위상각은 $\tan\phi=-\dfrac{4\sqrt{3}}{3}$이므로

$$\phi=-\tan^{-1}\frac{4\sqrt{3}}{3}\approx -1.5632^\circ=-1.162158\,[\mathrm{rad}]$$

이다. 그리고 변위 $x(t)$의 그래프를 그리면 [그림 6-3]과 같다.

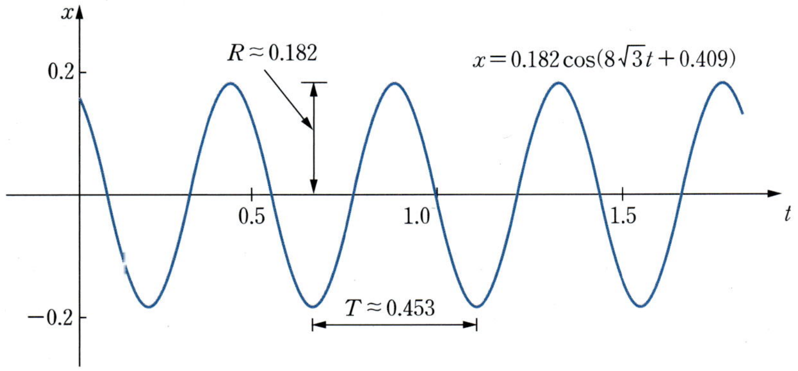

[그림 6-3] [예제 6-1]의 변위 $x(t)$의 그래프

■ 자유 감쇠 운동

$f(t)=0$이고 감쇠력이 속도의 β배만큼 작용한다고 하자. 이때 운동방정식은

$$mx''+\beta x'+kx=0 \tag{6.7}$$

이다. 이를 **자유 감쇠 운동**Damped free mation이라 한다. 식 (6.7)에서 $\dfrac{\beta}{m}=2\lambda$, $\dfrac{k}{m}=\omega^2$이라 두면

$$x''+2\lambda x'+\omega^2 x=0$$

이다. 이에 대한 보조방정식의 해를 구하면

$$m_1,\ m_2=-\lambda\pm\sqrt{\lambda^2-\omega^2}$$

$$=\frac{-\beta\pm\sqrt{\beta^2-4km}}{2m}$$

이다. 다음과 같이 보조방정식의 해를 세 가지로 분류하여 자유 감쇠 운동의 해를 구할 수 있다.

❶ $\beta^2 - 4km > 0$(과제동) : $x = c_1 e^{m_1 t} + c_2 e^{m_2 t}$

❷ $\beta^2 - 4km = 0$(임계제동) : $x = c_1 e^{m_1 t} + c_2 t e^{m_1 t} = (c_1 + c_2 t) e^{m_1 t}$

❸ $\beta^2 - 4km < 0$(부족제동) : $x = e^{\alpha t}(c_1 \cos \gamma t + c_2 \sin \gamma t)$

$$\text{단, } \alpha = -\frac{\beta}{2m},\ \gamma = \frac{\sqrt{4km - \beta^2}}{2m},\ m = \alpha \pm i\gamma$$

❸의 경우에는 해를 다음과 같이 나타낼 수 있다.

$$x = e^{\alpha t}\sqrt{c_1^2 + c_2^2}\sin(\gamma t + \phi)$$

$$\text{단, } \tan\phi = \frac{c_1}{c_2},\ \alpha = -\frac{\beta}{2m} < 0,\ R = \sqrt{c_1^2 + c_2^2}$$

이때 $Re^{\alpha t}$을 **감쇠 진폭**damped amplitude, $\frac{2\pi}{\beta}$를 **준주기**quasi period, $\frac{\beta}{2\pi}$를 **준진동수**quasi frequency라고 한다.

예제 6-2

무게가 39.2 N인 물체가 용수철을 9.8 m 늘어나게 한다. 감쇠력이 순간 속도의 $\frac{1}{2}$로 작용하며 질량추를 평형위치에서 2m 내려간 지점에서 정지시켰다가 놓았다. 이때 변위 $x(t)$를 구하라.

풀이

$39.2 = m \times 9.8$에서 질량은 $m = 4$이고, $39.2 = 9.8k$에서 용수철 상수는 $k = 4$이므로, 운동방정식은

$$4x'' + \frac{1}{2}x' + 4x = 0$$

$$x'' + 0.125x' + x = 0$$

이다. 따라서 일반해는

$$x = e^{-\frac{t}{16}}\left[c_1 \cos\frac{\sqrt{255}}{16}t + c_2 \sin\frac{\sqrt{255}}{16}t\right]$$

이다. $x(0) = 2$, $x'(0) = 0$이므로 변위 $x(t)$는

$$x = e^{-\frac{t}{16}}\left[2\cos\frac{\sqrt{255}}{16}t + \frac{2}{\sqrt{255}}\sin\frac{\sqrt{255}}{16}t\right]$$

$$= \frac{32}{\sqrt{255}}e^{-\frac{t}{16}}\cos\left(\frac{\sqrt{255}}{16}t - \phi\right)$$

$$\text{단, } \tan\phi = \frac{1}{\sqrt{255}},\ \phi \approx 3.5833^\circ \approx 0.06254[\text{rad}]$$

이고, 준주기는 $T = 2\pi / \frac{\sqrt{255}}{16} \approx 6.295\,[\text{sec}]$이다. 그리고 변위 $x(t)$의 그래프를 그리면 [그림 6-4]와 같다.

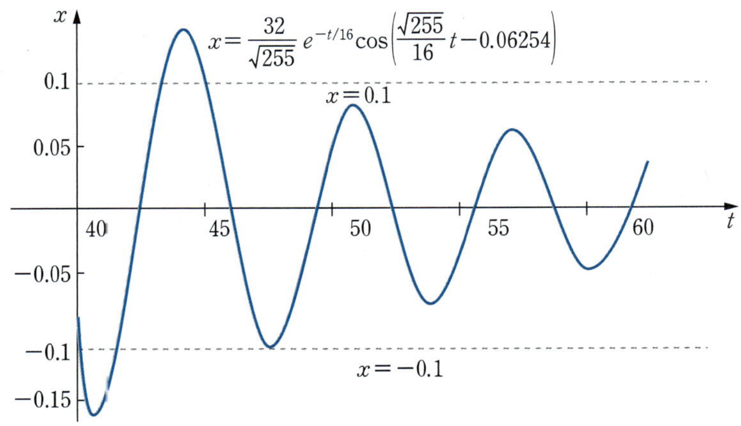

[그림 6-4] [예제 6-2]의 변위 $x(t)$의 그래프

■ **강제 진동**

강제 진동의 운동방정식은 다음과 같이 주어진다.

$$mx'' + \beta x' + kx = f(t) \tag{6.8}$$

식 (6.8)을 m으로 나누고 $\frac{\beta}{m} = 2\lambda$, $\frac{k}{m} = \omega^2$이라 두면 다음과 같이 나타낼 수 있다.

$$x'' + 2\lambda x' + w^2 x = F(t)$$

예제 6-3

무게가 1.96 N인 물체가 용수철을 0.98 m 늘어나게 한다. 감쇠력이 순간 속도의 1.2배이며 외력이 $5\cos 4t$로 작용한다. 평형위치에서 $\frac{1}{2}$ m 내려간 지점에서 정지시켰다 놓았을 때, 변위 $x(t)$를 구하라.

풀이

$1.96 = m \times 9.8$에서 질량은 $m = \frac{1}{5}$이고, $1.96 = k \times 0.98$에서 용수철 상수는 $k = 2$이므로, 운동방정식은

$$\frac{1}{5}x'' + 1.2x' + 2x = 5\cos 4t$$

$$x'' + 6x' + 10x = 25\cos 4t$$

이다. 이때

$$x'' + 6x' + 10x = 0$$

의 보조방정식 $m^2 + 6m + 10 = 0$의 근은 $m = -3 \pm i$이므로

$$x_c(t) = e^{-3t}(c_1 \cos t + c_2 \sin t)$$

이다. 그러므로

$$x_p(t) = A\cos 4t + B\sin 4t$$

라 하면

$$A = -\frac{25}{102}, \quad B = \frac{50}{51}$$

이다. 따라서 일반해는

$$x(t) = e^{-3t}(c_1 \cos t + c_2 \sin t) - \frac{25}{102}\cos 4t + \frac{50}{51}\sin 4t$$

이다. $x(0) = \frac{1}{2}$, $x'(0) = 0$이므로

$$x(t) = e^{-3t}\left(\frac{38}{51}\cos t - \frac{86}{51}\sin t\right) - \frac{25}{102}\cos 4t + \frac{50}{51}\sin 4t$$

이다.

[예제 6-3]에서

$$\lim_{t \to \infty} x_c(t) = 0$$

이므로, 오랜 시간이 지나면 다음을 만족한다.

$$x(t) \rightarrow x_p(t)$$

이때 $x_c(t)$를 **과도항**transient term 또는 **과도해**transient solution라 하고, 오랜 시간이 지난 후 남아있는 함수 $x_p(t)$를 **정상상태 항**steady-state term 또는 **정상상태 해**steady-state solution라고 한다.

■ 무감쇠 강제 운동

감쇠력이 없는 강제 진동의 운동방정식은 다음과 같이 주어진다.

$$mx'' + kx = f(t)$$

다음 예제를 통해 $f(t)$가 주기함수인 경우를 생각해보자.

예제 6-4 응용

초깃값 문제 $x'' + \omega^2 x = F_0 \cos \gamma t$, $x(0) = 0$, $x'(0) = 0$을 풀어라. 단, $\omega \neq \gamma$이다.

풀이

주어진 방정식에서

$$x_c(t) = c_1 \cos \omega t + c_2 \sin \omega t$$

이므로

$$x_p(t) = A \cos \gamma t + B \sin \gamma t$$

라 하면, $A = \dfrac{F_0}{\omega^2 - \gamma^2}$, $B = 0$이다. 따라서

$$x_p(t) = \frac{F_0}{\omega^2 - \gamma^2} \cos \gamma t$$

이므로, 일반해는

$$x(t) = c_1 \cos \omega t + c_2 \sin \omega t + \frac{F_0}{\omega^2 - \gamma^2} \cos \gamma t$$

이다. $x(0) = 0$, $x'(0) = 0$이므로

$$c_1 = -\frac{F_0}{\omega^2 - \gamma^2}, \quad c_2 = 0$$

이 된다. 따라서 일반해는 다음과 같다.

$$\begin{aligned} x(t) &= \frac{-F_0}{\omega^2 - \gamma^2} \cos \omega t + \frac{F_0}{\omega^2 - \gamma^2} \cos \gamma t \\ &= \frac{F_0}{\omega^2 - \gamma^2} (\cos \gamma t - \cos \omega t) \end{aligned}$$

[예제 6-4]에서 일반해 $x(t)$에서 $\gamma \to \omega$이면 변위가 무한히 커진다. 이러한 현상을 **공진** resonance이라 한다. 만약 공진이라면 [예제 6-4]의 초깃값 문제는

$$x'' + \omega^2 x = F_0 \cos \omega t, \quad x(0) = 0, \quad x'(0) = 0$$

이 된다. 이때 $x_c(t) = c_1 \cos \omega t + c_2 \sin \omega t$이므로

$$x_p(t) = At\cos\omega t + Bt\sin\omega t$$

와 같은 형태를 갖는다. 이를 대입해서 풀면 $A=0$, $B=\dfrac{F_0}{2\omega}$ 이므로

$$x_p(t) = \frac{F_0}{2\omega} t\sin\omega t$$

이고, 일반해는

$$x(t) = c_1\cos\omega t + c_2\sin\omega t + \frac{F_0}{2\omega} t\sin\omega t$$

이다. $x(0)=0$, $x'(0)=0$ 이므로

$$x(t) = \frac{F_0}{2\omega} t\sin\omega t$$

가 된다. 앞서 예상한 것처럼 $t \to \infty$ 이면 [그림 6-5]와 같이 변위가 커진다. 이 경우 진동시스템이 파괴되므로 공진 현상은 중요한 의미가 있다.

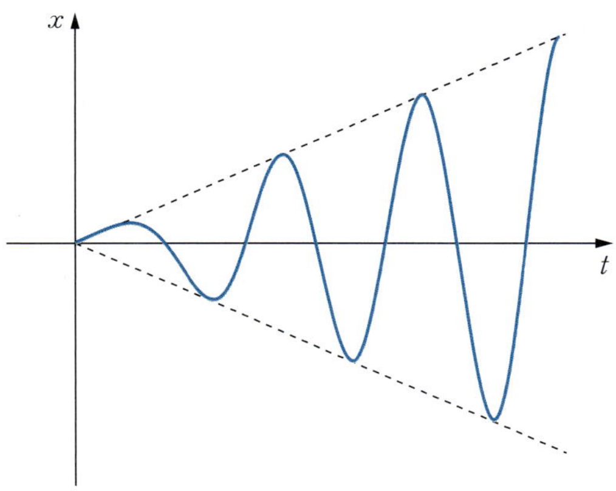

[그림 6-5] 공진 현상의 그래프

전기회로

[그림 6-6]과 같은 직렬 RLC 회로에 대해 살펴보자.

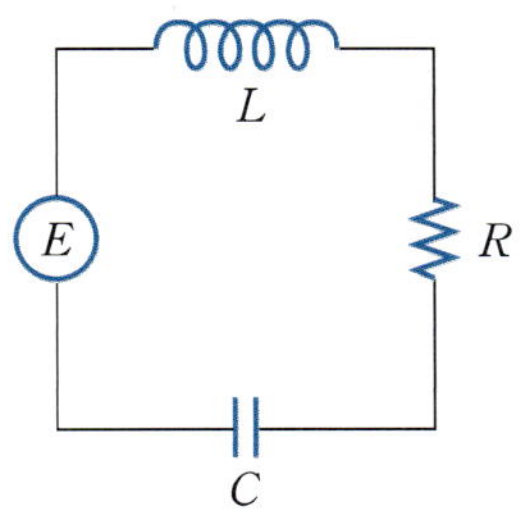

[그림 6-6] 직렬 RLC 회로

키르히호프의 법칙에 의해

$$L\frac{di}{dt}+Ri+\frac{1}{C}q=E(t) \tag{6.9}$$

이다. $i=\dfrac{dq}{dt}$ 이므로

$$L\frac{d^2q}{dt^2}+R\frac{dq}{dt}+\frac{1}{C}q=E(t) \tag{6.10}$$

가 된다. 식 (6.10)은 용수철 운동의 강제 진동과 같은 모형이다. 전혀 다른 두 현상이 수학적으로는 같은 식으로 표현되는 것을 알 수 있다. 이는 용수철 운동 실험을 전기회로를 이용해서 할 수 있음을 의미한다. 전기회로는 만들기가 간단하고 측정도 용이하므로 용수철 운동 실험을 하기 위해 구조물을 설치해야 하는 수고를 피할 수 있다.

예제 6-5 응용

$L=0.1\,\mathrm{H}$, $R=3\times10^2\,\Omega$, $C=\dfrac{1}{2}\times10^{-5}\,\mathrm{F}$, $E(t)=0\,\mathrm{V}$ 인 직렬 RLC 회로에서 축전기의 전하량 $q(t)$를 구하라. 단, $q(0)=10^{-6}\,\mathrm{C}$, $i(0)=0\,\mathrm{A}$ 이다.

풀이

키르히호프의 법칙에 의해

$$\frac{1}{10}q''+300q'+2\times10^5q=0$$

$$q''+3000q'+2\times10^6q=0$$

이므로, 일반해를 구하면

$$q(t)=c_1e^{-1000t}+c_2e^{-2000t}$$

이다. $q(0)=10^{-6}$, $q'(0)=0$ 이므로

$$c_1=2\times10^{-6},\quad c_2=-10^{-6}$$

이다. 따라서 축전기의 전하량은 다음과 같다.

$$q(t)=10^{-6}\left(2\times e^{-1000t}-e^{-2000t}\right)[\mathrm{C}]$$

Section 6.2 고계 연립 선형 미분방정식의 모형

연립 미분방정식은 하나의 독립변수에 대해 종속변수가 2개 이상인 경우에 사용한다. 이 절에서는 6.1절에서 살펴본 용수철의 운동과 전기회로에 대한 연립 미분방정식의 모형을 살펴보고, 이러한 연립 미분방정식의 해를 구해본다. 이 절에서는 독립변수를 t라 하고, t에 관한 함수인 종속변수를 x_1, x_2, x_3, ...라 하자.

연립 미분방정식의 모형

용수철의 운동과 전기회로에 대한 연립 미분방정식의 모형을 살펴보자.

■ 용수철 운동

[그림 6-7]과 같이 질량이 m_1, m_2인 두 물체가 외력 $F_1(t)$와 $F_2(t)$이 주어진 상태에서 용수철 상수가 k_1, k_2인 용수철 A, B에 매달려 있는 경우를 살펴보자.

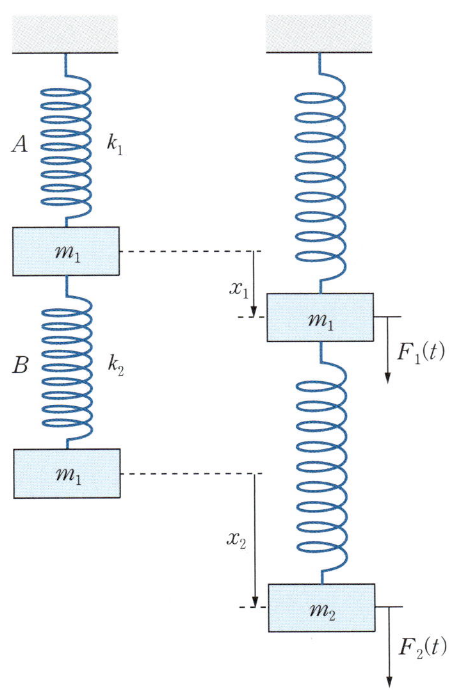

[그림 6-7] 두 물체가 매달린 용수철 운동

뉴턴Newton의 제2 법칙을 적용하자. 먼저 훅의 법칙에 의하면 질량추 m_1에 작용하는 힘은 다음과 같다.

$$\text{용수철 } A\text{가 위로 잡아당기는 힘 : } -k_1x_1$$

$$\text{용수철 } B\text{가 아래로 잡아당기는 힘 : } k_2(x_2-x_1)$$

따라서 질량추 m_1의 운동방정식은

$$m_1x_1'' = -k_1x_1 + k_2(x_2 - x_1) + F_1(t)$$

가 된다. 그리고 질량추 m_2에 작용하는 힘은 다음과 같다.

$$\text{용수철 } B\text{가 위로 잡아당기는 힘 : } -k_2(x_2-x_1)$$

따라서 질량추 m_2의 운동방정식은

$$m_2x_2'' = -k_2(x_2 - x_1) + F_2(t)$$

가 된다. 이를 정리하면 다음과 같은 연립 미분방정식이 된다.

$$m_1x_1'' = -(k_1 + k_2)x_1 + k_2x_2 + F_1(t) \tag{6.11}$$

$$m_2x_2'' = k_2x_1 - k_2x_2 + F_2(t) \tag{6.12}$$

■ **전기회로**

[그림 6-8]과 같은 전기회로를 살펴보자.

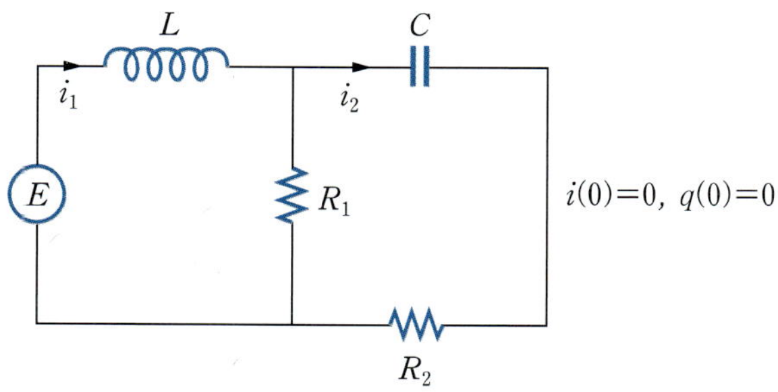

[그림 6-8] 두 개가 연결된 전기회로

키르히호프의 법칙을 적용하자. 먼저 R_1에 흐르는 전류는 $i_1 - i_2$이므로 왼쪽 폐회로는

$$Li_1' + R_1(i_1 - i_2) = E$$

이고, 오른쪽 폐회로는

$$R_2i_2 + R_1(i_2 - i_1) + \frac{1}{C}\int i_2\,dt = 0$$

이다. 이 식을 미분하면

$$R_2 i_2{}' + R_1(i_2{}' - i_1{}') + \frac{1}{C} i_2 = 0$$

이다. 이를 정리하면 다음과 같은 연립 미분방정식이 된다.

$$L i_1{}' + R i_1 - R i_2 = E \tag{6.13}$$

$$-R_1 i_1{}' + (R_1 + R_2) i_2{}' + \frac{1}{C} i_2 = 0 \tag{6.14}$$

연립 선형 미분방정식의 해

이제 연립 선형 미분방정식의 해를 구해보자. 다음과 같은 1계 연립 선형 미분방정식을 살펴보자.

$$x_1{}' = x_2$$

$$x_2{}' = 3x_1$$

이 식을 미분 연산자로 나타내면

$$Dx_1 - x_2 = 0 \tag{6.15}$$

$$3x_1 - Dx_2 = 0 \tag{6.16}$$

이 된다. 식 (6.15)에 D를 곱한 후 식 (6.16)을 빼면

$$D^2 x_1 - 3x_1 = 0$$

이 된다. 보조방정식 $m^2 - 3 = 0$의 두 근이 $\pm\sqrt{3}$이므로

$$x_1 = c_1 e^{-\sqrt{3}t} + c_2 e^{\sqrt{3}t}$$

이다. 이를 식 (6.15)에 대입하면

$$x_2 = x_1{}' = -\sqrt{3}\, c_1 e^{-\sqrt{3}t} + \sqrt{3}\, c_2 e^{\sqrt{3}t}$$

이 된다. 이제 [예제 4-15]에서 식만 세운 연립 미분방정식의 해를 구해보자.

예제 6-6

$x_1(0) = 150$, $x_2(0) = 50$일 때, $x_1(t)$와 $x_2(t)$를 구하라.

$$\frac{dx_1}{dt} = -\frac{3}{10}x_1 + \frac{3}{10}x_2$$

$$\frac{dx_2}{dt} = \frac{1}{5}x_1 - \frac{2}{5}x_2$$

풀이

$\dfrac{d}{dt} = D$라 놓고, 주어진 식을 정리하면

$$\left(D+\frac{3}{10}\right)x_1 - \frac{3}{10}x_2 = 0$$

$$\frac{1}{5}x_1 - \left(D+\frac{2}{5}\right)x_2 = 0$$

이고, 이를 정리하면 다음과 같다.

$$(10D+3)x_1 - 3x_2 = 0 \tag{6.17}$$

$$x_1 - (5D+2)x_2 = 0 \tag{6.18}$$

식 (6.17)에 $(5D+2)$를 곱한 식에서 식 (6.18)에 3을 곱한 식을 빼면

$$(50D^2+35D+3)x_1 = 0$$

이다. 보조방정식

$$50m^2+35m+3 = (5m+3)(10m+1) = 0$$

의 두 근이 $-\dfrac{3}{5}$ 또는 $-\dfrac{1}{10}$이므로

$$x_1 = c_1 e^{-\frac{3}{5}t} + c_2 e^{-\frac{1}{10}t}$$

이다. 이를 식 (6.17)에 대입하면

$$\begin{aligned} 3x_2 &= 10Dx_1 + 3x_1 \\ &= 1C\left(-\frac{3}{5}c_1 e^{-\frac{3}{5}t} - \frac{1}{10}c_2 e^{-\frac{1}{10}t}\right) + 3\left(c_1 e^{-\frac{3}{5}t} + c_2 e^{-\frac{1}{10}t}\right) \\ &= -3c_1 e^{-\frac{3}{5}t} + 2c_2 e^{-\frac{1}{10}t} \end{aligned}$$

이므로

$$x_2 = -c_1 e^{-\frac{3}{5}t} + \frac{2}{3}c_2 e^{-\frac{1}{10}t}$$

이 된다. $x_1(0) = 150$, $x_2(0) = 50$이므로

$$c_1 + c_2 = 150$$

$$-c_1 + \frac{2}{3}c_2 = 50$$

에서 $c_1 = 30$, $c_2 = 120$이다. 따라서

$$x_1 = 30e^{-\frac{3}{5}t} + 120e^{-\frac{1}{10}t}$$

$$x_2 = -30e^{-\frac{3}{5}t} + 80e^{-\frac{1}{10}t}$$

이다.

이제 2계 연립 선형 미분방정식의 해를 구해보자.

예제 6-7

$x_1'' + 5x_1 = 2x_2$, $x_2'' + 2x_2 = 2x_1$이고, $x_1(0) = 1$, $x_1'(0) = 0$, $x_2(0) = 2$, $x_2'(0) = 0$일 때, $x_1(t)$와 $x_2(t)$를 구하라.

풀이

주어진 식을 미분연산자 D로 나타내면

$$(D^2 + 5)x_1 - 2x_2 = 0 \tag{6.19}$$

$$2x_1 - (D^2 + 2)x_2 = 0 \tag{6.20}$$

이 된다. 식 (6.19)에 $(D^2 + 2)$를 곱한 식에서 식 (6.20)에 2를 곱한 식을 빼면

$$[(D^2 + 2)(D^2 + 5) - 4]x_1 = 0$$

$$(D^4 + 7D^2 + 6)x_1 = 0$$

이다. 보조방정식 $m^4 + 7m^2 + 6 = (m^2 + 1)(m^2 + 6) = 0$의 근이

$$m = \pm i \text{ 또는 } \pm\sqrt{6}\,i$$

이므로

$$x_1 = c_1\cos t + c_2\sin t + c_3\cos\sqrt{6}\,t + c_4\sin\sqrt{6}\,t$$

이다. x_1을 식 (6.19)에 대입하면

$$x_2 = 2c_1 \cos t + 2c_2 \sin t - \frac{1}{2} c_3 \cos \sqrt{6}\, t - \frac{1}{2} c_4 \sin \sqrt{6}\, t$$

이고, $x_1(0) = 1$, $x_1{}'(0) = 0$, $x_2(0) = 2$, $x_2{}'(0) = 0$이므로

$$c_1 = 1, \quad c_2 = c_3 = c_4 = 0$$

이다. 따라서

$$x_1 = \cos t, \quad x_2 = 2\cos t$$

이다.

Chapter 06 연습문제

[6.1 고계 선형모형]

※ 다음 x를 $x=R\sin(\omega t+\phi)$ 형태로 나타내라.

1. $x=3\cos 2t+4\sin 2t$

2. $x=-2\cos t+\sqrt{5}\sin t$

3. $x=2\cos 3t-2\sin 3t$

4. $x=-\cos \pi t-2\sin \pi t$

5. 무게가 2 kg인 물체가 용수철을 6 m 늘어나게 한다. 물체를 아래로 3 m 더 끌어내리고 놓았을 때, 감쇠력이 없는 경우 물체의 위치 x를 시간 t의 함수로 나타내라.

6. 무게가 4 kg인 물체가 용수철을 3 m 늘어나게 한다. 물체를 2 m만큼 위로 밀어 올려 아래 방향으로 2 m/sec의 속도로 운동을 시작했다. 감쇠력이 없는 경우 물체의 위치 x를 시간 t의 함수로 나타내고, 진폭과 주기를 구하라.

7. 무게가 100 g인 물체가 용수철을 5 cm 늘어나게 한다. 물체가 평형상태에서 아래 방향으로 속도 10 cm/sec로 운동을 시작했다. 감쇠력이 없는 경우 물체의 위치 x를 시간 t의 함수로 나타내라.

8. 무게가 20 g인 물체가 용수철을 5 cm 늘어나게 한다. 물체가 감쇠상수 $\beta=\frac{400}{980}N-\text{sec/m}$인 점착성의 감쇠기에 달라붙어 있다고 하자. 물체를 아래 방향으로 2 cm 잡아 당겼다가 놓아버렸다면 물체의 위치 x를 시간 t의 함수로 나타내라.

[6.2 고계 연립 선형 미분방정식의 모형]

※ 다음 미분방정식의 해를 구하라.

9. $x_1{}'=2x_2,\ x_2{}'=-2x_1$

10. $x_1{}'=x_1-2x_2,\ x_2{}'=2x_1+4x_2$

11. $Dx_1+D^2x_2=e^{2t},\ (D-1)x_1+(D+1)x_2=4e^{2t}$

12. $\frac{dx}{dt}=2y,\ \frac{dy}{dt}=x-z,\ \frac{dz}{dt}=x-y$

13. 다음 전기회로의 미분방정식을 세워라.

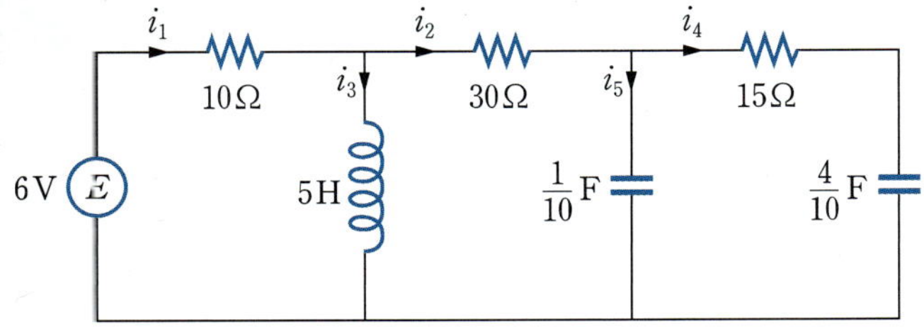

14. 탱크 A에는 $20l$의 물에 150 g의 설탕이 녹아 있다. 탱크 B에는 $10l$의 물에 설탕 50 g이 녹아 있다. 임의의 시간 t에서 다음 그림과 같은 탱크 A, B의 설탕의 양을 구하라.

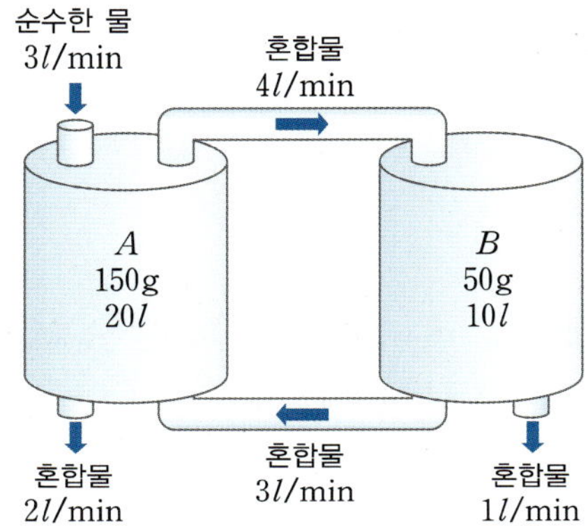

15. 다음 그림과 같은 탱크 A, B에 대해 미분방정식을 세워라.

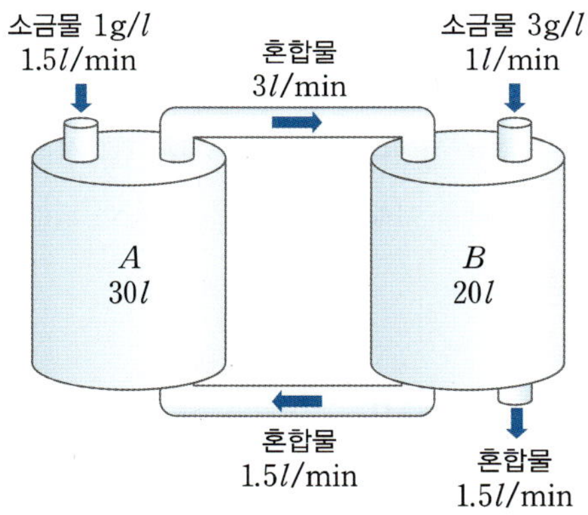

16. 탱크에 40 kg의 소금이 녹아 있는 소금물이 $0.5\,\mathrm{m}^3$ 들어 있다. 맑은 물이 $3\times10^{-4}\,\mathrm{m}^3\mathrm{s}^{-1}$의 속도로 들어와 섞인다. 섞인 소금굴은 잘 섞여 균일하게 유지되고, 같은 속도로 빠져나간다. 이때 빠져나간 소금물은 맑은 물 $0.5\,\mathrm{m}^3$이 들어 있는 두 번째 탱크로 흘러들어가 균일하게 섞이고 첫 번째 탱크와 같은 속도로 빠져나간다. 1시간 후 두 번째 탱크에 있는 소금의 양을 구하라.

Chapter 07

라플라스 변환

Laplace Transformation

||| 목차 |||

||| 학습목표 |||

- 라플라스 변환의 개념을 이해한다.
- 라플라스 변환의 제1, 제2 이동정리를 이해한다.
- 합성곱의 라플라스 변환을 구하고, 적분방정식을 풀어본다.
- 주기함수의 라플라스 변환을 구한다.
- 디랙 델타함수의 라플라스 변환을 구한다.
- 라플라스 변환을 이용하여 연립 선형 미분방정식의 해를 구한다.

Section

7.1 라플라스 변환

이 장에서는 지금까지 학습한 미분방정식의 풀이 방법과 전혀 관계없이 라플라스 변환이라는 연산자를 이용하여 미분방정식의 해를 구하고자 한다. 불연속 함수, 순간적인 충격함수, 주기함수를 갖는 미분방정식도 라플라스 변환에 의해 해를 구할 수 있다.

라플라스 변환의 정의

$f(t)$가 $t \geq 0$에서 정의된 함수일 때, $f(t)$의 라플라스 변환은 다음과 같이 정의한다.

정의 7-1 라플라스 변환

다음 식이 수렴할 때, 이를 $f(t)$의 **라플라스 변환**Laplace transformation이라 한다.

$$\mathcal{L}\{f(t)\} = \int_0^{\infty} e^{-st} f(t)\, dt \tag{7.1}$$

$f(t)$의 라플라스 변환은 s에 관한 함수로서, 다음과 같이 표기한다.

$$\mathcal{L}\{f(t)\} = F(s),\ \mathcal{L}\{g(t)\} = G(s),\ \mathcal{L}\{x(t)\} = X(s),\ \mathcal{L}\{y(t)\} = Y(s)$$

예제 7-1

$\mathcal{L}\{1\}$을 구하라.

풀이

라플라스 변환의 정의에 의해 다음과 같이 구할 수 있다.

$$\mathcal{L}\{1\} = \int_0^{\infty} (e^{-st} \times 1)\, dt = \left[-\frac{1}{s}e^{-st}\right]_0^{\infty} = \frac{1}{s} \quad (s > 0)$$

예제 7-2

$\mathcal{L}\{t\}$를 구하라.

풀이

라플라스 변환의 정의에 의해 다음과 같이 구할 수 있다.

$$\mathcal{L}\{t\} = \int_0^\infty (e^{-st} \times t)\, dt$$

$$= \left[-\frac{1}{s} t e^{-st}\right]_0^\infty + \frac{1}{s}\int_0^\infty e^{-st}\, dt$$

$$= \frac{1}{s}\mathcal{L}\{1\} = \frac{1}{s^2} \quad (s > 0)$$

연계 [예제 2-51]

$u = t,\ dv = e^{-st}\, dt$

$du = dt,\ v = -\frac{1}{s}e^{-st}$

예제 7-3

$\mathcal{L}\{e^{at}\}$을 구하라.

풀이

라플라스 변환의 정의에 의해 다음과 같이 구할 수 있다.

$$\mathcal{L}\{e^{at}\} = \int_0^\infty e^{-st} e^{at}\, dt = \int_0^\infty e^{-(s-a)t}\, dt$$

$$= \left[-\frac{1}{s-a}e^{-(s-a)t}\right]_0^\infty$$

$$= -\frac{1}{s-a}(0-1) \quad (s > a)$$

$$= \frac{1}{s-a}$$

예제 7-4

$\mathcal{L}\{\sin at\}$를 구하라.

풀이

라플라스 변환의 정의에 의해

$$\mathcal{L}\{\sin at\} = \int_0^\infty e^{-st}\sin at\,dt$$

$$= \left[-\frac{1}{a}e^{-st}\cos at\right]_0^\infty - \frac{s}{a}\int_0^\infty e^{-st}\cos at\,dt$$

$$= 0-\left(-\frac{1}{a}\right)-\frac{s}{a}\left(\left[\frac{1}{a}e^{-st}\sin at\right]_0^\infty + \frac{s}{a}\int_0^\infty e^{-st}\sin at\,dt\right)$$

$$= \frac{1}{a}-\frac{s^2}{a^2}\mathcal{L}\{\sin at\}$$

연계 [예제 2-49]
$u=e^{-st}$, $dv=\sin at\,dt$
$du=-se^{-st}dt$, $v=-\frac{1}{a}\cos at$

연계 [예제 2-55]
$u=e^{-st}$, $dv=\cos at\,dt$
$du=-se^{-st}dt$, $v=\frac{1}{a}\sin at$

이므로, 다음과 같이 구할 수 있다.

$$\left(1+\frac{s^2}{a^2}\right)\mathcal{L}\{\sin at\}=\frac{1}{a}$$

$$\frac{a^2+s^2}{a^2}\mathcal{L}\{\sin at\}=\frac{1}{a}$$

$$\mathcal{L}\{\sin at\}=\frac{a}{s^2+a^2}$$

라플라스 변환은 다음과 같이 선형성을 만족한다.

정리 7-2 라플라스 변환의 선형성

라플라스 변환은 선형변환이다. 즉 a, b가 상수일 때, 다음을 만족한다.

$$\mathcal{L}\{af(t)+bg(t)\}=a\mathcal{L}\{f(t)\}+b\mathcal{L}\{g(t)\}$$

증명 라플라스 변환의 정의에 의해

$$\mathcal{L}\{af(t)+bg(t)\}=\int_0^\infty e^{-st}(af(t)+bg(t))\,dt$$

$$=a\int_0^\infty e^{-st}f(t)\,dt+b\int_0^\infty e^{-st}g(t)\,dt$$

$$=a\mathcal{L}\{f(t)\}+b\mathcal{L}\{g(t)\}$$

이므로, 라플라스 변환은 선형변환이다. ■

예제 7-5

$\mathcal{L}\{\sinh at\}$를 구하라.

풀이

$\sinh at = \frac{1}{2}(e^{at} - e^{-at})$이므로, 라플라스 변환의 정의에 의해 다음과 같이 구할 수 있다.

$$\mathcal{L}\{\sinh at\} = \frac{1}{2}(\mathcal{L}\{e^{at}\} - \mathcal{L}\{e^{-at}\})$$

$$= \frac{1}{2}\left(\frac{1}{s-a} - \frac{1}{s+a}\right)$$

$$= \frac{1}{2}\frac{2a}{s^2-a^2} = \frac{a}{s^2-a^2} \qquad (s > a)$$

기본적인 함수들의 라플라스 변환을 정리하면 [표 7-1]과 같다. 이들 라플라스 변환은 자주 사용되므로 알아두면 좋다.

[표 7-1] 라플라스 변환표

$f(t)$	$\mathcal{L}\{f(t)\}$	$f(t)$	$\mathcal{L}\{f(t)\}$
1	$\frac{1}{s}$	e^{at}	$\frac{1}{s-a}$
t^n	$\frac{n!}{s^{n+1}}$, $n = 1, 2, 3, \cdots$	$t^n e^{at}$	$\frac{n!}{(s-a)^{n+1}}$, $n = 1, 2, 3, \cdots$
$\sin kt$	$\frac{k}{s^2+k^2}$	$\cos kt$	$\frac{s}{s^2+k^2}$
$\sinh kt$	$\frac{k}{s^2-k^2}$	$\cosh kt$	$\frac{s}{s^2-k^2}$

이제 어떤 경우에 $f(t)$의 라플라스 변환이 존재하는지 살펴보자.

정리 7-3 $\mathcal{L}\{f(t)\}$가 존재하기 위한 조건

(1) $f(t)$가 임의의 양수 A에 대해 구간 $0 \leqq t \leqq A$에서 조각별 연속이고,

(2) $|f(t)| \leqq Ke^{at}$, $t > M$(K, a, M은 상수, K, M은 양수)이라면, $s > a$일 때 $\mathcal{L}\{f(t)\}$가 존재한다.

증명 먼저 $f(t)$의 라플라스 변환을 구하면

$$\begin{aligned}\mathcal{L}\{f(t)\} &= \int_0^\infty e^{-st} f(t)\,dt \\ &= \int_0^M e^{-st} f(t)\,dt + \int_M^\infty e^{-st} f(t)\,dt\end{aligned}$$

이다. 이때 $\int_0^M e^{-st} f(t)\,dt$는 [정리 7-3]의 (1)에 의해서 존재한다.

그리고 [정리 7-3]의 (2)에서 $t > M$에 대해

$$|e^{-st} f(t)| \leqq Ke^{-st} e^{at} = Ke^{-(s-a)t}$$

이다. 따라서

$$\int_M^\infty e^{-st} f(t)\,dt \leqq K\int_M^\infty e^{-(s-a)t}\,dt$$

이고, $s > a$일 때 수렴하므로 $\mathcal{L}\{f(t)\}$가 존재한다. ■

예제 7-6 응용

$f(t) = \begin{cases} 1, & 0 \leqq t < 1 \\ -1, & t \geqq 1 \end{cases}$ 일 때, $\mathcal{L}\{f(t)\}$를 구하라.

풀이

[정리 7-3]의 조건을 만족하므로 $\mathcal{L}\{f(t)\}$가 존재하며, 다음과 같이 구할 수 있다.

$$\begin{aligned}\mathcal{L}\{f(t)\} &= \int_0^\infty e^{-st} f(t)\,dt \\ &= \int_0^1 e^{-st} \cdot 1\,dt + \int_1^\infty e^{-st} \cdot (-1)\,dt \\ &= \left[-\frac{1}{s}e^{-st}\right]_0^1 + \left[\frac{1}{s}e^{-st}\right]_1^\infty \\ &= -\frac{1}{s}(e^{-s} - 1) + \frac{1}{s}(0 - e^{-s}) \quad (s > 0) \\ &= \frac{1}{s} - \frac{2}{s}e^{-s}\end{aligned}$$

라플라스 역변환

$\mathcal{L}\{f(t)\} = F(s)$일 때, $f(t)$를 $F(s)$의 라플라스 역변환이라 하고, 다음과 같이 나타낸다.

$$f(t) = \mathcal{L}^{-1}\{F(s)\} \tag{7.2}$$

기본적인 함수들의 라플라스 역변환을 정리하면 [표 7-2]와 같다.

[표 7-2] 라플라스 역변환표

$F(s)$	$\mathcal{L}^{-1}\{F(s)\}$	$F(s)$	$\mathcal{L}^{-1}\{F(s)\}$
$\dfrac{1}{s}$	1	$\dfrac{1}{s-a}$	e^{at}
$\dfrac{n!}{s^{n+1}}$	$t^n,\ n=1,\ 2,\ 3,\cdots$	$\dfrac{n!}{(s-a)^{n+1}}$	$t^n e^{at},\ n=1,\ 2,\ 3,\cdots$
$\dfrac{k}{s^2+k^2}$	$\sin kt$	$\dfrac{s}{s^2+k^2}$	$\cos kt$
$\dfrac{k}{s^2-k^2}$	$\sinh kt$	$\dfrac{s}{s^2-k^2}$	$\cosh kt$

라플라스 역변환 역시 다음과 같이 선형성을 만족한다.

정리 7-4 라플라스 역변환의 선형성

$f(t) = \mathcal{L}^{-1}\{F(s)\}$, $g(t) = \mathcal{L}^{-1}\{G(s)\}$이고 a, b가 상수일 때, 다음을 만족한다.

$$\mathcal{L}^{-1}\{aF(s)+bG(s)\} = a\mathcal{L}^{-1}\{F(s)\}+b\mathcal{L}^{-1}\{G(s)\}$$

증명 [정리 7-2]의 라플라스 변환의 선형성에 의해

$$\begin{aligned}\mathcal{L}\{af(t)+bg(t)\} &= a\mathcal{L}\{f(t)\}+b\mathcal{L}\{g(t)\}\\ &= aF(s)+bG(s)\end{aligned}$$

이므로, 역변환을 구하면 다음과 같다.

$$\begin{aligned}\mathcal{L}^{-1}\{aF(s)+bG(s)\} &= af(t)+bg(t)\\ &= a\mathcal{L}^{-1}\{F(s)\}+b\mathcal{L}^{-1}\{G(s)\}\end{aligned}$$

■

예제 7-7

$\mathcal{L}^{-1}\left\{\dfrac{s^4+2s^2+1}{s^5}\right\}$을 구하라.

풀이

[정리 7-4]에 의해 다음과 같이 구할 수 있다.

$$\begin{aligned}\mathcal{L}^{-1}\left\{\frac{s^4+2s^2+1}{s^5}\right\} &= \mathcal{L}^{-1}\left\{\frac{1}{s}\right\}+2\,\mathcal{L}^{-1}\left\{\frac{1}{s^3}\right\}+\mathcal{L}^{-1}\left\{\frac{1}{s^5}\right\}\\ &= 1+2\cdot\frac{1}{2!}t^2+\frac{1}{4!}t^4\\ &= 1+t^2+\frac{1}{24}t^4\end{aligned}$$

예제 7-8

$\mathcal{L}^{-1}\left\{\dfrac{2s+1}{s^2+9}\right\}$을 구하라.

풀이

[정리 7-4]에 의해 다음과 같이 구할 수 있다.

$$\begin{aligned}\mathcal{L}^{-1}\left\{\frac{2s+1}{s^2+9}\right\} &= 2\,\mathcal{L}^{-1}\left\{\frac{s}{s^2+9}\right\}+\mathcal{L}^{-1}\left\{\frac{1}{s^2+9}\right\}\\ &= 2\cos 3t+\frac{1}{3}\sin 3t\end{aligned}$$

예제 7-9 응용

$\mathcal{L}^{-1}\left\{\dfrac{s^2+6s+9}{(s+1)(s+2)(s-3)}\right\}$를 구하라.

풀이

먼저 주어진 분수를

$$\frac{s^2+6s+9}{(s+1)(s+2)(s-3)}=\frac{A}{s+1}+\frac{B}{s+2}+\frac{C}{s-3}$$

라 놓고, 통분한 후 분자끼리 비교하면

$$s^2+6s+9=A(s+2)(s-3)+B(s+1)(s-3)+C(s+1)(s+2)$$

이다. 이때

$$s=-1 \rightarrow 1-6+9=-4A,\ A=-1$$

$$s=-2 \rightarrow 4-12+9=5B,\ B=\frac{1}{5}$$

$$s=3 \rightarrow 9+18+9=20C,\ C=\frac{9}{5}$$

이므로

$$\frac{s^2+6s+9}{(s+1)(s+2)(s-3)}=-\frac{1}{s+1}+\frac{1}{5}\frac{1}{s+2}+\frac{9}{5}\frac{1}{s-3}$$

이다. 따라서 [정리 7-4]에 의해 다음과 같이 구할 수 있다.

$$\begin{aligned}\mathcal{L}^{-1}\left\{\frac{s^2+6s+9}{(s+1)(s+2)(s-3)}\right\}&=-\mathcal{L}^{-1}\left\{\frac{1}{s+1}\right\}+\frac{1}{5}\mathcal{L}^{-1}\left\{\frac{1}{s+2}\right\}+\frac{9}{5}\mathcal{L}^{-1}\left\{\frac{1}{s-3}\right\}\\&=-e^{-t}+\frac{1}{5}e^{-2t}+\frac{9}{5}e^{3t}\end{aligned}$$

도함수의 라플라스 변환

$\mathcal{L}\{f(t)\}=F(s)$라 하면, 라플라스 변환의 정의에 의해 다음과 같이 도함수 변환을 만족한다.

$$\begin{aligned}\mathcal{L}\{f'(t)\}&=\int_0^\infty e^{-st}f'(t)\,dt\\&=\left[e^{-st}f(t)\right]_0^\infty+s\int_0^\infty e^{-st}f(t)\,dt\\&=-f(0)+sF(s)\end{aligned}$$

> **연계 2.4절 부분적분법**
> $u=e^{-st},\ dv=f'(t)\,dt$
> $du=-se^{-st}\,dt,\ v=f(t)$

$$\begin{aligned}\mathcal{L}\{f''(t)\}&=\int_0^\infty e^{-st}f''(t)\,dt\\&=\left[e^{-st}f'(t)\right]_0^\infty+s\int_0^\infty e^{-st}f'(t)\,dt\\&=-f'(0)+s\mathcal{L}\{f'(t)\}\\&=-f'(0)+s(-f(0)+sF(s))\\&=s^2F(s)-sf(0)-f'(0)\end{aligned}$$

> **연계 2.4절 부분적분법**
> $u=e^{-st},\ dv=f''(t)\,dt$
> $du=-se^{-st}\,dt,\ v=f'(t)$

$f'(t)$와 $f''(t)$의 라플라스 변환으로부터 다음과 같이 $f^{(n)}(t)$의 라플라스 변환을 유도할 수 있다.

정리 7-5 $f^{(n)}(t)$의 라플라스 변환

$f(t),\ f'(t), \cdots,\ f^{(n-1)}(t)$가 $[0, \infty)$에서 연속이고, $f^{(n)}(t)$가 $[0, \infty)$에서 조각별로 연속이라 하자. 그리고 $t > M$에 대해

$$|f(t)| \leq Ke^{at},\ |f'(t)| \leq Ke^{at}, \cdots,\ |f^{(n-1)}(t)| \leq Ke^{at}$$

을 만족하는 상수 $K,\ a,\ M$이 존재한다고 하자. 그러면

$$\mathcal{L}\{f^{(n)}(t)\} = s^n F(s) - s^{n-1}f(0) - s^{n-2}f'(0) - \cdots - f^{(n-1)}(0) \quad (s > a) \tag{7.3}$$

이 성립한다. 단, $F(s) = \mathcal{L}\{f(t)\}$이다.

증명 n에 대한 귀납법을 이용하여 증명하자. 먼저 $n=1$일 때,

$$\mathcal{L}\{f'(t)\} = sF(s) - f(0)$$

이므로, 식 (7.3)이 성립한다. 그리고 $n=k$일 때,

$$\mathcal{L}\{f^{(k)}(t)\} = s^k F(s) - s^{k-1}f(0) - s^{k-2}f'(0) - \cdots - f^{(k-1)}(0)$$

이라 가정하고, 다음이 성립함을 보이자.

$$\mathcal{L}\{f^{(k+1)}(t)\} = s^{k+1}F(s) - s^k f(0) - s^{k-1}f'(0) - s^{k-2}f''(0) - \cdots - f^{(k)}(0)$$

라플라스 변환의 정의에 의해

$$\begin{aligned}
\mathcal{L}\{f^{(k+1)}(t)\} &= \int_0^\infty e^{-st} f^{(k+1)}(t)\, dt \\
&= \left[e^{-st} f^{(k)}(t) \right]_0^\infty + s\int_0^\infty e^{-st} f^{(k)}(t)\, dt \\
&= -f^{(k)}(0) + s\,\mathcal{L}\{f^{(k)}(t)\} \\
&= -f^{(k)}(0) + s\left(s^k F(s) - s^{k-1}f(0) - s^{k-2}f'(0) - \cdots - f^{(k-1)}(0)\right) \\
&= s^{k+1}F(s) - s^k f(0) - s^{k-1}f'(0) - \cdots - s f^{(k-1)}(0) - f^{(k)}(0)
\end{aligned}$$

> **연계 2.4절 부분적분법**
> $u = e^{-st},\ dv = f^{(k+1)}(t)\, dt$
> $du = -se^{-st}\, dt,\ v = f^{(k)}(t)$

이다. 따라서 식 (7.3)이 성립한다. ■

예제 7-10 응용

라플라스 변환을 이용하여 다음의 초깃값 문제를 풀어라.

$$y'' + 3y' + 2y = 36e^{3t},\ y(0) = 1,\ y'(0) = 6$$

풀이

양변에 라플라스 변환을 취하면

$$\mathcal{L}\{y''\}+3\mathcal{L}\{y'\}+2\mathcal{L}\{y\}=36\mathcal{L}\{e^{3t}\}$$

이다. $\mathcal{L}\{y(t)\}=Y(s)$라 하면

$$(s^2Y(s)-s-6)+3(sY(s)-1)+2Y(s)=36\cdot\frac{1}{s-3}$$

$$(s^2+3s+2)Y(s)=s+9+36\cdot\frac{1}{s-3}$$

이고, 이를 정리하면

$$Y(s)=\frac{s+9}{(s+1)(s+2)}+\frac{36}{(s+1)(s+2)(s-3)}$$

$$=\frac{s^2+6s+9}{(s+1)(s+2)(s-3)}$$

이다. 따라서 [예제 7-9]의 풀이를 참고해서 라플라스 역변환을 취하면 다음과 같다.

$$y(t)=\mathcal{L}^{-1}\left\{\frac{s^2+6s+9}{(s+1)(s+2)(s-3)}\right\}=-e^{-t}+\frac{1}{5}e^{-2t}+\frac{9}{5}e^{3t}$$

예제 7-11 응용

라플라스 변환을 이용하여 다음의 초깃값 문제를 풀어라.

$$y^{(4)}-y=0,\ y(0)=1,\ y'(0)=1,\ y''(0)=0,\ y'''(0)=0$$

풀이

양변에 라플라스 변환을 취하면

$$s^4Y(s)-s^3-s^2-Y(s)=0$$

$$(s^4-1)Y(s)=s^3+s^2$$

이고, 이를 정리하면

$$Y(s)=\frac{s^3+s^2}{s^4-1}$$

$$=\frac{s^2(s+1)}{(s-1)(s+1)(s^2+1)}=\frac{s^2}{(s-1)(s^2+1)}$$

$$=\frac{A}{s-1}+\frac{Bs+C}{s^2+1}$$

이다. 분모를 통분하고 분자끼리 비교하면

$$\begin{aligned} s^2 &= A(s^2+1)+(Bs+C)(s-1) \\ &= (A+B)s^2+(C-B)s+(A-C) \end{aligned}$$

이므로

$$A+B=1,\ C-B=0,\ A-C=0$$

$$A=B=C=\frac{1}{2}$$

이다. 따라서

$$\begin{aligned} Y(s) &= \frac{1}{2}\frac{1}{s-1}+\frac{\frac{1}{2}s+\frac{1}{2}}{s^2+1} \\ &= \frac{1}{2}\frac{1}{s-1}+\frac{1}{2}\frac{s}{s^2+1}+\frac{1}{2}\frac{1}{s^2+1} \end{aligned}$$

이므로, 라플라스 역변환을 취하면 다음과 같다.

$$y(t)=\frac{1}{2}e^t+\frac{1}{2}\cos t+\frac{1}{2}\sin t$$

Section

7.2 라플라스 변환의 성질

여기에서는 라플라스 변환의 주요 성질인 제1 이동정리와 제2 이동정리에 대해 살펴보자.

제1 이동정리

$f(t)$의 라플라스 변환을 알고 있을 때, $e^{at}f(t)$의 라플라스 변환을 구해보자.

정리 7-6 제1 이동정리(s축 상의 평행이동)

$\mathcal{L}\{f(t)\} = F(s)$일 때, 다음이 성립한다.

$$\mathcal{L}\{e^{at}f(t)\} = F(s-a) \tag{7.4}$$

증명 라플라스 변환의 정의에 의해

$$\mathcal{L}\{e^{at}f(t)\} = \int_0^\infty e^{-st}e^{at}f(t)\,dt$$

$$= \int_0^\infty e^{-(s-a)t}f(t)\,dt = F(s-a)$$

이다. 즉 다음과 같이 정리할 수 있다.

$$\mathcal{L}\{e^{at}f(t)\} = \mathcal{L}\{f(t)\}_{s \to s-a} = F(s)\big|_{s \to s-a} = F(s-a)$$ ■

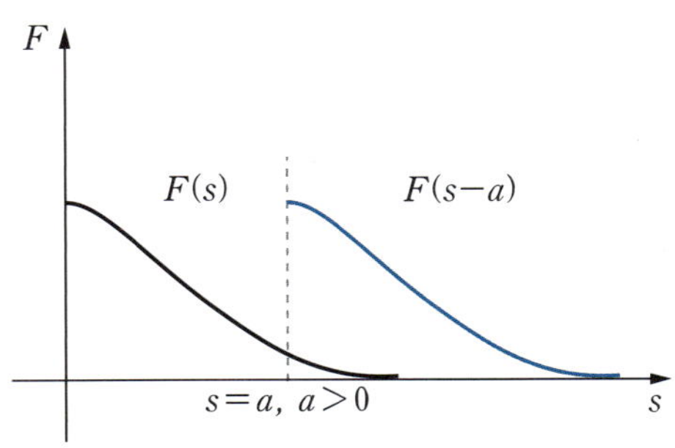

[그림 7-1] s축 상의 평행이동

예제 7-12

$\mathcal{L}\{e^{at}\sin bt\}$를 구하라.

풀이

제1 이동정리에 의해

$$\mathcal{L}\{e^{at}\sin bt\} = \mathcal{L}\{\sin bt\}_{s \to s-a} = \left.\frac{b}{s^2+b^2}\right|_{s \to s-a} = \frac{b}{(s-a)^2+b^2} \qquad (s > a)$$

이다.

예제 7-13

$\mathcal{L}\{t^n e^{at}\}$을 구하라. 단, n은 자연수이다.

풀이

제1 이동정리에 의해

$$\mathcal{L}\{t^n e^{at}\} = \mathcal{L}\{t^n\}_{s \to s-a} = \left.\frac{n!}{s^{n+1}}\right|_{s \to s-a} = \frac{n!}{(s-a)^{n+1}} \qquad (s > a)$$

이다.

예제 7-14

$\mathcal{L}^{-1}\left\{\frac{s-7}{(s-2)^2}\right\}$을 구하라.

풀이

제1 이동정리와 라플라스 역변환의 선형성([정리 7-4])에 의해

$$\mathcal{L}^{-1}\left\{\frac{s-7}{(s-2)^2}\right\} = \mathcal{L}^{-1}\left\{\frac{(s-2)-5}{(s-2)^2}\right\} = \mathcal{L}^{-1}\left\{\frac{s-5}{s^2}\right\}_{s \to s-2}$$

$$= \left(\mathcal{L}^{-1}\left\{\frac{1}{s}\right\} - 5\mathcal{L}^{-1}\left\{\frac{1}{s^2}\right\}\right)_{s \to s-2} = (1-5t)e^{2t}$$

이다.

예제 7-15

$\mathcal{L}^{-1}\left\{\dfrac{32s+158}{s^2+4s+12}\right\}$을 구하라.

풀이

제1 이동정리와 라플라스 역변환의 선형성([정리 7-4])에 의해

$$\begin{aligned}\mathcal{L}^{-1}\left\{\frac{32s+158}{s^2+4s+12}\right\} &= \mathcal{L}^{-1}\left\{\frac{32(s+2)+94}{(s+2)^2+8}\right\} \\ &= \mathcal{L}^{-1}\left\{\frac{32s+94}{s^2+8}\right\}_{s\to s+2} \\ &= \left(32\mathcal{L}^{-1}\left\{\frac{s}{s^2+8}\right\}+94\mathcal{L}^{-1}\left\{\frac{1}{s^2+8}\right\}\right)_{s\to s+2} \\ &= \left(32\cos 2\sqrt{2}\,t+\frac{94}{2\sqrt{2}}\sin 2\sqrt{2}\,t\right)e^{-2t} \\ &= \left(32\cos 2\sqrt{2}\,t+\frac{47\sqrt{2}}{2}\sin 2\sqrt{2}\,t\right)e^{-2t}\end{aligned}$$

이다.

예제 7-16 응용

라플라스 변환을 이용하여 다음의 초깃값 문제를 풀어라.

$$y''-4y'+4y=t^2e^{2t},\ \ y(0)=1,\ \ y'(0)=-3$$

풀이

양변에 라플라스 변환을 취하면, 제1 이동정리에 의해

$$\left(s^2Y(s)-s+3\right)-4\left(sY(s)-1\right)+4Y(s)=\left.\frac{2!}{s^3}\right|_{s\to s-2}$$

$$(s^2-4s+4)Y(s)=s-7+\frac{2}{(s-2)^3}$$

$$Y(s)=\frac{s-7}{(s-2)^2}+\frac{2}{(s-2)^5}$$

이다. 따라서

$$y(t) = \mathcal{L}^{-1}\left\{\frac{s-7}{(s-2)^2}\right\} + \mathcal{L}^{-1}\left\{\frac{2}{(s-2)^5}\right\}$$

$$= (1-5t)e^{2t} + \mathcal{L}^{-1}\left\{\frac{2}{s^5}\right\}_{s \to s-2}$$

$$= (1-5t)e^{2t} + \frac{2}{4!}t^4 e^{2t}$$

$$= \left(1-5t+\frac{1}{12}t^4\right)e^{2t}$$

이다.

예제 7-17 응용

라플라스 변환을 이용하여 다음의 초깃값 문제를 풀어라.

$$y'' + 4y' + 12y = e^{3t},\ y(0) = 1,\ y'(0) = 1$$

풀이

양변에 라플라스 변환을 취하면

$$(s^2 Y(s) - s - 1) + 4(sY(s) - 1) + 12Y(s) = \frac{1}{s-3}$$

$$(s^2 + 4s + 12)Y(s) = s + 5 + \frac{1}{s-3} = \frac{s^2 + 2s - 14}{s-3}$$

이고, 이를 정리하면 다음과 같다.

$$Y(s) = \frac{s^2 + 2s - 14}{(s^2 + 4s + 12)(s-3)}$$

$$= \frac{As + B}{s^2 + 4s + 12} + \frac{C}{s-3}$$

$$= \frac{\frac{32}{33}s + \frac{158}{33}}{s^2 + 4s + 12} + \frac{1}{33}\frac{1}{s-3}$$

$$= \frac{1}{33}\frac{32s + 158}{s^2 + 4s + 12} + \frac{1}{33}\frac{1}{s-3}$$

$$= \frac{1}{33}\left(32\cos 2\sqrt{2}t + \frac{47\sqrt{2}}{2}\sin 2\sqrt{2}t\right)e^{-2t} + \frac{1}{33}e^{3t}$$

제2 이동정리

공학에서 불연속이거나 순간적인 충격함수를 포함한 미분방정식을 접하게 된다. 이런 형태의 방정식은 전기회로에서 전류의 흐름이나 기계장치의 진동을 분석하는 경우에 발생한다. 도약 불연속인 함수를 효과적으로 다루기 위해 단위계단함수를 먼저 살펴보자.

정의 7-7 단위계단함수

다음 식을 **단위계단함수**unit step function 또는 Heaviside function라 한다.

$$u(t-a)=\begin{cases}0, & t< a\\ 1, & t\geq a\end{cases}\qquad \text{단, } a\geq 0$$

단위계단함수의 그래프는 [그림 7-2]와 같이 나타낼 수 있다.

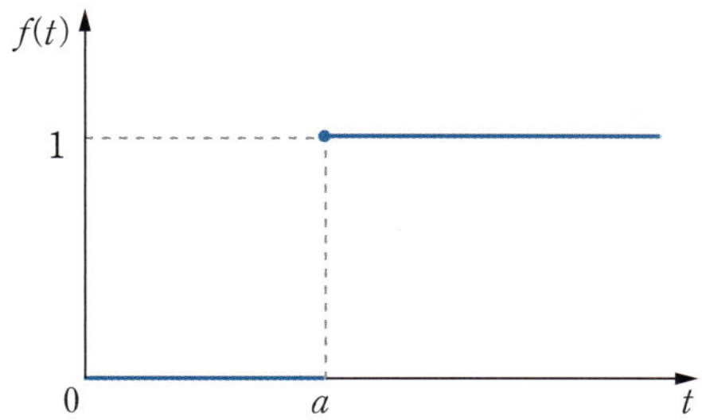

[그림 7-2] 단위계단함수

단위계단함수는 조각별로 정의된 함수를 간결하게 표현하게 한다. 예를 들면,

$$f(t)=\begin{cases}g(t), & 0\leq t< a\\ h(t), & t\geq a\end{cases}$$

는 다음과 같이 나타낼 수 있다.

$$f(t)=g(t)-g(t)u(t-a)+h(t)u(t-a)$$

또한

$$f(t)=\begin{cases}0 & , 0\leq t< a\\ g(t), & a\leq t< b\\ 0 & , t\geq b\end{cases}$$

는 다음과 같이 나타낼 수 있다.

$$f(t)=g(t)[u(t-a)-u(t-b)]$$

예제 7-18 응용

단위계단함수를 이용하여 다음의 함수를 나타내고, 그래프를 그려라.

$$f(t)=\begin{cases}0, & 0\leqq t<\pi\\ 1, & \pi\leqq t<3\pi\\ 0, & t\geqq 3\pi\end{cases}$$

풀이

단위계단함수의 정의에 의해

$$f(t)=u(t-\pi)-u(t-3\pi)$$

이다. 이를 그래프로 나타내면 [그림 7-3]과 같다.

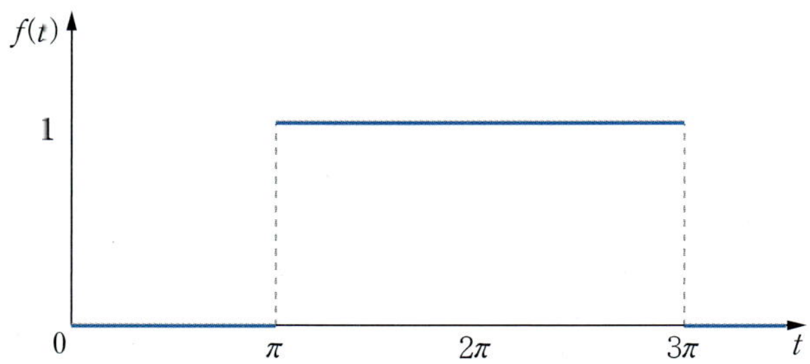

[그림 7-3] $y=u(x-\pi)-u(t-3\pi)$의 그래프

이제 $u(t-a)$의 라플라스 변환을 구해보자. 라플라스 변환의 정의에 의해

$$\begin{aligned}\mathcal{L}\{u(t-a)\} &= \int_0^\infty e^{-st}u(t-a)\,dt\\ &= \int_a^\infty e^{-st}\,dt=-\frac{1}{s}\left[e^{-st}\right]_a^\infty\\ &= \frac{e^{-as}}{s}\qquad (s>0)\end{aligned}$$

이다. $t\geqq 0$일 때 주어진 함수 $f(t)$를 t축으로 a만큼 평행이동한 함수를 $g(t)$라 하면

$$g(t)=\begin{cases}0 & ,\ t<a\\ f(t-a), & t\geqq a\end{cases}$$

이 된다.

이를 단위계단함수를 이용하여 표현하면 다음과 같다.

$$g(t) = f(t-a)u(t-a)$$

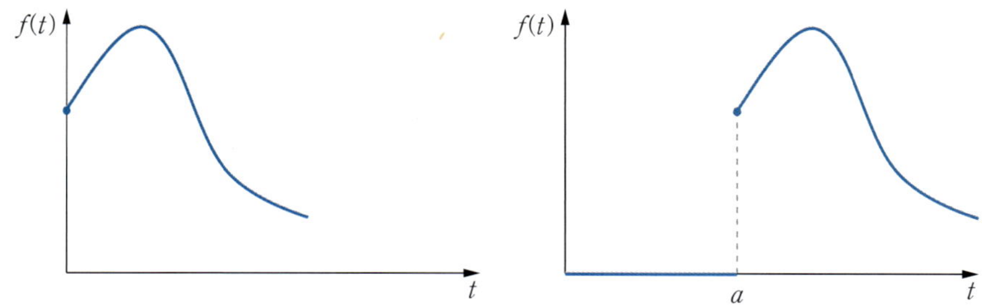

(a) $f(t),\ t \geq 0$　　(b) $f(t-a)u(t-a)$

[그림 7-4] $f(t)$의 그래프와 $f(t-a)u(t-a)$의 그래프

이제 $f(t-a)u(t-a)$의 라플라스 변환을 구해보자.

정리 7-8　제 2 이동정리(t축 상의 평행이동)

$\mathcal{L}\{f(t)\} = F(s)$일 때, $a > 0$에 대해

$$\mathcal{L}\{f(t-a)u(t-a)\} = e^{-as}\mathcal{L}\{f(t)\} = e^{-as}F(s)$$

이다. 역으로, $f(t) = \mathcal{L}^{-1}\{(F(s)\}$이면, 다음이 성립한다.

$$f(t-a)u(t-a) = \mathcal{L}^{-1}\{e^{-as}F(s)\} \tag{7.5}$$

특히, $f(t) = 1$이면 $\mathcal{L}\{u(t-a)\} = \dfrac{e^{-as}}{s}$

증명　라플라스 변환의 정의에 의해

$$\begin{aligned}\mathcal{L}\{f(t-a)u(t-a)\} &= \int_0^{\infty} e^{-st} f(t-a)\,u(t-a)\,dt \\ &= \int_a^{\infty} e^{-st} f(t-a)\,dt \\ &= \int_0^{\infty} e^{-s(u+a)} f(u)\,du \quad \leftarrow u = t-a,\ du = dt \\ &= e^{-as}\int_0^{\infty} e^{-su} f(u)\,du \\ &= e^{-as}\mathcal{L}\{f(t)\}\end{aligned}$$

이다. $f(t) = 1$로 놓으면, 다음이 성립한다.

$$\mathcal{L}\{u(t-a)\} = e^{-as}\mathcal{L}\{1\} = \frac{e^{-as}}{s}$$ ■

예제 7-19 응용

다음 함수의 라플라스 변환을 구하라.

$$f(t)=\begin{cases}\cos t & , \ 0\leqq t<\dfrac{\pi}{2} \\ \cos t+\sin\left(t-\dfrac{\pi}{2}\right), & \dfrac{\pi}{2}\leqq t\end{cases}$$

풀이

주어진 함수는

$$f(t)=\cos t+g(t)$$

$$\text{단, } g(t)=\begin{cases}0 & , \ 0\leqq t<\dfrac{\pi}{2} \\ \sin\left(t-\dfrac{\pi}{2}\right), & \dfrac{\pi}{2}\leqq t\end{cases}$$

로 나타낼 수 있다. 그러면

$$g(t)=\sin\left(t-\frac{\pi}{2}\right)u\left(t-\frac{\pi}{2}\right)$$

이므로, 라플라스 변환을 구하면 다음과 같다.

$$\begin{aligned}\mathcal{L}\{f(t)\} &= \mathcal{L}\left\{\cos t+\sin\left(t-\frac{\pi}{2}\right)u\left(t-\frac{\pi}{2}\right)\right\} \\ &= \mathcal{L}\{\cos t\}+\mathcal{L}\left\{\sin\left(t-\frac{\pi}{2}\right)u\left(t-\frac{\pi}{2}\right)\right\} \\ &= \frac{s}{s^2+1}+e^{-\frac{\pi}{2}s}\mathcal{L}\{\sin t\} \\ &= \frac{s}{s^2+1}+\frac{1}{s^2+1}e^{-\frac{\pi}{2}s} \\ &= \frac{s+e^{-\frac{\pi}{2}s}}{s^2+1}\end{aligned}$$

예제 7-20 응용

다음 함수의 라플라스 변환을 구하라.

$$f(t)=\begin{cases} 1 &, \ 0 \leqq t < 1 \\ 2t^2 &, \ 1 \leqq t < \dfrac{\pi}{2} \\ \sin t, & \dfrac{\pi}{2} \leqq t \end{cases}$$

풀이

함수 $f(t)$를 단위계단함수로 나타내면

$$f(t)=1-u(t-1)+2t^2\left[u(t-1)-u\left(t-\frac{\pi}{2}\right)\right]+\sin t\, u\left(t-\frac{\pi}{2}\right)$$

이다. $t^2=(t-1)^2+2(t-1)+1$이므로

$$\begin{aligned}\mathcal{L}\{2t^2u(t-1)\} &= 2\mathcal{L}\{((t-1)^2+2(t-1)+1)u(t-1)\} \\ &= 2\left(\frac{2}{s^3}+\frac{2}{s^2}+\frac{1}{s}\right)e^{-s}\end{aligned}$$

이다. $t^2=\left(t-\dfrac{\pi}{2}\right)^2+\pi\left(t-\dfrac{\pi}{2}\right)+\dfrac{\pi^2}{4}$이므로

$$\begin{aligned}\mathcal{L}\left\{2t^2u\left(t-\frac{\pi}{2}\right)\right\} &= 2\mathcal{L}\left\{\left(\left(t-\frac{\pi}{2}\right)^2+\pi\left(t-\frac{\pi}{2}\right)+\frac{\pi^4}{4}\right)u\left(t-\frac{\pi}{2}\right)\right\} \\ &= 2\left(\frac{2}{s^3}+\frac{\pi}{s^2}+\frac{\pi^2}{4}\frac{1}{s}\right)e^{-\frac{\pi}{2}s}\end{aligned}$$

이고, $\sin t=\cos\left(\dfrac{\pi}{2}-t\right)=\cos\left(t-\dfrac{\pi}{2}\right)$이므로

$$\mathcal{L}\left\{\sin t\, u\left(t-\frac{\pi}{2}\right)\right\}=\mathcal{L}\left\{\cos\left(t-\frac{\pi}{2}\right)u\left(t-\frac{\pi}{2}\right)\right\}=\frac{s}{s^2+1}e^{-\frac{\pi}{2}s}$$

이다. 따라서 라플라스 변환을 구하면 다음과 같다.

$$\begin{aligned}\mathcal{L}\{f(t)\}=\frac{1}{s}-\frac{e^{-s}}{s}+\left(\frac{4}{s^3}+\frac{4}{s^2}+\frac{2}{s}\right)e^{-s}-\left(\frac{4}{s^3}+\frac{2\pi}{s^2}+\frac{\pi^2}{2s}\right)e^{-\frac{\pi}{2}s} \\ +\frac{s}{s^2+1}e^{-\frac{\pi}{2}s}\end{aligned}$$

예제 7-21 응용

$\mathcal{L}^{-1}\left\{\dfrac{1-e^{-3s}}{s^3}\right\}$을 구하라.

풀이

라플라스 역변환의 선형성에 의해 다음과 같이 구할 수 있다.

$$\begin{aligned}\mathcal{L}^{-1}\left\{\frac{1-e^{-3s}}{s^3}\right\} &= \mathcal{L}^{-1}\left\{\frac{1}{s^3}\right\}-\mathcal{L}^{-1}\left\{\frac{e^{-3s}}{s^3}\right\}\\ &= \frac{1}{2}t^2-\frac{1}{2}t^2\Big|_{t\to t-3}u(t-3)\\ &= \frac{1}{2}t^2-\frac{1}{2}(t-3)^2u(t-3)\\ &= \begin{cases}\frac{1}{2}t^2 & , \quad 0\leqq t<3\\ \frac{1}{2}\left[t^2-(t-3)^2\right], & t\geqq 3\end{cases}\\ &= \begin{cases}\frac{1}{2}t^2 & , \quad 0\leq t<3\\ \frac{1}{2}(6t-9), & t\geq 3\end{cases}\end{aligned}$$

$f(t)u(t-a)$의 라플라스 변환을 구할 때, $f(t)$를 $f(t-a)$로 고치지 않고 다음과 같이 구할 수 있다.

정리 7-9 $f(t)u(t-a)$의 라플라스 변환

$$\mathcal{L}\{f(t)u(t-a)\}=e^{-as}\mathcal{L}\{f(t+a)\}$$

증명 라플라스 변환의 정의에 의해

$$\begin{aligned}\mathcal{L}\{f(t)u(t-a)\} &= \int_0^\infty e^{-st}f(t)u(t-a)\,dt=\int_a^\infty e^{-st}f(t)\,dt\\ &= \int_0^\infty e^{-s(u+a)}f(u+a)\,du \quad \leftarrow u=t-a,\ du=dt\\ &= e^{-as}\int_0^\infty e^{-su}f(u+a)\,du\\ &= e^{-as}\mathcal{L}\{f(t+a)\}\end{aligned}$$

이다. ■

예제 7-22 응용

$\mathcal{L}\{\sin t\, u(t-\pi)\}$를 구하라.

풀이

[정리 7-9]에 의해 다음과 같이 구할 수 있다.

$$\begin{aligned}\mathcal{L}\{\sin t\, u(t-\pi)\} &= e^{-\pi s}\mathcal{L}\{\sin(t+\pi)\}\\ &= e^{-\pi s}\mathcal{L}\{-\sin t\} = -\frac{1}{s^2+1}e^{-\pi s}\end{aligned}$$

예제 7-23 응용

$f(t)=\begin{cases}0 &, \ 0 \le t < \pi \\ \sin t, & t \ge \pi\end{cases}$이고, $y(0)=0$, $y'(0)=0$일 때, $y''+4y=f(t)$의 해를 구하라.

풀이

$f(t)=\sin t\, u(t-\pi)$이므로, [예제 7-22]에 의해 라플라스 변환을 구하면

$$\begin{aligned}s^2Y(s)+4Y(s) &= -\frac{1}{s^2+1}e^{-\pi s}\\ (s^2+4)Y(s) &= \frac{-1}{s^2+1}e^{-\pi s}\\ Y(s) &= \frac{-1}{(s^2+1)(s^2+4)}e^{-\pi s}\\ &= -\frac{1}{3}\left(\frac{1}{s^2+1}-\frac{1}{s^2+4}\right)e^{-\pi s}\end{aligned}$$

이다. 따라서

$$\begin{aligned}y(t) &= -\frac{1}{3}\left(\sin t-\frac{1}{2}\sin 2t\right)_{t\to t-\pi}u(t-\pi)\\ &= -\frac{1}{3}\left(\sin(t-\pi)-\frac{1}{2}\sin 2(t-\pi)\right)u(t-\pi)\\ &= \frac{1}{3}\left(\sin t+\frac{1}{2}\sin 2t\right)u(t-\pi)\\ &= \begin{cases}0 &, \ 0\le t<\pi\\ \frac{1}{3}\sin t+\frac{1}{6}\sin 2t, & x\ge \pi\end{cases}\end{aligned}$$

이다.

Section 7.3 합성곱과 주기함수의 라플라스 변환

여기에서는 합성곱의 라플라스 변환을 구하고 적분방정식을 풀어본다. 또한, 주기함수의 라플라스 변환을 살펴본다.

$t^n f(t)$의 변환

$\mathcal{L}\{f(t)\} = F(s)$라 하자. 이를 미분하면

$$\frac{d}{ds}F(s) = \frac{d}{ds}\int_0^\infty e^{-st}f(t)\,dt = \int_0^\infty \frac{\partial}{\partial s}\left[e^{-st}f(t)\right]dt$$
$$= -\int_0^\infty e^{-st}tf(t)\,dt = -\mathcal{L}\{tf(t)\}$$

이므로

$$\mathcal{L}\{tf(t)\} = -\frac{d}{ds}F(s) = -\frac{d}{ds}\mathcal{L}\{f(t)\}$$
$$\mathcal{L}\{t^2 f(t)\} = \mathcal{L}\{t\cdot tf(t)\} = -\frac{d}{ds}\mathcal{L}\{tf(t)\} = (-1)^2\frac{d^2}{ds^2}\mathcal{L}\{f(t)\}$$

이다. 이를 다음과 같이 일반화할 수 있다.

정리 7-10 $t^n f(t)$의 변환

$\mathcal{L}\{f(t)\} = F(s)$일 때, 다음이 성립한다.

$$\mathcal{L}\{t^n f(t)\} = (-1)^n\frac{d^n}{ds^n}F(s),\quad n = 1,\ 2,\ 3, \cdots$$

예제 7-24

$\mathcal{L}\{t\sinh kt\}$를 구하라.

풀이

[정리 7-10]에 의해 다음과 같이 구할 수 있다.

$$\mathcal{L}\{t\sinh kt\} = -\frac{d}{ds}\frac{k}{s^2-k^2} = -\frac{-2ks}{(s^2-k^2)^2} = \frac{2ks}{(s^2-k^2)^2}$$

예제 7-25

$x'' - 9x = \cosh 3t$, $x(0) = 0$, $x'(0) = 1$의 해를 구하라.

풀이

[정리 7-10]에 의해

$$s^2X(s) - 1 - 9X(s) = \frac{s}{s^2 - 9}$$
$$(s^2 - 9)X(s) = 1 + \frac{s}{s^2 - 9}$$
$$X(s) = \frac{1}{s^2 - 9} + \frac{s}{(s^2 - 9)^2}$$

이다. 따라서

$$\mathcal{L}^{-1}\left\{\frac{s}{(s^2 - 9)^2}\right\} = \frac{1}{6}\mathcal{L}^{-1}\left\{\frac{6s}{(s^2 - 9)^2}\right\} = \frac{1}{6}t\sinh 3t$$

연계 [예제 7-24]

이므로, 다음을 얻는다.

$$x(t) = \frac{1}{3}\sinh 3t + \frac{1}{6}t\sinh 3t$$

합성곱의 라플라스 변환

라플라스 변환이 존재하는 $f(t)$와 $g(t)$에 대해

$$\mathcal{L}\{f(t)g(t)\} \neq \mathcal{L}\{f(t)\}\mathcal{L}\{g(t)\} = F(s)G(s)$$

이다. 이때 $F(s)G(s) = H(s) = \mathcal{L}\{h(t)\}$인 $h(t)$를 구해보자.

정리 7-11 합성곱

$F(s) = \mathcal{L}\{f(t)\}$이고 $G(s) = \mathcal{L}\{g(t)\}$라면

$$H(s) = F(s)G(s) = \mathcal{L}\{f(t)\}\mathcal{L}\{g(t)\}$$

를 만족하는 함수는 다음과 같다.

$$h(t) = \int_0^t f(t-\tau)g(\tau)\,d\tau = \int_0^t f(\tau)g(t-\tau)\,d\tau$$

이때 h를 f와 g의 **합성곱**convolution이라 하고, 다음과 같이 표시한다.

$$h(t) = (f * g)(t)$$

증명 라플라스 변환의 정의에 의해

$$F(s)=\int_0^\infty e^{-s\zeta}f(\zeta)\,d\zeta,\quad G(s)=\int_0^\infty e^{-s\tau}g(\tau)\,d\tau$$

라 하면

$$F(s)G(s)=\int_0^\infty e^{-s\zeta}f(\zeta)\,d\zeta\int_0^\infty e^{-s\tau}g(\tau)\,d\tau$$

이다. 첫 번째 조분은 두 번째 적분의 적분변수에 대해 독립적이므로

$$F(s)G(s)=\int_0^\infty e^{-s\tau}g(\tau)\left[\int_0^\infty e^{-s\zeta}f(\zeta)\,d\zeta\right]d\tau$$

$$=\int_0^\infty g(\tau)\left[\int_0^\infty e^{-s(\zeta+\tau)}f(\zeta)\,d\zeta\right]d\tau$$

이다. 이때 τ를 고정하고 $\zeta=t-\tau$라 하면 $d\zeta=dt$이므로

$$F(s)G(s)=\int_0^\infty g(\tau)\left[\int_\tau^\infty e^{-st}f(t-\tau)\,dt\right]d\tau$$

이다. 우변은 $t\tau$ 평면에서 t에 대해 τ에서 ∞까지 적분한 후 τ에 대해 0에서 ∞까지 적분하므로, [그림 7-5]의 빗금친 영역에서 적분한다.

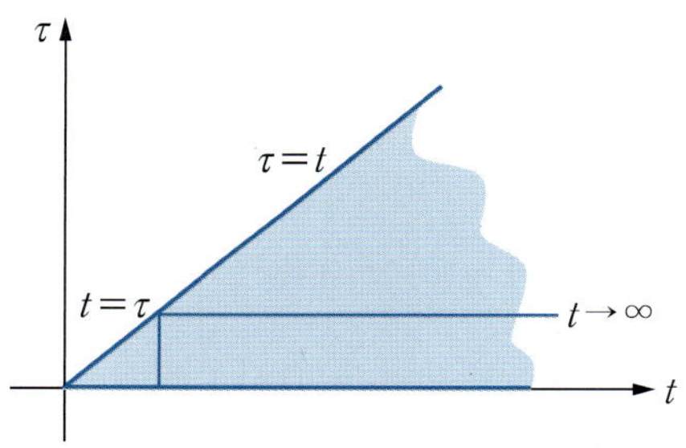

[그림 7-5] $F(s)G(s)$의 적분영역

f와 g의 적분 순서를 바꿀 수 있으므로 τ에 대해 0에서 t까지 적분한 후, t에 대해 0에서 ∞까지 적분하면

$$F(s)G(s)=\int_0^\infty e^{-st}\left[\int_0^t f(t-\tau)\,g(\tau)\,d\tau\right]dt$$

이거나

$$F(s)G(s)=\int_0^\infty e^{-st}h(t)\,dt=\mathcal{L}\{h(t)\}$$

이다. ■

예제 7-26

$\mathcal{L}\left\{\int_0^t (t-\tau)^2 \sin\tau d\tau\right\}$를 구하라.

풀이

$f(\tau)=\sin\tau,\ g(t-\tau)=(t-\tau)^2$이므로

$$f(t)=\sin t,\ g(t)=t^2$$

이다. 따라서 f와 g의 합성곱의 라플라스 변환을 구하면 다음과 같다.

$$\mathcal{L}\left\{\int_0^t (t-\tau)^2 \sin\tau\, d\tau\right\}=\mathcal{L}\{\sin t * t^2\}=\mathcal{L}\{\sin t\}\mathcal{L}\{t^2\}=\frac{2}{(s^2+1)s^3}$$

예제 7-27

$\mathcal{L}^{-1}\left\{\frac{1}{s^2(s^2+4)}\right\}$을 구하라.

풀이

$F(s)=\frac{1}{s^2+4},\ G(s)=\frac{1}{s^2}$이라 하면

$$f(t)=\frac{1}{2}\sin 2t,\ g(t)=t$$

이다. 따라서 라플라스 역변환을 구하면 다음과 같다.

$$\begin{aligned}\mathcal{L}^{-1}\left\{\frac{1}{s^2(s^2+4)}\right\}&=t*\frac{1}{2}\sin 2t\\&=\frac{1}{2}\int_0^t \tau\sin 2(t-\tau)\,d\tau\\&=\frac{1}{2}\left(\left[\frac{1}{2}\tau\cos 2(t-\tau)\right]_0^t-\frac{1}{2}\int_0^t \cos 2(t-\tau)\,d\tau\right)\\&=\frac{1}{2}\left(\frac{1}{2}t+\frac{1}{2}\left[\frac{1}{2}\sin 2(t-\tau)\right]_0^t\right)\\&=\frac{1}{2}\left[\frac{1}{2}t+\frac{1}{4}(-\sin 2t)\right]\\&=\frac{1}{4}t-\frac{1}{8}\sin 2t\end{aligned}$$

예제 7-28 응용

$\mathcal{L}^{-1}\left\{\dfrac{1}{(s^2+\omega^2)^2}\right\}$을 구하라.

풀이

$F(s)=\dfrac{1}{s^2+\omega^2}=G(s)$라 하면

$$f(t)=\frac{1}{\omega}\sin\omega t=g(t)$$

이다. 따라서 라플라스 역변환을 구하면 다음과 같다.

$$\begin{aligned}\mathcal{L}^{-1}\left\{\frac{1}{(s^2+\omega^2)^2}\right\}&=\frac{1}{\omega}\sin\omega t * \frac{1}{\omega}\sin\omega t\\&=\frac{1}{\omega^2}\int_0^t \sin\omega\tau\sin\omega(t-\tau)\,d\tau\\&=\frac{1}{2\omega^2}\int_0^t[\cos\omega(2\tau-t)-\cos\omega t]\,d\tau\\&=\frac{1}{2\omega^2}\left[\frac{1}{2\omega}\sin\omega(2\tau-t)-\tau\cos\omega t\right]_0^t\\&=\frac{1}{2\omega^3}(\sin\omega t-\omega t\cos\omega t)\end{aligned}$$

연계 1장 [들어가기 전에]

특히 $g(t)=1$일 때, $\mathcal{L}\{g(t)\}=\dfrac{1}{s}$이므로 다음을 만족한다.

$$\mathcal{L}\left\{\int_0^t f(\tau)\,d\tau\right\}=\frac{F(s)}{s}$$

$$\int_0^t f(\tau)\,d\tau=\mathcal{L}^{-1}\left\{\frac{F(s)}{s}\right\}$$

■ **적분방정식**

$y(t)$를 구하는 문제에서 $y(t)$가 피적분함수에 포함되어 있는 경우 합성곱을 이용하여 풀 수 있다. f와 g가 알려진 함수일 때, $y(t)$를 구하는 방정식

$$y(t)+\int_0^t g(t-\tau)y(\tau)\,d\tau=f(t)$$

를 **적분방정식**integral equation이라고 한다. 특히 위에 주어진 적분방정식은 볼테라Volterra 적분방정식으로 알려져 있다.

예제 7-29 응용

$y(t)+\int_0^t (t-\tau)y(\tau)\,d\tau=\cos t$에서 $y(t)$를 구하라.

풀이

$\mathcal{L}\{y(t)\}=Y(s)$라 하자. 그러면

$$\int_0^t (t-\tau)y(\tau)\,d\tau=y(t)*t$$

이다. 라플라스 변환에 의해

$$Y(s)+Y(s)\frac{1}{s^2}=\frac{s}{s^2+1}$$

$$Y(s)=\frac{s^3}{(s^2+1)^2}=\frac{s}{s^2+1}-\frac{s}{(s^2+1)^2}$$

이므로, 다음을 얻는다.

$$y(t)=\cos t-\frac{1}{2}t\sin t$$

주기함수의 라플라스 변환

양수 T에 대해 $f(t+T)=f(t)$인 경우 $f(t)$를 주기가 T인 함수라고 한다. 주기함수의 라플라스 변환은 t의 0에서 T까지의 적분으로 구할 수 있다.

정리 7-12 주기함수의 라플라스 변환

$f(t)$가 $t\geq 0$에서 조각별로 연속이고 지수적 차수를 갖고 주기가 T인 함수일 때, 다음을 만족한다.

$$\mathcal{L}\{f(t)\}=\frac{1}{1-e^{-sT}}\int_0^T e^{-st}f(t)\,dt$$

증명 라플라스 변환의 정의에 의해

$$\mathcal{L}\{f(t)\} = \int_0^\infty e^{-st} f(t)\,dt$$

$$= \int_0^T e^{-st} f(t)\,dt + \int_T^\infty e^{-st} f(t)\,dt$$

이다. $t = u + T$, $dt = du$ 라 놓으면,

$$\int_0^T e^{-st} f(t)\,dt + \int_T^\infty e^{-st} f(t)\,dt = \int_0^T e^{-st} f(t)\,dt + \int_0^\infty e^{-s(u+T)} f(u+T)\,du$$

$$= \int_0^T e^{-st} f(t)\,dt + e^{-sT} \int_0^\infty e^{-su} f(u)\,du$$

$$= \int_0^T e^{-st} f(t)\,dt + e^{-sT} \mathcal{L}\{f(t)\}$$

이므로

$$\left(1 - e^{-sT}\right) \mathcal{L}\{f(t)\} = \int_0^T e^{-st} f(t)\,dt$$

이고, 따라서 다음을 만족한다.

$$\mathcal{L}\{f(t)\} = \frac{1}{1 - e^{-sT}} \int_0^T e^{-st} f(t)\,dt$$ ■

예제 7-30 응용

$f(t) = \begin{cases} 1, & 0 \leqq t < 1 \\ -1, & 1 \leqq t < 2 \end{cases}$, $f(t+2) = f(t)$ 의 라플라스 변환을 구하라.

풀이

[정리 7-12]에 의해 다음과 같이 구할 수 있다.

$$\mathcal{L}\{f(t)\} = \frac{1}{1 - e^{-2s}} \int_0^2 e^{-st} f(t)\,dt$$

$$= \frac{1}{1 - e^{-2s}} \left(\int_0^1 e^{-st}\,dt - \int_1^2 e^{-st}\,dt \right)$$

$$= \frac{1}{1 - e^{-2s}} \left(\frac{1 - e^{-s} + e^{-2s} - e^{-s}}{s} \right)$$

$$= \frac{1}{1 - e^{-2s}} \frac{1 - 2e^{-s} + e^{-2s}}{s}$$

$$= \frac{1 - e^{-s}}{s\left(1 + e^{-s}\right)}$$

Section

7.4 라플라스 변환의 활용

라플라스 변환은 공학 및 여러 응용분야에서 많이 사용된다. 여기에서는 디랙 델타함수의 라플라스 변환을 살펴보고, 라플라스 변환을 활용하여 연립 선형 미분방정식의 해를 구하는 방법을 알아보자.

디랙 델타함수

응용분야에서 순간적인 힘이 작용하는 자연현상을 다루는 경우가 발생한다. 예를 들어 매우 짧은 시간 동안 아주 큰 전압 또는 힘이 가해지는 현상이다. 이러한 현상은 다음과 같이 나타낼 수 있다.

$$ay'' + by' + cy = g(t),\ \ g(t) = \begin{cases} 0 & ,\ t \leqq t_0 - \tau \\ \dfrac{1}{2\tau} & ,\ t_0 - \tau \leqq t < t_0 + \tau \\ 0 & ,\ t \geqq t_0 + \tau \end{cases}$$

이때 $g(t) = \delta_\tau(t - t_0)$로 표시하자. 그러면 힘(또는 전압의 시간에 대한 변화율) $g(t)$의 총 충격(또는 총 전압)은

$$I(\tau) = \int_0^\infty g(t)\,dt = \int_{t_0-\tau}^{t_0+\tau} g(t)\,dt = 1 \qquad (\tau \neq 0)$$

이다. $\delta_\tau(t - t_0)$를 **단위충격함수**unit impulse function라 한다.

> **정의 7-13 디랙 델타함수**
>
> 시간의 구간을 점점 작게 할 때, 즉, $(\tau \to 0,\ \tau > 0)$일 때, $\delta_\tau(t - t_0)$를 $\delta(t - t_0)$라 하자. 즉
>
> $$\lim_{\tau \to 0} \delta_\tau(t - t_0) = \delta(t - t_0)$$
>
> 이라 하면, $\delta(t - t_0)$는 **디랙 델타함수**Dirac delta function라 한다.

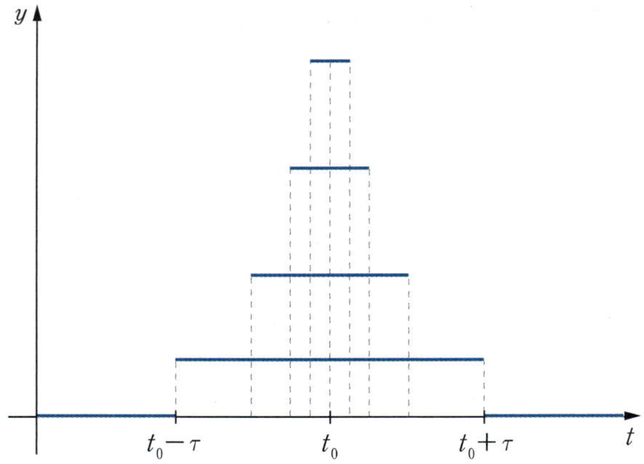

[그림 7-6] $y=\delta_\tau(t)$에서 $\tau\to 0$일 때의 그래프

디랙 델타함수는 다음과 같은 성질을 만족한다.

❶ $\delta(t-t_0)=\begin{cases}\infty, & t=t_0\\ 0, & t\neq t_0\end{cases}$

❷ $\displaystyle\int_{-\infty}^{\infty}\delta(t-t_0)\,dt=1$

디랙 델타함수는 [정리 7-3]을 만족하지는 않지만, 이 함수의 라플라스 변환을 다음과 같이 정의한다.

$$\mathcal{L}\{\delta(t-t_0)\}=\lim_{\tau\to 0}\mathcal{L}\{\delta_\tau(t-t_0)\}$$

정리 7-14 디랙 델타함수의 라플라스 변환

$t_0>0$에 대해 다음을 만족한다.

$$\mathcal{L}\{\delta(t-t_0)\}=e^{-st_0}$$

증명 만약 $\tau<t_0$라면 $t_0-\tau>0$이므로

$$\begin{aligned}\mathcal{L}\{\delta_\tau(t-t_0)\}&=\int_0^{\infty}e^{-st}\delta_\tau(t-t_0)\,dt\\&=\int_{t_0-\tau}^{t_0+\tau}e^{-st}\delta_\tau(t-t_0)\,dt\\&=\frac{1}{2\tau}\int_{t_0-\tau}^{t_0+\tau}e^{-st}\,dt=\left[-\frac{1}{2s\tau}e^{-st}\right]_{t=t_0-\tau}^{t=t_0+\tau}\\&=\frac{1}{2s\tau}e^{-st_0}(e^{s\tau}-e^{-s\tau})\end{aligned}$$

이다. 극한을 계산하면 다음과 같다.

$$\begin{aligned}\mathcal{L}\{\delta(t-t_0)\} &= \lim_{\tau\to 0}\frac{e^{s\tau}-e^{-s\tau}}{2s\tau}\cdot e^{-st_0}\\ &= \lim_{\tau\to 0}\frac{s(e^{s\tau}+e^{-s\tau})}{2s}\cdot e^{-st_0} \quad \leftarrow \text{로피탈의 정리}\\ &= e^{-st_0}\end{aligned}$$

■

특히 $t_0=0$일 때

$$\mathcal{L}\{\delta(t)\}=1$$

이다. 비슷한 방법으로 디랙 델타함수와 연속함수 f의 곱의 적분은 다음과 같이 정의할 수 있다.

$$\begin{aligned}\int_{-\infty}^{\infty}\delta(t-t_0)f(t)\,dt &= \lim_{\tau\to 0}\int_{-\infty}^{\infty}\delta_\tau(t-t_0)f(t)\,dt\\ &= \lim_{\tau\to 0}\frac{1}{2\tau}\int_{t_0-\tau}^{t_0+\tau}f(t)\,dt \quad \leftarrow \text{적분의 평균값 정리}\\ &= \lim_{\tau\to 0}\frac{1}{2\tau}\cdot 2\tau\cdot f(t^*)\\ &= \lim_{\tau\to 0}f(t^*) \qquad \text{단, } t_0-\tau<t^*<t_0+\tau\end{aligned}$$

이처럼 충격 문제를 다루는 경우 디랙 델타함수를 일반적인 함수처럼 연산할 수 있어 편리하다.

예제 7-31

초깃값 문제 $y''+y'+y=\delta(t-\pi)$, $y(0)=0$, $y'(0)=0$을 풀어라. 이 초깃값 문제는 용수철 운동이나 전기회로에서 나타나는 모형이다.

풀이

양변에 라플라스 변환을 취하면

$$\begin{aligned}s^2Y(s)+sY(s)+Y(s) &= e^{-\pi s}\\ (s^2+s+1)Y(s) &= e^{-\pi s}\end{aligned}$$

이다. 따라서

$$\begin{aligned}Y(s) &= \frac{1}{(s^2+s+1)}e^{-\pi s} = \frac{1}{\left(s+\frac{1}{2}\right)^2+\frac{3}{4}}e^{-\pi s}\\ &= \left.\frac{1}{s^2+\frac{3}{4}}\right|_{s\to s+\frac{1}{2}} e^{-\pi s}\end{aligned}$$

이고, 역변환을 취하면

$$\mathcal{L}^{-1}\left\{\frac{1}{s^2+\frac{3}{4}}\right\}_{s\to s+\frac{1}{2}} = \frac{2}{\sqrt{3}}e^{-\frac{1}{2}t}\sin\frac{\sqrt{3}}{2}t$$

이므로, 다음과 같이 나타낼 수 있다.

$$y(t) = \frac{2}{\sqrt{3}}e^{-\frac{1}{2}(t-\pi)}\sin\frac{\sqrt{3}}{2}(t-\pi)u(t-\pi)$$

$$= \begin{cases} 0 & , \quad t < \pi \\ \frac{2}{\sqrt{3}}e^{-\frac{1}{2}(t-\pi)}\sin\frac{\sqrt{3}}{2}(t-\pi), & t \geqq \pi \end{cases}$$

연립 선형 미분방정식의 해

이 절에서는 6.2절에서 미분연산자를 이용하여 풀었던 연립 선형 미분방정식을 라플라스 변환을 이용하여 풀어보자.

예제 7-32

다음과 같이 연립 선형 미분방정식이 주어질 때, $x_1(t)$와 $x_2(t)$를 구하라. 단, $x_1(0) = 150$, $x_2(0) = 50$이다.

$$\frac{dx_1}{dt} = -\frac{3}{10}x_1 + \frac{3}{10}x_2$$
$$\frac{dx_2}{dt} = \frac{1}{5}x_1 - \frac{2}{5}x_2$$

풀이

$\mathcal{L}\{x_1(t)\} = X_1(s)$, $\mathcal{L}\{x_2(t)\} = X_2(s)$라 하고, 주어진 식에 라플라스 변환을 취하면

$$sX_1(s) - 150 + \frac{3}{10}X_1(s) - \frac{3}{10}X_2(s) = 0$$
$$\frac{1}{5}X_1(s) - sX_2(s) + 50 - \frac{2}{5}X_2(s) = 0$$

이다. 이를 정리하면

$$(10s+3)X_1(s) - 3X_2(s) = 1500 \quad (7.4)$$

$$X_1(s) - (5s+2)X_2(s) = -250 \quad (7.5)$$

이다. 식 (7.4)에 $(5s+2)$를 곱한 식에서 식 (7.5)에 3을 곱한 식을 빼면

$$X_1(s)=\frac{7500s+3750}{(5s+3)(10s+1)} \tag{7.6}$$

$$=\frac{150}{5s+3}+\frac{1200}{10s+1}$$

$$=\frac{30}{s+\frac{3}{5}}+\frac{120}{s+\frac{1}{10}}$$

이다. 따라서

$$x_1=30e^{-\frac{3}{5}t}+120e^{-\frac{1}{10}t}$$

이다. 식 (7.6)을 식 (7.4)에 대입하고 정리하면

$$X_2(s)=\frac{2500s+2250}{(5s+3)(10s+1)}$$

$$=-\frac{150}{5s+3}+\frac{800}{10s+1}$$

$$=-\frac{30}{s+\frac{3}{5}}+\frac{80}{s+\frac{1}{10}}$$

이므로

$$x_2=-30e^{-\frac{3}{5}t}+80e^{-\frac{1}{10}t}$$

이다.

예제 7-33

다음과 같이 연립 선형 미분방정식이 주어질 때, $x_1(t)$와 $x_2(t)$를 구하라. 단, $x_1(0)=1$, $x_1{}'(0)=0$, $x_2(0)=2$, $x_2{}'(0)=0$이다.

$$x_1{}''+5x_1=2x_2$$

$$x_2{}''+2x_2=2x_1$$

풀이

주어진 식에 라플라스 변환을 취하면

$$s^2X_1(s) - s + 5X_1(s) = 2X_2(s)$$

$$s^2X_2(s) - 2s + 2X_2(s) = 2X_1(s)$$

이고, 이를 정리하면

$$(s^2+5)X_1(s) - 2X_2(s) = s \tag{7.7}$$

$$2X_1(s) - (s^2+2)X_2(s) = -2s \tag{7.8}$$

이다. 식 (7.7)에 (s^2+2)를 곱한 식에서 식 (7.8)에 −2를 곱한 식을 더하면

$$X_1(s) = \frac{s}{s^2+1}$$

이다. 따라서 $x_1(t) = \cos t$이다. $X_1(s)$를 식 (7.7)에 대입하면

$$X_2(s) = 2\frac{s}{s^2+1}$$

이므로, $x_2(t) = 2\cos t$이다.

Chapter 07 연습문제

[7.1 라플라스 변환]

※ 다음 함수의 라플라스 변환을 구하라.

1. $f(t) = \begin{cases} 0, & 0 \leqq t < 1 \\ t, & t \geqq 1 \end{cases}$

2. $f(t) = \begin{cases} \cos t, & 0 \leqq t < \pi \\ 0, & t \geqq \pi \end{cases}$

3.

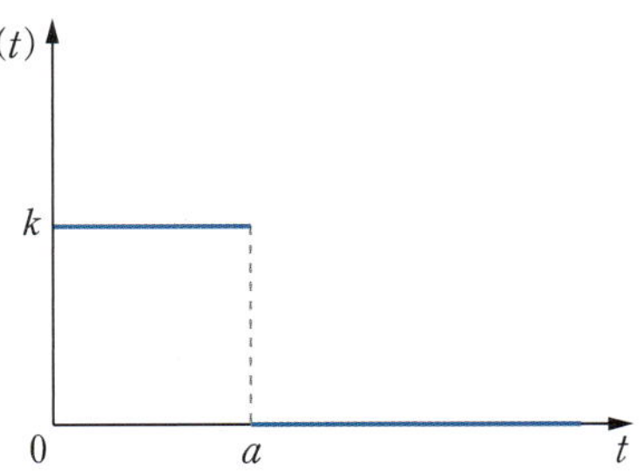

4.

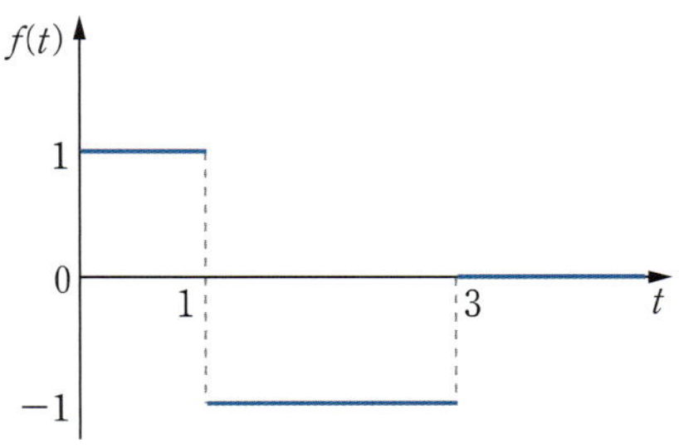

5. $f(t) = \cos \pi t$

6. $f(t) = \sin(\omega t + \theta)$

7. $f(t) = \sin^2 t$

8. $f(t) = e^{at-b}$

9. $f(t) = e^t \sin t$

10. $f(t) = e^{-t} \cos t$

11. 감마함수 $\Gamma(\alpha)$는 다음과 같이 정의된다.

$$\Gamma(\alpha) = \int_0^\infty t^{\alpha-1} e^{-t} dt \quad (\alpha > 0)$$

(a) $\Gamma(\alpha+1) = \alpha\Gamma(\alpha)$ 임을 증명하라.

(b) $\Gamma(1) = 1$ 임을 보여라.

(c) $\Gamma(n+1) = n!$ 임을 보여라. 단, n은 자연수이다.

12. [연습문제 11]을 이용하여 다음을 증명하라.

$$L\{t^\alpha\} = \frac{\Gamma(\alpha+1)}{s^{\alpha+1}}, \ \alpha > -1$$

※ [연습문제 11], [연습문제 12]와 $\Gamma\left(\frac{1}{2}\right) = \sqrt{\pi}$ 를 이용하여 $L\{f(t)\}$를 구하라.

13. $f(t) = t^{-\frac{1}{2}}$

14. $f(t) = t^{\frac{1}{2}}$

15. $f(t) = t^{\frac{3}{2}}$

※ 다음 함수의 라플라스 역변환을 구하라.

16. $\dfrac{1}{s^6}$

17. $\dfrac{1}{2s-\sqrt{2}}$

18. $\dfrac{2s}{s^2+4}$

19. $\dfrac{1}{s^2+4}$

20. $\dfrac{2s}{2s^2+\frac{1}{2}}$

21. $\dfrac{1}{2s^2+\frac{1}{2}}$

22. $\dfrac{s-6}{s^2-25}$

23. $\dfrac{s-6}{s^2+25}$

24. $\dfrac{3}{s^2-3s-4}$

25. $\dfrac{s}{s^2-3s-4}$

26. $\dfrac{4s^2-3s+9}{s(s^2+9)}$

27. $\dfrac{s}{(s-2)(s^2+9)}$

※ 라플라스 변환을 이용하여 다음의 초깃값 문제를 풀어라.

28. $y''+y=\cos 2t,\ y(0)=1,\ y'(0)=1$

29. $y''-3y'+2y=0,\ y(0)=1,\ y'(0)=0$

30. $y''+y=2\sin 2t,\ y(0)=1,\ y'(0)=0$

31. $y^{(4)}-y=0,\ y(0)=0,\ y'(0)=1,\ y''(0)=0,\ y'''(0)=1$

[7.2 라플라스 변환의 성질]

※ 다음을 구하라.

32. $L\{te^{2t}\}$

33. $L\{t^2e^{-2t}\}$

34. $L\{(t+1)^2e^{2t}\}$

35. $L\{e^{2t}\sin 2t\}$

36. $L\{e^{-2t}\cos 2t\}$

37. $L^{-1}\left\{\dfrac{1}{(s+1)^3}\right\}$

38. $L^{-1}\left\{\dfrac{1}{(s-1)^4}\right\}$

39. $L^{-1}\left\{\dfrac{s+5}{(s+2)^2}\right\}$

40. $L^{-1}\left\{\dfrac{2s-4}{s^2-2s+4}\right\}$

41. $L^{-1}\left\{\dfrac{7s+13}{s^2+2s+2}\right\}$

42. $L^{-1}\left\{\dfrac{s^2-4s+7}{s^4-4s^3+6s^2-4s+1}\right\}$

※ 라플라스 변환을 이용하여 다음의 초깃값 문제를 풀어라.

43. $y'' + 4y' + 4y = 0,\ y(0) = 1,\ y'(0) = 1$

44. $y'' - 2y' + 4y = 0,\ y(0) = 2,\ y'(0) = 0$

45. $y'' + 2y' + 2y = \sin t,\ y(0) = 1,\ y'(0) = 0$

46. $y'' + 2y' + 2y = e^{-t},\ y(0) = 0,\ y'(0) = 1$

47. $y''' - 2y'' - y' + 2y = e^{t},\ y(0) = 0,\ y'(0) = 0,\ y''(0) = 1$

48. $y^{(4)} - 4y''' + 6y'' - 4y' + y = 0,\ y(0) = 0,\ y'(0) = 1,\ y''(0) = 0,\ y'''(0) = 1$

※ 다음 함수의 그래프를 그려라.

49. $u(t-1) + u(t-2) - 2u(t-3)$

50. $(t-1)u(t-2) + (t+2)u(t-3)$

51. $f(t-2\pi)u(t-2\pi),\ f(t) = t^2$

52. $f(t-\pi)u(t-\pi),\ f(t) = \cos t$

※ 다음 함수의 라플라스 변환을 구하라.

53. $f(t) = \begin{cases} 0, & 0 \le t < 1 \\ (t-1)^2, & t \ge 1 \end{cases}$

54. $f(t) = \begin{cases} 0, & 0 \le t < 2 \\ t^2 - 4t + 2, & t \ge 2 \end{cases}$

55. $f(t) = \begin{cases} 0, & 0 \le t < \pi \\ t - \pi, & \pi \le t < 3\pi \\ 0, & t \ge 3\pi \end{cases}$

56. $f(t) = u(t-1) + u(t-2) - 2u(t-3)$

57. $f(t) = (t-1)u(t-2) + (t+2)u(t-3)$

※ 다음 함수의 라플라스 역변환을 구하라.

58. $\dfrac{2!}{(s+2)^3}$

59. $\dfrac{e^{-2s}}{s^2 + 2s - 2}$

60. $\dfrac{(s-1)e^{-s}}{s^2 - 2s + 3}$

61. $\dfrac{e^{-s}}{s^2 - 4}$

62. $\dfrac{(s-3)e^{-2s}}{s^2 - 6s + 3}$

63. $\dfrac{e^{-s} + e^{-2s} + e^{-3s} + e^{-4s}}{s - 1}$

※ 라플라스 변환을 이용하여 다음의 초깃값 문제를 풀어라.

64. $y'' + y = f(t),\ y(0) = 0,\ y'(0) = 0,\ f(t) = \begin{cases} 1, & 0 \leqq t < \pi \\ 0, & t \geqq \pi \end{cases}$

65. $y'' + 2y = \cos t - \cos(t - 2\pi)u(t - 2\pi),\ y(0) = 0,\ y'(0) = 0$

66. $y'' - 3y' + 2y = u(t-3),\ y(0) = 0,\ y'(0) = 1$

67. $y'' + y = g(t),\ y(0) = 1,\ y'(0) = 0,\ g(t) = \begin{cases} 2t, & 0 \leqq t < \pi \\ 2, & t \geqq \pi \end{cases}$

68. $4y'' + 4y' + 5y = g(t),\ y(0) = 0,\ y'(0) = 0,\ g(t) = \begin{cases} \cos t, & 0 \leqq t < \pi \\ 0, & t \geqq \pi \end{cases}$

69. $y^{(4)} - y = u(t-1) + u(t-2),\ y(0) = 0,\ y'(0) = 0,\ y''(0) = 0,\ y'''(0) = 0$

70. 다음 회로에서 $E(t) = \begin{cases} t, & 0 < t < 2 \\ 0, & t \geq 2 \end{cases}$ 일 때, 전류 $i(t)$를 구하라.

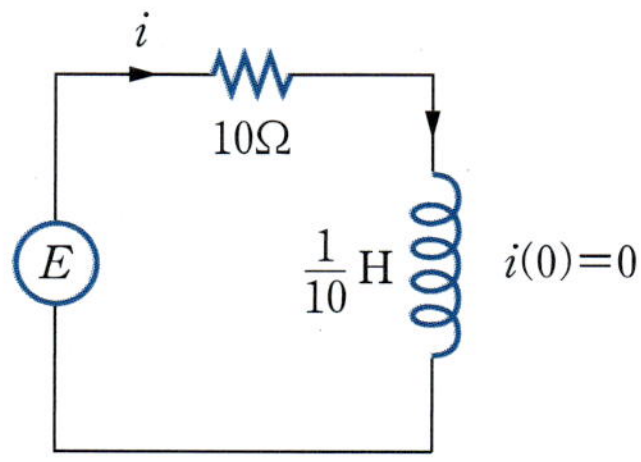

[7.3 합성곱과 주기함수의 라플라스 변환]

※ [정리 7-10]을 이용하여 라플라스 변환을 구하라.

71. $L\{t\sin 2t\}$

72. $L\{t^2 \sin t\}$

73. $L\{te^t \cos t\}$

74. $L\{te^{-t} \sin t\}$

※ 라플라스 변환을 이용하여 다음의 초깃값 문제를 풀어라.

75. $y' + y = t\cos t,\ y(0) = 0$

76. $y'' + 4y = \cos 2t,\ y(0) = 2,\ y'(0) = 2$

※ 다음 함수의 라플라스 변환을 구하라.

77. $f(t) = \int_0^t (t-\tau)^2 \sin\tau\, d\tau$

78. $f(t) = \int_0^t e^{-(t-\tau)} \cos 2\tau\, d\tau$

79. $f(t) = \int_0^t (t-\tau) e^{\tau}\, d\tau$

80. $f(t) = \int_0^t \cos(t-\tau) \sin\tau\, d\tau$

※ 합성곱을 이용하여 다음 함수의 라플라스 역변환을 구하라.

81. $F(s) = \dfrac{1}{s^2(s+1)}$

82. $F(s) = \dfrac{s}{(s-1)(s^2+1)}$

83. $F(s) = \dfrac{1}{(s-1)^2(s^2+1)}$

84. $F(s) = \dfrac{1}{s^3(s+1)}$

※ 합성곱을 이용하여 다음의 초깃값 문제를 풀어라.

85. $y'' + 2y' + 2y = \sin t,\ y(0) = 0,\ y'(0) = 0$

86. $y'' + 4y' + 4y = g(t),\ y(0) = 2,\ y'(0) = -1$

※ 라플라스 변환을 이용하여 다음 방정식을 풀어라.

87. $y(t) + \int_0^t y(\tau)\cos(t-\tau)d\tau = t + e^t$

88. $y(t) + \int_0^t y(\tau)d\tau = 2$

89. $y(t) = \sin t + \int_0^\tau e^{-\tau} y(t-\tau)d\tau$

90. $y(t) + e^t \int_0^t e^{-\tau} y(\tau)d\tau = te^{-t}$

91. $y'(t) + \int_0^t (t-\tau)y(\tau)d\tau = t,\ y(0) = 0$

92. $i(0) = 0$인 다음 회로에서 $E(t) = \begin{cases} 0 & ,\ t < 3 \\ 10(t-3), & t \geq 3 \end{cases}$ 일 때, 전류 $i(t)$를 구하라.

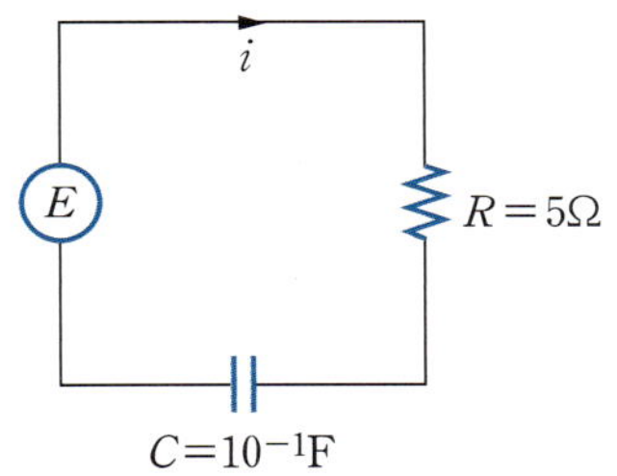

93. $i(0) = 0,\ q(0) = 0$인 다음 회로에서 $E(t) = \begin{cases} 100(t-t^2), & 0 < t < 1 \\ 0 & ,\ t \geq 1 \end{cases}$ 일 때, 전류 $i(t)$를 구하라.

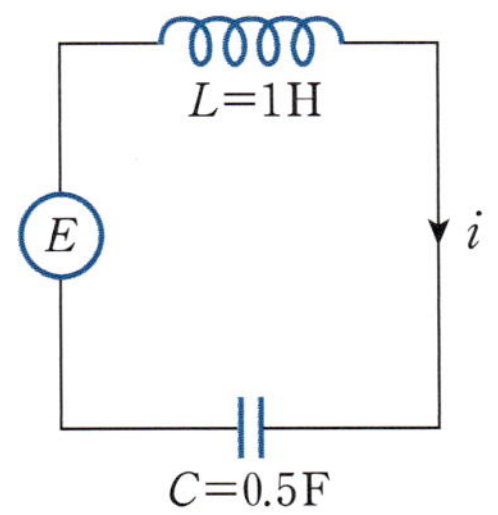

※ 다음 주기함수의 라플라스 변환을 구하라.

94. $f(t) = t,\ 0 \leqq t < 1;\ f(t+1) = f(t)$

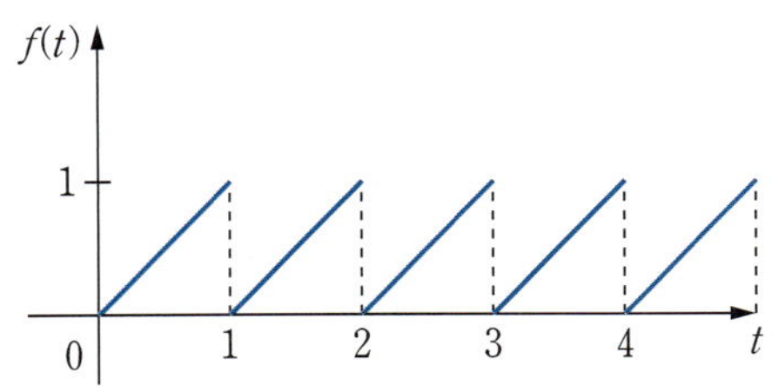

95. $f(t)=\sin t,\ 0\leqq t<\pi;\ f(t+\pi)=f(t)$

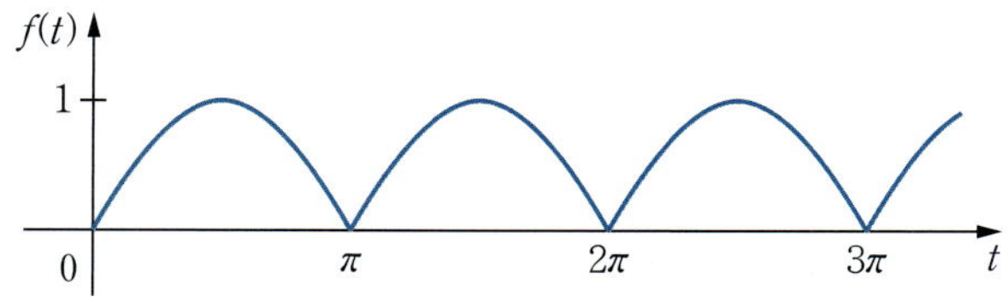

96. $f(t)=\begin{cases} t &, \ 0\leqq t<1 \\ 1-t, & 1\leqq t<2 \end{cases},\ f(t+2)=f(t)$

[7.4 라플라스 변환의 활용]

※ 다음의 초깃값 문제를 풀어라.

97. $y''+9y=\delta(t-\pi),\ y(0)=0,\ y'(0)=0$

98. $y''+y=\delta(t-\pi)-\delta(t-2\pi),\ y(0)=0,\ y'(0)=0$

99. $y''-y=10\delta(t-1),\ y(0)=1,\ y'(0)=0$

100. $y''-y'=\delta(t-2),\ y(0)=0,\ y'(0)=1$

101. $y''+2y'+2y=\sin t+\delta(t-\pi),\ y(0)=0,\ y'(0)=0$

102. $2y''+y'+4y=\delta\left(t-\frac{\pi}{2}\right)\sin t,\ y(0)=0,\ y'(0)=0$

※ 라플라스 변환을 이용하여 다음의 연립 미분방정식의 해를 구하라.

103. $x_1'=2x_2$

$x_2'=-2x_1$

104. $x_1'=x_1-2x_2$

$x_2'=2x_1+4x_2$

105. $x_1'+x_2''=e^{2t}$

$x_1'-x_1+x_2'+x_2=4e^{2t}$

$x_1(0)=0,\ x_2(0)=0,\ x_2'(0)=0$

106. $\dfrac{dx}{dt}=2y$

$\dfrac{dy}{dt}=x-z$

$\dfrac{dz}{dt}=x-y,\ x(0)=1$

$y(0)=1,\ z(0)=1$

107. $y_1'=y_2+1+u(t-2)$

$y_2'=-y_1+1+u(t-2)$

$y_1(0),\ y_2(0)=0$

108. $y_1''-y_2=\sin t$

$y_2''-y_1=-\sin t$

$y_1(0)=0,\ y_1'(0)=3,\ y_2(0)=4,\ y_2'(0)=-3$

109. $x''+2y'+3y=0$

$x''+3y=te^t$

$x(0)=0,\ x'(0)=1,\ y(0)=0$

PART 03

벡터와 선형대수학
Vector and Linear Algebra

CONTENTS

PART 03에서는 무엇을 배울까?

PART 03에서는 벡터와 선형대수학에 대해 배운다. 먼저 8장에서는 벡터의 여러 가지 연산들을 살펴보고, 벡터들의 집합을 추상화한 벡터공간을 다룬다. 그리고 9장에서는 행렬의 계수, 역행렬, 행렬식 등의 성질을 이용하여 연립 선형방정식의 해를 분석한다.

마지막으로 10장에서는 여러 분야에서 활용되고 있는 고윳값과 고유벡터를 살펴보고, 이로부터 직교행렬과 행렬의 대각화를 이해한 후에 이차형식에 적용해본다.

Chapter 08

벡터와 벡터공간

Vectors and Vector Spaces

||| 목차 |||

||| 학습목표 |||

- 벡터와 스칼라에 대해 이해하고, 벡터의 성질을 살펴본다.
- 벡터의 내적과 외적의 정의를 이해하고, 이를 활용할 수 있다.
- 벡터방정식의 개념을 이해한다.
- 직선과 평면을 벡터방정식으로 표현한다.
- 벡터공간과 그 기저에 대해 이해한다.
- 일차독립과 일차종속의 개념을 이해하고, 이들의 기하학적인 의미를 파악한다.

Section

8.1 벡터

자연계의 물리적인 현상을 표현하는 물리량에는 스칼라와 벡터가 있다. **스칼라**scalar는 크기만을 갖는 양으로, 거리, 속력, 넓이, 부피, 온도 등을 표현할 때 사용한다. 그리고 **벡터**vector는 크기와 방향을 갖는 양으로, 속도, 위치, 힘 등을 표현할 때 사용한다. 이 절에서는 벡터의 정의와 성질에 대해 살펴보자.

벡터의 정의

벡터는 두 점을 잇는 화살표로 표시한다. 즉 $\overrightarrow{\mathrm{AB}}$는 점 A가 시점이고 점 B가 종점인 벡터이며, 크기는 두 점 A와 B 사이의 거리이다. 벡터는 $\mathbf{a}$, $\mathbf{b}$로 표기하거나 $\vec{a}$, $\vec{b}$로 표기한다.

원점을 시점으로 하는 위치벡터 $\overrightarrow{\mathrm{OP}}$는 종점인 P의 좌표에 의해 크기와 방향이 결정된다. 즉 [그림 8-1]과 같이 점 P의 좌표가 (x_1, y_1)이거나 (x_1, y_1, z_1)일 때,

$$\overrightarrow{\mathrm{OP}} = \langle x_1, y_1 \rangle \text{ 또는 } \overrightarrow{\mathrm{OP}} = \langle x_1, y_1, z_1 \rangle \tag{8.1}$$

으로 나타낸다. 이때 x_1, y_1, z_1을 벡터 $\overrightarrow{\mathrm{OP}}$의 **성분**component이라 한다.

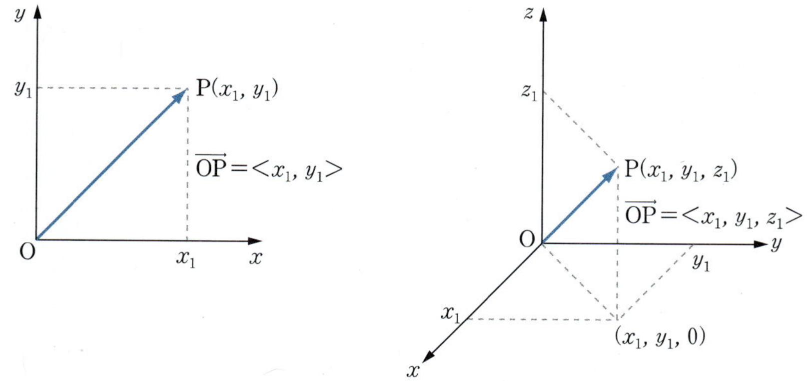

[그림 8-1] $\overrightarrow{\mathrm{OP}} = \langle x_1, y_1 \rangle$과 $\overrightarrow{\mathrm{OP}} = \langle x_1, y_1, z_1 \rangle$

예제 8-1

점 $\mathrm{P}_1(x_1, y_1, z_1)$이 시점이고, 점 $\mathrm{P}_2(x_2, y_2, z_2)$가 종점인 벡터 $\overrightarrow{\mathrm{P}_1\mathrm{P}_2}$를 성분으로 표시하라.

풀이

점 $P_1(x_1, y_1, z_1)$을 원점으로 이동시키면, 점 P_2는 $(x_2-x_1, y_2-y_1, z_2-z_1)$으로 이동하므로

$$\overrightarrow{P_1P_2} = \langle x_2-x_1, y_2-y_1, z_2-z_1 \rangle$$

이 된다.

또한, 벡터의 크기는 다음과 같다.

정리 8-1 벡터의 크기

벡터 $\mathbf{a} = \langle a_1, a_2 \rangle$ 또는 $\mathbf{a} = \langle a_1, a_2, a_3 \rangle$의 크기는 다음과 같다.

$$|\mathbf{a}| = \sqrt{a_1^2 + a_2^2} \quad \text{또는} \quad |\mathbf{a}| = \sqrt{a_1^2 + a_2^2 + a_3^2} \tag{8.2}$$

예제 8-2

[예제 8-1]의 벡터 $\overrightarrow{P_1P_2}$의 크기를 구하라.

풀이

[정리 8-1]에 의해 다음과 같이 구할 수 있다.

$$|\overrightarrow{P_1P_2}| = \sqrt{(x_2-x_1)^2 + (y_2-y_1)^2 + (z_2-z_1)^2}$$

벡터의 성질

벡터는 다음과 같은 성질을 만족한다.

■ 벡터의 상등

두 벡터 $\mathbf{a} = \langle a_1, a_2, a_3 \rangle$, $\mathbf{b} = \langle b_1, b_2, b_3 \rangle$에 대해

$$a_1 = b_1,\ a_2 = b_2,\ a_3 = b_3$$

이면, $\mathbf{a} = \mathbf{b}$이다. 그러므로 두 벡터는 시점과 종점에 관계없이 방향과 크기가 같으면 같은 벡터이다. 이는 벡터 $\mathbf{a}$를 평행이동하면 벡터 $\mathbf{b}$와 겹침을 의미한다.

■ 벡터의 덧셈

두 벡터 $\overrightarrow{AB}$와 $\overrightarrow{AC}$의 덧셈 $\overrightarrow{AB}+\overrightarrow{AC}$는 [그림 8-2]와 같이 벡터 $\overrightarrow{AC}$의 시점 A를 B로 평행이동한 벡터를 $\overrightarrow{BD}$라 할 때, 즉 $\overrightarrow{AC}=\overrightarrow{BD}$일 때

$$\overrightarrow{AB}+\overrightarrow{AC}=\overrightarrow{AB}+\overrightarrow{BD} \tag{8.3}$$

로 정의한다.

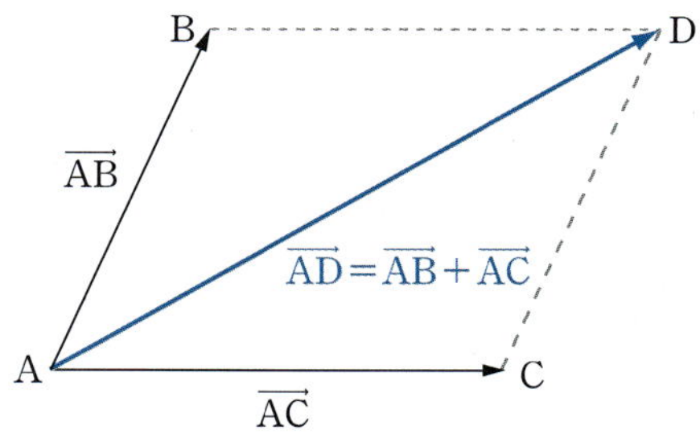

[그림 8-2] $\overrightarrow{AB}+\overrightarrow{AC}=\overrightarrow{AD}$

이와 마찬가지로, 두 벡터 $\mathbf{a}=\langle a_1, a_2, a_3\rangle$와 $\mathbf{b}=\langle b_1, b_2, b_3\rangle$의 덧셈은 다음과 같이 정의할 수 있다.

$$\mathbf{a}+\mathbf{b}=\langle a_1+b_1, a_2+b_2, a_3+b_3\rangle \tag{8.4}$$

■ 벡터의 스칼라 곱

k가 스칼라이고 $\mathbf{a}=\langle a_1, a_2, a_3\rangle$일 때, 스칼라 곱 $k\mathbf{a}$는 길이가 벡터 $\mathbf{a}$ 길이의 $|k|$배이고, 방향은 다음과 같이 정의한다.

$k>0$일 때, $\mathbf{a}$와 같은 방향
$k<0$일 때, $\mathbf{a}$와 반대 방향

이를 성분으로 나타내면 $\mathbf{a}=\langle a_1, a_2, a_3\rangle$일 때,

$$k\mathbf{a}=k\langle a_1, a_2, a_3\rangle=\langle ka_1, ka_2, ka_3\rangle \tag{8.5}$$

이다.

정리 8-2 벡터의 덧셈과 스칼라 곱에 대한 성질

벡터 $\mathbf{a}$, $\mathbf{b}$, $\mathbf{c}$와 스칼라 k_1, k_2에 대해 다음이 성립한다.

(1) $\mathbf{a}+\mathbf{b}=\mathbf{b}+\mathbf{a}$

(2) $\mathbf{a}+(\mathbf{b}+\mathbf{c})=(\mathbf{a}+\mathbf{b})+\mathbf{c}$

(3) $\mathbf{a}+\mathbb{O}=\mathbb{O}+\mathbf{a}=\mathbf{a}$ 단, $\mathbb{O}$는 크기가 0인 벡터

(4) $\mathbf{a}+(-\mathbf{a})=\mathbb{O}$

(5) $k(\mathbf{a}+\mathbf{b})=k\mathbf{a}+k\mathbf{b}$ 단, k는 스칼라

(6) $(k_1+k_2)\mathbf{a}=k_1\mathbf{a}+k_2\mathbf{a}$

(7) $k_1(k_2\mathbf{a})=(k_1k_2)\mathbf{a}=k_2(k_1\mathbf{a})$

예제 8-3

벡터 $\mathbf{a}=\langle 1, 2, 0\rangle$, $\mathbf{b}=\langle 1, 0, -1\rangle$, $\mathbf{c}=\langle -1, 1, 2\rangle$에 대해 다음을 구하라.

(a) $2\mathbf{a}+\mathbf{b}-3\mathbf{c}$를 구하고, 그 크기를 구하라.

(b) 벡터 $\mathbf{d}=\langle 3, 2, 1\rangle$일 때, $k_1\mathbf{a}+k_2\mathbf{b}+k_3\mathbf{c}=\mathbf{d}$를 만족하는 스칼라 k_1, k_2, k_3를 구하라.

풀이

(a)
$$\begin{aligned}2\mathbf{a}+\mathbf{b}-3\mathbf{c}&=2\langle 1, 2, 0\rangle+\langle 1, 0, -1\rangle-3\langle -1, 1, 2\rangle\\&=\langle 2, 4, 0\rangle+\langle 1, 0, -1\rangle+\langle 3, -3, -6\rangle\\&=\langle 2+1+3, 4-3, -1-6\rangle\\&=\langle 6, 1, -7\rangle\end{aligned}$$

(b) $k_1\mathbf{a}+k_2\mathbf{b}+k_3\mathbf{c}=\mathbf{d}$를 나타내면

$$k_1\langle 1, 2, 0\rangle+k_2\langle 1, 0, -1\rangle+k_3\langle -1, 1, 2\rangle=\langle 3, 2, 1\rangle$$
$$\langle k_1+k_2-k_3,\ 2k_1+k_3,\ -k_2+2k_3\rangle=\langle 3, 2, 1\rangle$$

이므로

$$\begin{aligned}k_1+k_2-k_3&=3\\2k_1+k_3&=2\\-k_2+2k_3&=1\end{aligned}$$

이다. 따라서 $k_1=-2$, $k_2=11$, $k_3=6$이다.

예제 8-4 응용

힘 $\mathbf{a}, \mathbf{b}, \mathbf{c}$가 평형상태가 되려면 합이 $\mathbb{O}$이어야 한다. $\mathbf{a} = \langle 1, 3, -2 \rangle$, $\mathbf{b} = \langle 0, 1, -1 \rangle$일 때, 힘 $\mathbf{a}, \mathbf{b}, \mathbf{c}$가 평형상태가 되도록 벡터 $\mathbf{c}$를 구하라.

풀이

$\mathbf{c} = \langle c_1, c_2, c_3 \rangle$라 하면

$$\mathbf{a}+\mathbf{b}+\mathbf{c} = \langle 1+c_1, 4+c_2, -3+c_3 \rangle = \langle 0, 0, 0 \rangle$$

이므로

$$c_1 = -1, \quad c_2 = -4, \quad c_3 = 3$$

이다. 즉 $\mathbf{c} = \langle -1, -4, 3 \rangle$이다.

■ 단위벡터

크기가 1인 벡터를 **단위벡터**unit vector라고 한다. 그러므로 벡터 $\mathbf{a} = \langle a_1, a_2, a_3 \rangle$의 단위벡터는

$$\mathbf{u} = \frac{\mathbf{a}}{|\mathbf{a}|} = \frac{1}{\sqrt{a_1^2 + a_2^2 + a_3^2}} \langle a_1, a_2, a_3 \rangle \tag{8.6}$$

$$-\mathbf{u} = -\frac{\mathbf{a}}{|\mathbf{a}|} = -\frac{1}{\sqrt{a_1^2 + a_2^2 + a_3^2}} \langle a_1, a_2, a_3 \rangle \tag{8.7}$$

이다. 특히 단위벡터는 다음과 같이 표시한다.

- x축 위에 있는 양의 방향으로의 단위벡터 : $\langle 1, 0, 0 \rangle = \vec{i}$
- y축 위에 있는 양의 방향으로의 단위벡터 : $\langle 0, 1, 0 \rangle = \vec{j}$
- z축 위에 있는 양의 방향으로의 단위벡터 : $\langle 0, 0, 1 \rangle = \vec{k}$

그러므로 다음과 같이 나타낼 수 있다.

$$\begin{aligned}\mathbf{a} &= \langle a_1, a_2, a_3 \rangle \\ &= \langle a_1, 0, 0 \rangle + \langle 0, a_2, 0 \rangle + \langle 0, 0, a_3 \rangle \\ &= a_1 \langle 1, 0, 0 \rangle + a_2 \langle 0, 1, 0 \rangle + a_3 \langle 0, 0, 1 \rangle \\ &= a_1 \vec{i} + a_2 \vec{j} + a_3 \vec{k} \end{aligned} \tag{8.8}$$

예제 8-5

$\mathbf{a} = \langle 2, 3, -1 \rangle$과 같은 방향의 단위벡터 $\mathbf{u}$를 구하라.

풀이

$|\mathbf{a}| = \sqrt{4+9+1} = \sqrt{14}$ 이므로, 단위벡터 $\mathbf{u}$는 다음과 같다.

$$\mathbf{u} = \frac{1}{\sqrt{14}} \langle 2, 3, -1 \rangle$$

예제 8-6

$\mathbf{a} = \langle 2, 3, -1 \rangle$를 $\vec{i}, \vec{j}, \vec{k}$로 나타내라.

풀이

식 (8.8)에 의해 다음과 같이 나타낼 수 있다.

$$\mathbf{a} = \langle 2, 3, -1 \rangle = 2\vec{i} + 3\vec{j} - \vec{k}$$

Section
8.2 내적

이 절에서는 벡터의 내적에 대한 정의와 성질, 활용 등을 살펴본다.

내적의 정의

벡터의 내적은 다음과 같이 정의한다.

정의 8-3 내적

두 벡터 $\mathbf{a}$와 $\mathbf{b}$의 **내적**dot product은 다음과 같이 정의한다.

$$\mathbf{a} \cdot \mathbf{b} = |\mathbf{a}||\mathbf{b}| \cos \theta \tag{8.9}$$

이때 θ는 $\mathbf{a}$와 $\mathbf{b}$의 사잇각$(0 \leqq \theta \leqq \pi)$이다.

$\mathbf{a}$와 $\mathbf{b}$의 내적이 스칼라이므로 $\mathbf{a} \cdot \mathbf{b}$를 $\mathbf{a}$와 $\mathbf{b}$의 **스칼라 곱**scalar product이라고도 한다. [정의 8-3]으로부터 $\mathbf{a}$와 $\mathbf{b}$의 내적은 $\mathbf{a}$를 $\mathbf{b}$에 사영시킨 벡터의 크기 $|\mathbf{a}|\cos \theta$와 $|\mathbf{b}|$의 곱 또는 [그림 8-3]과 같이 $\mathbf{b}$를 $\mathbf{a}$에 사영시킨 $|\mathbf{b}| \cos \theta$와 $|\mathbf{a}|$의 곱임을 알 수 있다.

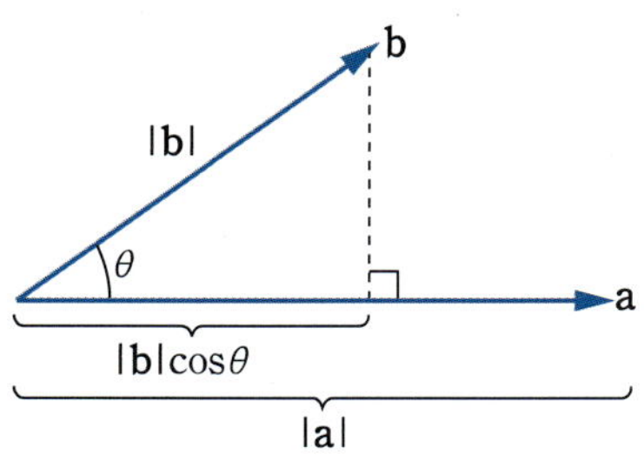

[그림 8-3] a 위로의 b의 사영

이제 두 벡터 $\mathbf{a} = \langle a_1, a_2, a_3 \rangle$, $\mathbf{b} = \langle b_1, b_2, b_3 \rangle$의 내적에 대해 살펴보자.

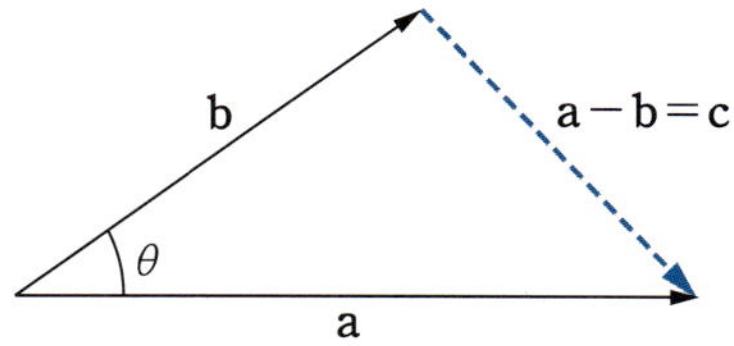

[그림 8-4] 벡터 a, b, c로 이루어진 삼각형

[그림 8-4]는 세 변의 길이가 $|\mathbf{a}|$, $|\mathbf{b}|$, $|\mathbf{c}|$인 삼각형이다. 제2 코사인 정리에 의해

$$|\mathbf{c}|^2 = |\mathbf{a}|^2 + |\mathbf{b}|^2 - 2|\mathbf{a}||\mathbf{b}|\cos\theta$$

이므로

$$|\mathbf{a}||\mathbf{b}|\cos\theta = \frac{1}{2}\left(|\mathbf{a}|^2 + |\mathbf{b}|^2 - |\mathbf{c}|^2\right)$$

이다. [정의 8-3]으로부터 $\mathbf{a}\cdot\mathbf{b} = |\mathbf{a}||\mathbf{b}|\cos\theta$이므로

$$\begin{aligned}\mathbf{a}\cdot\mathbf{b} &= \frac{1}{2}\left[\left(a_1^2 + a_2^2 + a_3^2\right) + \left(b_1^2 + b_2^2 + b_3^2\right) - \left\{(a_1 - b_1)^2 + (a_2 - b_2)^2 + (a_3 - b_3)^2\right\}\right] \\ &= a_1b_1 + a_2b_2 + a_3b_3\end{aligned}$$

이다. 이를 다음과 같이 정리할 수 있다.

> **정리 8-4 벡터의 내적**
>
> 벡터 $\mathbf{a} = \langle a_1, a_2, a_3\rangle$와 $\mathbf{b} = \langle b_1, b_2, b_3\rangle$의 내적은 다음과 같다.
>
> $$\mathbf{a}\cdot\mathbf{b} = a_1b_1 + a_2b_2 + a_3b_3 \tag{8.10}$$

$\mathbf{a} \neq \mathbb{O}$, $\mathbf{b} \neq \mathbb{O}$일 때, $\mathbf{a}\cdot\mathbf{b} = |\mathbf{a}||\mathbf{b}|\cos\theta$이므로 두 벡터의 사잇각을 다음과 같이 구할 수 있다.

$$\cos\theta = \frac{\mathbf{a}\cdot\mathbf{b}}{|\mathbf{a}||\mathbf{b}|} \tag{8.11}$$

또한, θ에 따라

$$\mathbf{a}\cdot\mathbf{b} = \begin{cases} |\mathbf{a}||\mathbf{b}|\cos\theta = 0 \ : \ \theta = \dfrac{\pi}{2} \\ |\mathbf{a}||\mathbf{b}|\cos\theta > 0 \ : \ 0 \leqq \theta < \dfrac{\pi}{2} \\ |\mathbf{a}||\mathbf{b}|\cos\theta < 0 \ : \ \dfrac{\pi}{2} < \theta \leqq \pi \end{cases}$$

임을 알 수 있다.

또한 단위벡터 $\vec{i}$, $\vec{j}$, $\vec{k}$의 내적은 다음과 같다.

$$\vec{i}\cdot\vec{j}=\vec{j}\cdot\vec{k}=\vec{k}\cdot\vec{i}=0$$
$$\vec{i}\cdot\vec{i}=\vec{j}\cdot\vec{j}=\vec{k}\cdot\vec{k}=1$$

내적의 성질

내적의 성질은 다음과 같다.

정리 8-5 내적의 성질

벡터 $\mathbf{a}$, $\mathbf{b}$에 대해 다음이 성립한다.

(1) $\mathbf{a}\cdot\mathbf{b}=\mathbf{b}\cdot\mathbf{a}$

(2) $\mathbf{a}\cdot(\mathbf{b}+\mathbf{c})=\mathbf{a}\cdot\mathbf{b}+\mathbf{a}\cdot\mathbf{c}$

$(\mathbf{a}+\mathbf{b})\cdot\mathbf{c}=\mathbf{a}\cdot\mathbf{c}+\mathbf{b}\cdot\mathbf{c}$

(3) $k(\mathbf{a}\cdot\mathbf{b})=(k\mathbf{a})\cdot\mathbf{b}=\mathbf{a}\cdot(k\mathbf{b})$ 단, k는 스칼라

(4) $\mathbf{a}\cdot\mathbf{a}=|\mathbf{a}|^2$

(5) $\mathbf{a}\cdot\mathbf{a}=0 \iff \mathbf{a}=\mathbb{O}$

증명 $\mathbf{a}=\langle a_1, a_2, a_3\rangle$라 하자.

(4) $\mathbf{a}\cdot\mathbf{a}=\langle a_1, a_2, a_3\rangle\cdot\langle a_1, a_2, a_3\rangle=a_1^2+a_2^2+a_3^2=|\mathbf{a}|^2$

(5) $\mathbf{a}\cdot\mathbf{a}=a_1^2+a_2^2+a_3^2=0 \iff a_1=a_2=a_3=0$, 즉 $\mathbf{a}=\langle 0, 0, 0\rangle=\mathbb{O}$ ■

예제 8-7

$\mathbf{a}=\langle 1, 2, 0\rangle$, $\mathbf{b}=\langle -1, 1, 1\rangle$의 사잇각을 구하라.

풀이

$|\mathbf{a}|=\sqrt{5}$, $|\mathbf{b}|=\sqrt{3}$, $\mathbf{a}\cdot\mathbf{b}=-1+2=1$이므로

$$\cos\theta=\frac{1}{\sqrt{5}\sqrt{3}}=\frac{1}{\sqrt{15}}$$

이다. 따라서 $\theta=\cos^{-1}\frac{1}{\sqrt{15}}$이다.

예제 8-8

$|\mathbf{a}|=1$, $|\mathbf{b}|=2$, $\mathbf{a}\cdot\mathbf{b}=\frac{1}{2}$일 때, $|2\mathbf{a}+\mathbf{b}|$를 구하라.

풀이

[정리 8-5]의 (4)에 의해

$$\begin{aligned}|2\mathbf{a}+\mathbf{b}|^2 &= (2\mathbf{a}+\mathbf{b})\cdot(2\mathbf{a}+\mathbf{b})\\ &= 4\mathbf{a}\cdot\mathbf{a}+2\mathbf{a}\cdot\mathbf{b}+2\mathbf{b}\cdot\mathbf{a}+\mathbf{b}\cdot\mathbf{b}\\ &= 4|\mathbf{a}|^2+4\mathbf{a}\cdot\mathbf{b}+|\mathbf{b}|^2\\ &= 4+2+4\\ &= 10\end{aligned}$$

이므로, $|2\mathbf{a}+\mathbf{b}|=\sqrt{10}$ 이다.

내적의 활용

여기에서는 벡터의 방향각, 사영벡터, 벡터가 한 일에 대해 살펴보자.

■ 방향코사인

벡터 $\mathbf{a}=\langle a_1, a_2, a_3\rangle$가 양의 x축, y축, z축과 이루는 각을 각각 α, β, γ라 하자. 이때 이 각을 $\mathbf{a}$의 **방향각**direction angle이라 하고, $\cos\alpha$, $\cos\beta$, $\cos\gamma$를 $\mathbf{a}$의 **방향코사인**direction cosine이라 한다.

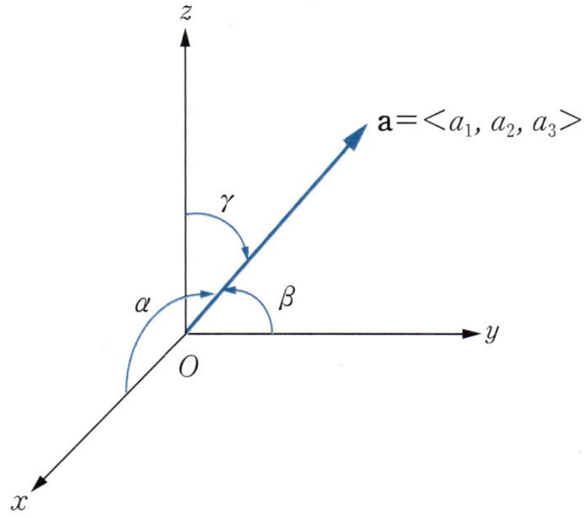

[그림 8-5] a의 방향각

내적의 정의에 의해

$$\mathbf{a}\cdot\vec{i}=|\mathbf{a}||\vec{i}|\cos\alpha$$

이므로, 방향코사인을 다음과 같이 나타낼 수 있다.

$$\cos\alpha=\frac{\mathbf{a}\cdot\vec{i}}{|\mathbf{a}||\vec{i}|}=\frac{a_1}{|\mathbf{a}|}$$

$$\cos\beta=\frac{\mathbf{a}\cdot\vec{j}}{|\mathbf{a}||\vec{j}|}=\frac{a_2}{|\mathbf{a}|} \tag{8.12}$$

$$\cos\gamma=\frac{\mathbf{a}\cdot\vec{k}}{|\mathbf{a}||\vec{k}|}=\frac{a_3}{|\mathbf{a}|}$$

이때 벡터 $\mathbf{a}$와 같은 방향의 단위벡터는

$$\mathbf{u}=\frac{\mathbf{a}}{|\mathbf{a}|}=\left\langle\frac{a_1}{|\mathbf{a}|},\ \frac{a_2}{|\mathbf{a}|},\ \frac{a_3}{|\mathbf{a}|}\right\rangle=\langle\cos\alpha,\ \cos\beta,\ \cos\gamma\rangle$$

이고, 다음이 성립한다.

$$|\mathbf{u}|=\cos^2\alpha+\cos^2\beta+\cos^2\gamma=1$$

예제 8-9

$\mathbf{a}=\langle 1,\ 1,\ -1\rangle$의 방향각과 방향코사인을 구하라.

풀이

먼저 $\mathbf{a}$의 크기를 구하면

$$|\mathbf{a}|=\sqrt{1^2+1^2+(-1)^2}=\sqrt{3}$$

이므로, 방향코사인은

$$\cos\alpha=\frac{1}{\sqrt{3}},\ \cos\beta=\frac{1}{\sqrt{3}},\ \cos\gamma=-\frac{1}{\sqrt{3}}$$

이고, 방향각은 다음과 같다.

$$\alpha=\cos^{-1}\frac{1}{\sqrt{3}}\approx 54.7356^\circ$$

$$\beta=\cos^{-1}\frac{1}{\sqrt{3}}\approx 54.7356^\circ$$

$$\gamma=\cos^{-1}\left(-\frac{1}{\sqrt{3}}\right)\approx 125.2644^\circ$$

■ 사영벡터

두 벡터 a, b에 대해 b를 a에 사영시킨 a 방향의 벡터를 a에 대한 b의 사영벡터라고 하고, 이를 $proj_{\mathrm{a}}\mathrm{b}$로 표기한다.

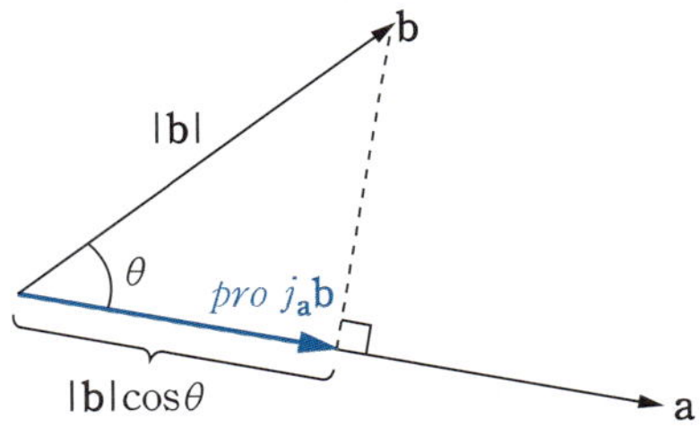

[그림 8-6] a에 대한 b의 사영벡터

그리고 $|\mathrm{b}|\cos\theta = comp_{\mathrm{a}}\mathrm{b}$로 표기한다. 그러면 사영벡터의 크기는

$$\begin{aligned} |proj_{\mathrm{a}}\mathrm{b}| &= |comp_{\mathrm{a}}\mathrm{b}| = ||\mathrm{b}|\cos\theta| \\ &= \left|\frac{|\mathrm{a}\cdot\mathrm{b}|}{|\mathrm{a}|}\right| \\ &= \left|\frac{\mathrm{a}}{|\mathrm{a}|}\cdot\mathrm{b}\right| \qquad (8.13) \end{aligned}$$

이다. 그러므로 사영벡터는 다음과 같이 구할 수 있다.

$$\begin{aligned} proj_{\mathrm{a}}\mathrm{b} &= (comp_{\mathrm{a}}\mathrm{b})\frac{\mathrm{a}}{|\mathrm{a}|} \\ &= \frac{\mathrm{a}\cdot\mathrm{b}}{|\mathrm{a}|}\frac{\mathrm{a}}{|\mathrm{a}|} \\ &= \frac{\mathrm{a}\cdot\mathrm{b}}{|\mathrm{a}|^2}\mathrm{a} \\ &= \frac{\mathrm{a}\cdot\mathrm{b}}{\mathrm{a}\cdot\mathrm{a}}\mathrm{a} \qquad (8.14) \end{aligned}$$

예제 8-10

$\mathrm{a} = \langle -1, 2, 1\rangle$에 대한 $\mathrm{b} = \langle 1, 3, 2\rangle$의 사영벡터 $proj_{\mathrm{a}}\mathrm{b}$와 그 크기를 구하라.

풀이

먼저 두 벡터에 대한 내적을 구하면

$$\mathrm{a}\cdot\mathrm{a} = 1+4+1 = 6$$
$$\mathrm{a}\cdot\mathrm{b} = -1+6+2 = 7$$

이므로, 식 (8.13)과 식 (8.14)에 의해

$$proj_{\mathbf{a}}\mathbf{b} = \frac{7}{6}\langle -1, 2, 1\rangle$$

$$|proj_{\mathbf{a}}\mathbf{b}| = \left|\frac{\mathbf{a}}{|\mathbf{a}|}\cdot\mathbf{b}\right| = \frac{7}{\sqrt{6}}$$

이다.

■ 일

일정한 힘 $\mathbb{F}$가 물체를 $\mathbf{d}$만큼 이동시켰을 때, 힘 $\mathbb{F}$가 물체에 한 일의 양은 다음과 같이 나타낼 수 있다.

$$W = \mathbb{F}\cdot\mathbf{d} = |\mathbb{F}||\mathbf{d}|\cos\theta \qquad (8.15)$$

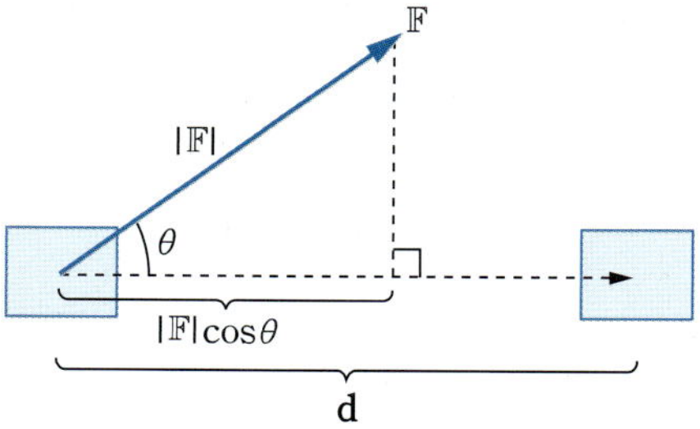

[그림 8-7] 힘 $\mathbb{F}$가 한 일

예제 8-11

일정한 힘 $\mathbb{F} = 2\vec{i} + 3\vec{j} + \vec{k}$가 물체를 $P_1(3, 1, 1)$에서 $P_2(1, 4, 2)$로 움직였을 때, 힘 $\mathbb{F}$가 한 일을 구하라.

풀이

물체가 이동한 변위는

$$\mathbf{d} = \overrightarrow{P_1P_2} = \langle -2, 3, 1\rangle$$

이므로, 힘 $\mathbb{F}$가 한 일을 구하면 다음과 같다.

$$W = \mathbb{F}\cdot\mathbf{d} = \langle 2, 3, 1\rangle\cdot\langle -2, 3, 1\rangle = 6$$

Section
8.3 외적

이 절에서는 벡터의 외적에 대한 정의와 성질, 활용 등을 살펴본다.

외적의 정의

벡터의 외적은 다음과 같이 정의한다.

정의 8-6 외적

두 벡터 $\mathbf{a}$와 $\mathbf{b}$의 **외적**cross product은 다음과 같이 정의한다.

$$\mathbf{a} \times \mathbf{b} = \underbrace{(|\mathbf{a}||\mathbf{b}|\sin\theta)}_{\text{크기}}\underbrace{\mathbf{n}}_{\text{방향}} \tag{8.16}$$

이때 θ는 $\mathbf{a}$와 $\mathbf{b}$의 사잇각이며, $\mathbf{n}$은 $\mathbf{a}$와 $\mathbf{b}$가 이루는 평면에 수직인 단위벡터이다.

외적 $\mathbf{a} \times \mathbf{b}$의 방향은 [그림 8-8]과 같으며, $\mathbf{n}$은 오른손 법칙에 의해 결정한다.

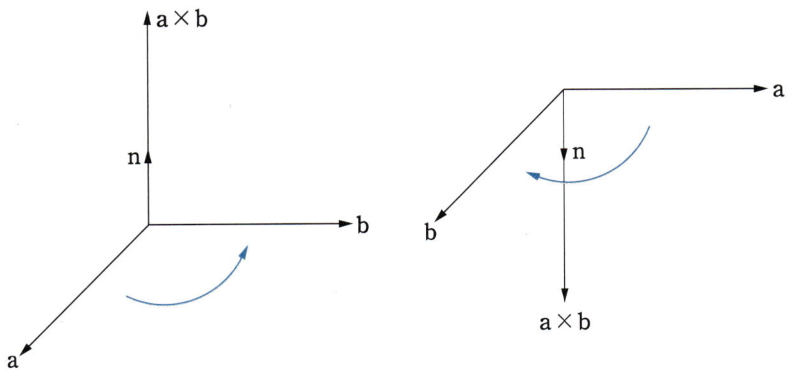

[그림 8-8] $\mathbf{a} \times \mathbf{b}$의 방향

$|\mathbf{a} \times \mathbf{b}| = |\mathbf{a}||\mathbf{b}|\sin\theta$는 [그림 8-9]와 같이 $\mathbf{a}$와 $\mathbf{b}$를 두 변으로 하는 평행사변형의 면적이다. 또한 $\mathbf{a}$와 $\mathbf{b}$의 외적이 벡터이고, $\mathbf{a} \times \mathbf{b}$를 $\mathbf{a}$와 $\mathbf{b}$의 **벡터곱**이라고도 한다.

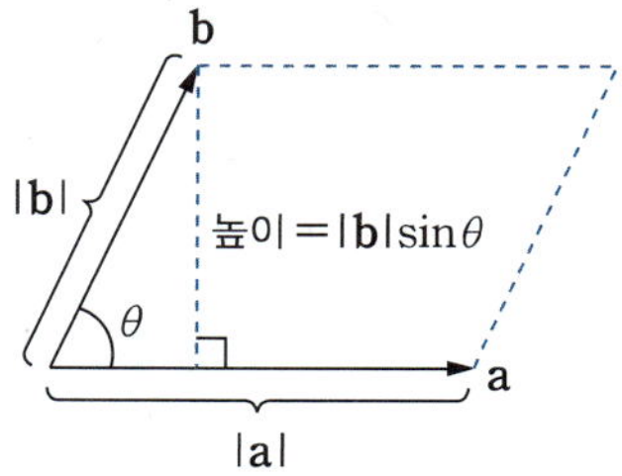

[그림 8-9] $|\mathbf{a}\times\mathbf{b}| = |\mathbf{a}||\mathbf{b}|\sin\theta$

정리 8-7 외적의 크기와 방향

벡터 a, b에 대해 두 벡터의 외적은 다음을 만족한다.

$$\mathbf{a}\times\mathbf{b}=\mathbf{v}=\begin{cases} |\mathbf{v}|=|\mathbf{a}||\mathbf{b}|\sin\theta \ : \ \mathbf{a}\text{와 }\mathbf{b}\text{가 두 변인 평행사변형의 면적과 같다.} \\ \mathbf{v}\text{의 방향} : \mathbf{v}\perp\mathbf{a}\text{이고 }\mathbf{v}\perp\mathbf{b}\text{, 오른손 법칙에 의해 결정된다.} \end{cases}$$

이때 $\mathbf{a}/\!/\mathbf{b}$이면 $\theta=0$ 또는 $\theta=\pi$이므로

$$a\times b=\mathbb{O}$$

이다. 또한 정의에 의해

$$\mathbf{a}\times\mathbf{b}=-(\mathbf{b}\times\mathbf{a})$$

이므로, 외적은 교환법칙이 성립되지 않는다. 또한, 단위벡터 $\vec{i}$, $\vec{j}$, $\vec{k}$에 대한 외적은 다음과 같다.

$$\vec{i}\times\vec{j}=\vec{k},\ \vec{j}\times\vec{k}=\vec{i},\ \vec{k}\times\vec{i}=\vec{j}$$
$$\vec{j}\times\vec{i}=-\vec{k},\ \vec{k}\times\vec{j}=-\vec{i},\ \vec{i}\times\vec{k}=-\vec{j}$$

외적의 성질

외적의 성질은 다음과 같다.

정리 8-8 외적의 성질

벡터 a, b에 대해 다음이 성립한다.

(1) $\mathbf{a}\times\mathbf{b}=-\mathbf{b}\times\mathbf{a}$

(2) $k(\mathbf{a}\times\mathbf{b})=(k\mathbf{a})\times\mathbf{b}=\mathbf{a}\times(k\mathbf{b})$ 단, k는 스칼라

(3) $\mathbf{a}\times(\mathbf{b}+\mathbf{c})=\mathbf{a}\times\mathbf{b}+\mathbf{a}\times\mathbf{c}$
$(\mathbf{a}+\mathbf{b})\times\mathbf{c}=\mathbf{a}\times\mathbf{c}+\mathbf{b}\times\mathbf{c}$

이때 주의할 점은 $\mathbf{a}\times(\mathbf{b}\times\mathbf{c})\neq(\mathbf{a}\times\mathbf{b})\times\mathbf{c}$라는 것이다. 즉 외적은 결합법칙이 성립하지 않는다.

두 벡터 $\mathbf{a}=\langle a_1, a_2, a_3\rangle$, $\mathbf{b}=\langle b_1, b_2, b_3\rangle$일 때,

$$
\begin{aligned}
\mathbf{a}\times\mathbf{b} &= \left(a_1\vec{i}+a_2\vec{j}+a_3\vec{k}\right)\times\left(b_1\vec{i}+b_2\vec{j}+b_3\vec{k}\right)\\
&= a_1\vec{i}\times\left(b_1\vec{i}+b_2\vec{j}+b_3\vec{k}\right)+a_2\vec{j}\times\left(b_1\vec{i}+b_2\vec{j}+b_3\vec{k}\right)\\
&\qquad +a_3\vec{k}\times\left(b_1\vec{i}+b_2\vec{j}+b_3\vec{k}\right)\\
&= a_1b_1\vec{i}\times\vec{i}+a_1b_2\vec{i}\times\vec{j}+a_1b_3\vec{i}\times\vec{k}+a_2b_1\vec{j}\times\vec{i}+a_2b_2\vec{j}\times\vec{j}+a_2b_3\vec{j}\times\vec{k}\\
&\qquad +a_3b_1\vec{k}\times\vec{i}+a_3b_2\vec{k}\times\vec{j}+a_3b_3\vec{k}\times\vec{k}\\
&= a_1b_2\vec{k}-a_1b_3\vec{j}-a_2b_1\vec{k}+a_2b_3\vec{i}+a_3b_1\vec{j}-a_3b_2\vec{i}\\
&= \left(a_2b_3-a_3b_2\right)\vec{i}-\left(a_1b_3-a_3b_1\right)\vec{j}+\left(a_1b_2-a_2b_1\right)\vec{k}\\
&= \begin{vmatrix} a_2 & a_3 \\ b_2 & b_3 \end{vmatrix}\vec{i}-\begin{vmatrix} a_1 & a_3 \\ b_1 & b_3 \end{vmatrix}\vec{j}+\begin{vmatrix} a_1 & a_2 \\ b_1 & b_2 \end{vmatrix}\vec{k}\\
&= \begin{vmatrix} \vec{i} & \vec{j} & \vec{k} \\ a_1 & a_2 & a_3 \\ b_1 & b_2 & b_3 \end{vmatrix}
\end{aligned}
$$

이다. 즉 다음과 같이 정리할 수 있다.

정리 8-9 벡터의 외적

벡터 $\mathbf{a}=\langle a_1, a_2, a_3\rangle$, $\mathbf{b}=\langle b_1, b_2, b_3\rangle$의 외적은 다음과 같다.

$$\mathbf{a}\times\mathbf{b}=\begin{vmatrix} \vec{i} & \vec{j} & \vec{k} \\ a_1 & a_2 & a_3 \\ b_1 & b_2 & b_3 \end{vmatrix} \tag{8.17}$$

예제 8-12

벡터 $\mathbf{a}=\langle 1, 2, 3\rangle$, $\mathbf{b}=\langle 2, -1, 3\rangle$일 때, $\mathbf{a}\times\mathbf{b}$를 구하라.

풀이

[정리 8-9]에 의해 다음과 같이 구할 수 있다.

$$\mathbf{a}\times\mathbf{b}=\begin{vmatrix} \vec{i} & \vec{j} & \vec{k} \\ 1 & 2 & 3 \\ 2 & -1 & 3 \end{vmatrix}=(6+3)\vec{i}-(3-6)\vec{j}+(-1-4)\vec{k}=9\vec{i}+3\vec{j}-5\vec{k}$$

또한 [정리 8-7]로부터 다음의 정리를 유도할 수 있다.

정리 8-10 두 벡터의 평행

$\mathbf{a} \neq \mathbb{O}$, $\mathbf{b} \neq \mathbb{O}$에 대해, 다음을 만족한다.

$$\mathbf{a} /\!/ \mathbf{b} \quad \Leftrightarrow \quad \mathbf{a} \times \mathbf{b} = \mathbb{O}$$

예제 8-13

벡터 $\mathbf{a} = \langle 1, 2, 3 \rangle$, $\mathbf{b} = \left\langle \frac{1}{2}, 1, \frac{3}{2} \right\rangle$가 평행함을 보여라.

풀이

[정리 8-10]에 의해

$$\mathbf{a} \times \mathbf{b} = \begin{vmatrix} \vec{i} & \vec{j} & \vec{k} \\ 1 & 2 & 3 \\ \frac{1}{2} & 1 & \frac{3}{2} \end{vmatrix} = \mathbb{O}$$

이므로, $\mathbf{a} /\!/ \mathbf{b}$이다.

외적의 활용

여기에서는 삼각형의 넓이, 평행육면체의 부피에 대해 살펴본다.

■ 삼각형의 넓이

[그림 8-10]과 같이 평행하지 않은 두 벡터 $\mathbf{a}$, $\mathbf{b}$를 두 변으로 하는 평행사변형의 넓이는 다음과 같다.

$$A = |\mathbf{a}||\mathbf{b}|\sin\theta = |\mathbf{a} \times \mathbf{b}| \tag{8.18}$$

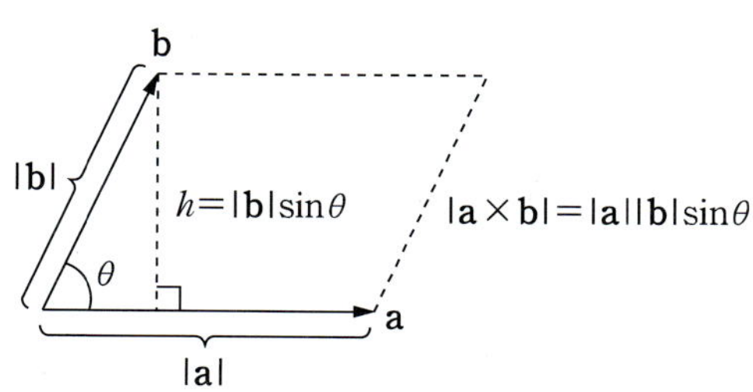

[그림 8-10] 평행사변형의 면적

이때 두 벡터 $\mathbf{a}$, $\mathbf{b}$를 두 변으로 하는 삼각형의 넓이는 다음과 같다.

$$A = \frac{1}{2}|\mathbf{a}||\mathbf{b}|\sin\theta = \frac{1}{2}|\mathbf{a}\times\mathbf{b}| \tag{8.19}$$

예제 8-14

세 점 P(1, 0, 1), Q(0, 1, 2), R(3, 2, 1)이 만드는 삼각형의 넓이를 구하라.

풀이

점 P를 시점으로 점 Q와 점 R이 종점인 벡터를 각각 구하면

$$\overrightarrow{PQ} = \langle -1, 1, 1\rangle,\ \overrightarrow{PR} = \langle 2, 2, 0\rangle$$

이므로

$$\overrightarrow{PQ}\times\overrightarrow{PR} = \begin{vmatrix} \vec{i} & \vec{j} & \vec{k} \\ -1 & 1 & 1 \\ 2 & 2 & 0 \end{vmatrix} = -2\vec{i} + 2\vec{j} - 4\vec{k}$$

$$|\overrightarrow{PQ}\times\overrightarrow{PR}| = \sqrt{4+4+16} = \sqrt{24} = 2\sqrt{6}$$

이다. 따라서 삼각형의 넓이는 $\sqrt{6}$ 이다.

■ 스칼라 삼중적

세 벡터 $\mathbf{a}$, $\mathbf{b}$, $\mathbf{c}$의 **스칼라 삼중적**scalar triple product은

$$\mathbf{a}\cdot(\mathbf{b}\times\mathbf{c})$$

이다. 이를 성분으로 계산하면 다음과 같다.

$$\begin{aligned}
\mathbf{a}\cdot(\mathbf{b}\times\mathbf{c}) &= \left(a_1\vec{i} + a_2\vec{j} + a_3\vec{k}\right)\cdot \begin{vmatrix} \vec{i} & \vec{j} & \vec{k} \\ b_1 & b_2 & b_3 \\ c_1 & c_2 & c_3 \end{vmatrix} \\
&= \left(a_1\vec{i} + a_2\vec{j} + a_3\vec{k}\right)\cdot\left(\begin{vmatrix} b_2 & b_3 \\ c_2 & c_3 \end{vmatrix}\vec{i} - \begin{vmatrix} b_1 & b_3 \\ c_1 & c_3 \end{vmatrix}\vec{j} + \begin{vmatrix} b_1 & b_2 \\ c_1 & c_2 \end{vmatrix}\vec{k}\right) \\
&= a_1\begin{vmatrix} b_2 & b_3 \\ c_2 & c_3 \end{vmatrix} - a_2\begin{vmatrix} b_1 & b_3 \\ c_1 & c_3 \end{vmatrix} + a_3\begin{vmatrix} b_1 & b_2 \\ c_1 & c_2 \end{vmatrix} \\
&= \begin{vmatrix} a_1 & a_2 & a_3 \\ b_1 & b_2 & b_3 \\ c_1 & c_2 & c_3 \end{vmatrix}
\end{aligned}$$

$\mathbf{a}\cdot(\mathbf{b}\times\mathbf{c})=(\mathbf{a}\,\mathbf{b}\,\mathbf{c})$라고 하면, 행렬식의 성질에 의해

$$(\mathbf{a}\mathbf{b}\mathbf{c})=-(\mathbf{a}\mathbf{c}\mathbf{b})=(\mathbf{c}\mathbf{a}\mathbf{b})$$

이므로, 다음이 성립한다.

$$\mathbf{a}\cdot(\mathbf{b}\times\mathbf{c})=\mathbf{c}\cdot(\mathbf{a}\times\mathbf{b})=(\mathbf{a}\times\mathbf{b})\cdot\mathbf{c}$$

■ 평행육면체의 부피

스칼라 삼중적을 이용하면 다음과 같이 평행육면체의 부피를 구할 수 있다.

정리 8-11 평행육면체의 부피

동일한 평면상에 있지 않는 세 벡터 **a**, **b**, **c**를 모서리로 갖는 평행육면체의 부피는

$$V=|(\mathbf{a}\mathbf{b}\mathbf{c})|=|\mathbf{a}\cdot(\mathbf{b}\times\mathbf{c})|=|\mathbf{a}||\mathbf{b}\times\mathbf{c}||\cos\theta| \tag{8.20}$$

이다. 이때 θ는 벡터 **a**와 $\mathbf{b}\times\mathbf{c}$ 사이의 각이다.

이때 $|\mathbf{b}\times\mathbf{c}|$는 **b**와 **c**를 두 변으로 하는 평행사변형의 넓이로써 평행육면체의 밑면적이고, 높이는 $h=|\mathbf{a}||\cos\theta|$이다.

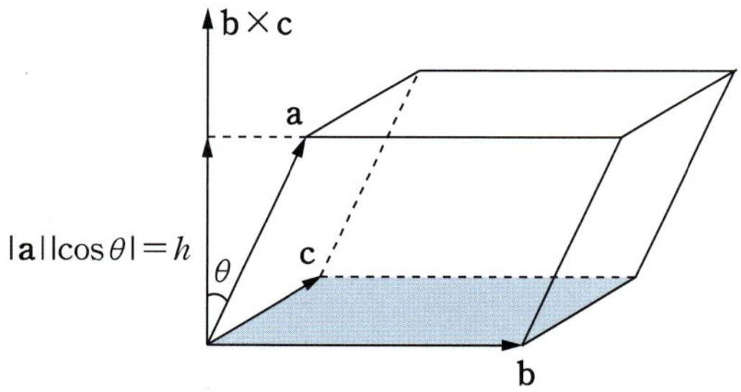

[그림 8-11] 평행육면체의 부피

[정리 8-11]로부터 다음의 정리를 유도할 수 있다.

정리 8-12 동일 평면상의 세 벡터

세 벡터 **a**, **b**, **c**가 동일 평면상에 있을 필요충분조건은 $\mathbf{a}\cdot(\mathbf{b}\times\mathbf{c})=0$이다.

Section
8.4 3차원 공간에서의 직선과 평면

지금까지는 벡터의 내적과 외적에 대해 살펴보았다. 이 절에서는 3차원 공간에서 직선의 벡터방정식과 평면의 벡터방정식에 대해 살펴본다.

직선의 벡터방정식

두 점 $P_1(x_1, y_1, z_1)$, $P_2(x_2, y_2, z_2)$를 지나는 직선 l의 벡터방정식을 구해보자.

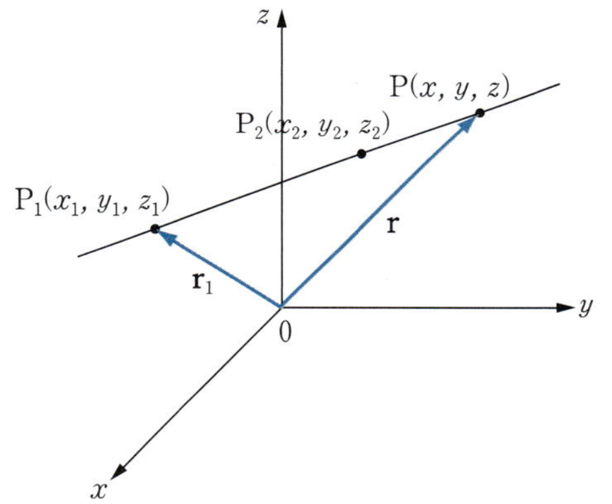

[그림 8-12] 두 점을 지나는 직선

직선 l 위에 있는 임의의 점을 $P(x, y, z)$라 하자. 그러면 직선 l을 나타내는 벡터는

$$\overrightarrow{OP} = \overrightarrow{OP_1} + t\,\overrightarrow{P_1P_2} \quad \text{단, } t\text{는 임의의 실수}$$

이고, $\overrightarrow{OP} = \mathbf{r}$, $\overrightarrow{OP_1} = \mathbf{r}_1$, $\overrightarrow{P_1P_2} = \mathbf{a}$라 놓으면, 직선 l의 **벡터방정식**vector equation은

$$\mathbf{r} = \mathbf{r}_1 + t\mathbf{a} \quad \text{단, } t\text{는 임의의 실수} \tag{8.21}$$

이다. 직선 l은 점 P_1과 P_2를 지나며 $\mathbf{a}$에 평행하므로 $\mathbf{a}$를 직선 l의 **방향벡터**라 한다. 직선 l을 성분으로 나타내면

$$\begin{aligned}\langle x, y, z\rangle &= \langle x_1, y_1, z_1\rangle + t\langle x_2 - x_1, y_2 - y_1, z_2 - z_1\rangle \\ &= \langle x_1 + t(x_2 - x_1), y_1 + t(y_2 - y_1), z_1 + t(z_2 - z_1)\rangle \end{aligned} \tag{8.22}$$

이므로

$$
\begin{aligned}
x &= x_1 + t(x_2 - x_1) \\
y &= y_1 + t(y_2 - y_1) \qquad (8.23) \\
z &= z_1 + t(z_2 - z_1)
\end{aligned}
$$

이고, 이 식을 직선 l의 **매개변수방정식**parametric equation이라고 한다. 이 식을 t에 관해 정리하면

$$
t = \frac{x - x_1}{x_2 - x_1} = \frac{y - y_1}{y_2 - y_1} = \frac{z - z_1}{z_2 - z_1} \qquad (8.24)
$$

이고, 이 식을 직선 l의 **대칭방정식**symmetric equation이라 한다.

예제 8-15

두 점 $P_1(3, 2, 1)$과 $P_2(4, 5, 6)$을 지나는 직선 l의 벡터방정식, 매개변수방정식, 대칭방정식을 구하라.

풀이

방향벡터를 구하면

$$
\mathbf{a} = \overrightarrow{P_1P_2} = \langle 1, 3, 5 \rangle
$$

이다. 직선 l은 $P_1(3, 2, 1)$을 지나고 $\mathbf{a}$에 평행하므로, 벡터방정식은

$$
\langle x, y, z \rangle = \langle 3, 2, 1 \rangle + t\langle 1, 3, 5 \rangle
$$

단, t는 임의의 실수

이다. 또는 직선 l이 $P_2(4, 5, 6)$을 지나고 $\mathbf{a}$에 평행하므로

$$
\langle x, y, z \rangle = \langle 4, 5, 6 \rangle + t\langle 1, 3, 5 \rangle
$$

이다. 따라서 매개변수방정식은

$$
\begin{aligned}
x &= 3 + t & & & x &= 4 + t \\
y &= 2 + 3t & &\text{또는} & y &= 5 + 3t \\
z &= 1 + 5t & & & z &= 6 + 5t
\end{aligned}
$$

이고, 대칭방정식은 다음과 같다.

$$
t = x - 3 = \frac{y-2}{3} = \frac{z-1}{5} \quad \text{또는} \quad t = x - 4 = \frac{y-5}{3} = \frac{z-6}{5}
$$

예제 8-16

점 $P_1(1, 2, 3)$을 지나고 $\mathbf{a} = \langle 4, 5, 6 \rangle$에 평행한 직선을 구하라.

풀이

구하고자 하는 직선 l의 벡터방정식은

$$\langle x, y, z \rangle = \langle 1, 2, 3 \rangle + t\langle 4, 5, 6 \rangle$$

이다. 따라서 매개변수방정식은

$$x = 1 + 4t$$

$$y = 2 + 5t$$

$$z = 3 + 6t$$

이고, 대칭방정식은 다음과 같다.

$$t = \frac{x-1}{4} = \frac{y-2}{5} = \frac{z-3}{6}$$

평면의 벡터방정식

평면의 벡터방정식은 다음과 같이 구할 수 있다.

■ 한 점을 지나고 한 벡터에 수직인 평면

한 점을 지나는 평면은 무수히 많다. 여기에 하나의 조건을 첨가해서 생각해보자. 한 점을 지나고, 하나의 벡터에 수직인 평면은 유일하다. 한 점 $P_1(x_1, y_1, z_1)$을 지나고 $\mathbf{n} = \langle a, b, c \rangle$에 수직인 평면을 구해보자. 이때 이 평면 위의 임의의 점을 $P(x, y, z)$라 하자.

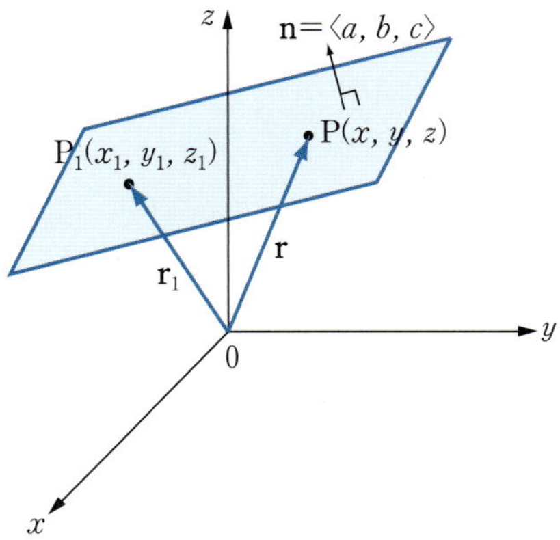

[그림 8-13] 한 점 P_1을 지나고 $\mathbf{n}$에 수직인 평면

$\overrightarrow{OP} = \mathbf{r} = \langle x, y, z \rangle$, $\overrightarrow{OP_1} = \mathbf{r}_1 = \langle x_1, y_1, z_1 \rangle$이라 하면 $\overrightarrow{P_1P} = \mathbf{r} - \mathbf{r}_1$이고 $\mathbf{n}$에 수직이므로

$$(\mathbf{r} - \mathbf{r}_1) \cdot \mathbf{n} = 0 \qquad (8.25)$$

이다. 이를 성분으로 나타내면

$$\langle x - x_1, \ y - y_1, \ z - z_1 \rangle \cdot \langle a, b, c \rangle = 0$$
$$a(x - x_1) + b(y - y_1) + c(z - z_1) = 0$$
$$ax + by + cz = ax_1 + by_1 + cz_1 \qquad (8.26)$$

이고, 이 식이 점 $P_1(x_1, y_1, z_1)$을 지나고 벡터 $\mathbf{n} = \langle a, b, c \rangle$에 수직인 평면의 방정식이다. 이때 벡터 $\mathbf{n}$을 평면의 **법선벡터**라 한다.

예제 8-17

점 $P_1(1, 2, 3)$을 지나고 $\mathbf{n} = \langle 4, 5, 6 \rangle$에 수직인 평면의 방정식을 구하라.

풀이

평면 위 임의의 점을 $P(x, y, z)$라 하면

$$\overrightarrow{P_1P} = \langle x - 1, \ y - 2, \ z - 3 \rangle$$

이고, $\mathbf{n} = \langle 4, 5, 6 \rangle$에 수직이므로

$$\langle x - 1, \ y - 2, \ z - 3 \rangle \cdot \langle 4, \ 5, \ 6 \rangle = 0$$
$$4(x - 1) + 5(y - 2) + 6(z - 3) = 0$$
$$4x + 5y + 6z = 4 + 10 + 18 = 32$$

이다.

■ 세 점을 지나는 평면

서로 다른 세 점을 지나는 평면의 방정식은 이 평면에 수직인 벡터 $\mathbf{n}$을 찾으면 결정할 수 있다.

세 점을 $P_1(x_1, y_1, z_1)$, $P_2(x_2, y_2, z_2)$, $P_3(x_3, y_3, z_3)$라 하면 법선벡터 $\mathbf{n}$은 $\overrightarrow{P_1P_2} = \langle x_2 - x_1, \ y_2 - y_1, \ z_2 - z_1 \rangle$과 $\overrightarrow{P_2P_3} = \langle x_3 - x_2, \ y_3 - y_2, \ z_3 - z_2 \rangle$에 동시에 수직이므로

$$\mathbf{n} = \overrightarrow{P_1P_2} \times \overrightarrow{P_2P_3} \qquad (8.27)$$

이다.

예제 8-18

세 점 $P_1(1, 2, 3)$, $P_2(4, 5, 6)$, $P_3(3, 2, 1)$을 지나는 평면의 방정식을 구하라.

풀이

$$\overrightarrow{P_1P_2} = \langle 3,\ 3,\ 3 \rangle,\ \ \overrightarrow{P_2P_3} = \langle -1,\ -3,\ -5 \rangle$$

이므로, 법선벡터는

$$\begin{aligned}
\mathbf{n} &= \overrightarrow{P_1P_2} \times \overrightarrow{P_2P_3} \\
&= \begin{vmatrix} \vec{i} & \vec{j} & \vec{k} \\ 3 & 3 & 3 \\ -1 & -3 & -5 \end{vmatrix} \\
&= \begin{vmatrix} 3 & 3 \\ -3 & -5 \end{vmatrix}\vec{i} - \begin{vmatrix} 3 & 3 \\ -1 & -5 \end{vmatrix}\vec{j} + \begin{vmatrix} 3 & 3 \\ -1 & -3 \end{vmatrix}\vec{k} \\
&= (-15+9)\vec{i} - (-15+3)\vec{j} + (-9+3)\vec{k} \\
&= -6\vec{i} + 12\vec{j} - 6\vec{k}
\end{aligned}$$

이다. 따라서 $P_1(1,\ 2,\ 3)$을 지나고 $\mathbf{n} = \langle -6,\ 12,\ 6 \rangle$에 수직인 평면의 방정식은 다음과 같다.

$$\begin{gathered}
\langle x-1,\ y-2,\ z-3 \rangle \cdot \langle -6,\ 12,\ -6 \rangle = 0 \\
-6(x-1) + 12(y-2) - 6(z-3) = 0 \\
-6x + 12y - 6z = -6 + 24 - 18 = 0 \\
x - 2y + z = 0
\end{gathered}$$

예제 8-19 응용

다음 두 평면의 교선의 방정식을 구하라.

$$2x + y + z = 1$$

$$4x + 4y - 2z = 5$$

풀이

미지수는 세 개이고 주어진 조건은 두 개이므로 세 개의 미지수 중 하나는 임의의 실수로 취하자. $z = t$(임의의 실수)라 놓으면,

$$2x + y = 1 - t$$

$$4x + 4y = 5 + 2t$$

이다. 이 연립방정식을 풀면 $x = -\frac{1}{4} - \frac{3}{2}t$, $y = \frac{3}{2} + 2t$이다. 그러므로 교선의 매개변수방정식은

$$x = -\frac{1}{4} - \frac{3}{2}t$$
$$y = \frac{3}{2} + 2t$$
$$z = t$$

이고, 대칭방정식은 다음과 같다.

$$\frac{x + \frac{1}{4}}{-\frac{3}{2}} = \frac{y - \frac{3}{2}}{2} = \frac{z}{1} = t$$

따라서 교선은 점 $\left(-\frac{1}{4}, \frac{3}{2}, 0\right)$을 지나고 $\mathbf{a} = \left\langle -\frac{3}{2}, 2, 1 \right\rangle$에 평행한 직선이다.

예제 8-20 응용

평면 $2x + 3y + 2z = -5$와 직선 $x = 2 + t$, $y = 1 - 2t$, $z = -1 + 3t$의 교점을 구하라.

풀이

평면과 직선의 교점을 $P(x_0, y_0, z_0)$라 하면

$$2x_0 + 3y_0 + 2z_0 = -5$$
$$x_0 = 2 + t, \; y_0 = 1 - 2t, \; z_0 = -1 + 3t$$

이다. 이를 정리하면

$$2(2+t) + 3(1-2t) + 2(-1+3t) = -5; \quad t = -5$$

이다. 그러면

$$x_0 = 2 - 5 = -3, \; y_0 = 1 + 10 = 11, \; z_0 = -1 - 15 = -16$$

이므로, 교점은 $(-3, 11, -16)$이다.

Section
8.5 벡터공간

자연계의 물리적인 현상은 대부분 3차원 공간에서 발생한다. 그러나 3차원 공간에서 움직이는 입자의 운동을 살펴보면 입자의 위치 (x, y, z)에 시간의 축을 고려하여 네 개의 좌표 (x, y, z, t)가 필요하게 된다. 또한 더 다양한 인자들을 고려하게 되면 n개의 좌표 $(x_1, x_2, \cdots, x_n)$가 필요하다. 따라서 이 절에서는 n차원 공간에 대해 살펴보자.

벡터공간과 부분공간

먼저 $\mathbb{R}^n$의 정의를 살펴보자.

정의 8-13 $\mathbb{R}^n$

$\mathbb{R}^n$의 원소는 벡터 $\langle x_1, x_2, \cdots, x_n \rangle$들의 집합이다. 단, $x_1, x_2, \cdots, x_n$은 실수, n은 자연수이다.

$\mathbb{R}^1$의 원소는 실수이며 실직선을 이룬다. $\mathbb{R}^2$은 순서쌍 $\langle x, y \rangle$들의 집합이며 평면을 이룬다. $\mathbb{R}^3$은 $\langle x, y, z \rangle$들의 집합이다. $n \geq 4$일 때, $\mathbb{R}^n$의 벡터를 좌표축 위에 그릴 수는 없다. 그러나 $\mathbb{R}^n$의 원소들 사이에 연산을 정의하고 규칙을 만들어 이를 다룰 수 있다.

정의 8-14 $\mathbb{R}^n$의 덧셈과 스칼라 곱

$\mathbb{R}^n$의 두 벡터 $\langle x_1, x_2, \cdots, x_n \rangle$과 $\langle y_1, y_2, \cdots, y_n \rangle$에 대해 다음과 같이 정의한다. 단, k는 스칼라이다.

(1) $\langle x_1, x_2, \cdots, x_n \rangle + \langle y_1, y_2, \cdots, y_n \rangle = \langle x_1 + y_1, x_2 + y_2, \cdots, x_n + y_n \rangle$

(2) $k\langle x_1, x_2, \cdots, x_n \rangle = \langle kx_1, kx_2, \cdots, kx_n \rangle$

$\mathbb{R}^n$의 영벡터는 $\mathbb{O} = \langle 0, 0, \cdots, 0 \rangle$이며, 벡터 $\boldsymbol{v} = \langle x_1, x_2, \cdots, x_n \rangle$에 (-1)을 곱하면 다음과 같다.

$$(-1)\boldsymbol{v} = (-1)\langle x_1, x_2, \cdots, x_n \rangle = \langle -x_1, -x_2, \cdots, -x_n \rangle = -\boldsymbol{v}$$

$\mathbb{R}^n$에서 덧셈과 스칼라 곱의 성질을 살펴보자.

정리 8-15 $\mathbb{R}^n$에서 덧셈과 스칼라 곱의 성질

$\mathbb{R}^n$의 세 벡터 $\mathbf{u}, \mathbf{v}, \mathbf{w}$와 실수 α, β에 대해 다음이 성립한다.

(1) $\mathbf{u} + \mathbf{v} = \mathbf{v} + \mathbf{u}$

(2) $\mathbf{u} + (\mathbf{v} + \mathbf{w}) = (\mathbf{u} + \mathbf{v}) + \mathbf{w}$

(3) $\mathbf{u} + \mathbb{O} = \mathbb{O} + \mathbf{u} = \mathbf{u}$

(4) $(\alpha + \beta)\mathbf{u} = \alpha\mathbf{u} + \beta\mathbf{u}$

(5) $(\alpha\beta)\mathbf{u} = \alpha(\beta\mathbf{u})$

(6) $\alpha(\mathbf{u} + \mathbf{v}) = \alpha\mathbf{u} + \alpha\mathbf{v}$

(7) $\alpha\mathbb{O} = \mathbb{O}$

이제 벡터공간을 정의해보자.

정의 8-16 벡터공간

V를 벡터의 덧셈과 스칼라 곱이 정의되어진 집합이라 하자. 임의의 $\mathbf{u}, \mathbf{v}, \mathbf{w} \in V$와 $\alpha, \beta \in \mathbb{F}$에 대해 V가 다음을 만족할 때, 집합 V를 $\mathbb{F}$상의 **벡터공간**vector space이라 한다.

(1) $\mathbf{u} + \mathbf{v} \in V$

(2) $\mathbf{u} + \mathbf{v} = \mathbf{v} + \mathbf{u}$

(3) $\mathbf{u} + (\mathbf{v} + \mathbf{w}) = (\mathbf{u} + \mathbf{v}) + \mathbf{w}$

(4) $\mathbf{u} + \mathbb{O} = \mathbb{O} + \mathbf{u} = \mathbf{u}$인 유일한 $\mathbb{O}$이 V에 있다.

(5) $\mathbf{v} + (-\mathbf{v}) = (-\mathbf{v}) + \mathbf{v} = \mathbb{O}$이 되는 $-\mathbf{v}$가 V에 있다.

(6) $\alpha\mathbf{v} \in V$

(7) $\alpha(\mathbf{u} + \mathbf{v}) = \alpha\mathbf{u} + \alpha\mathbf{v}$

(8) $(\alpha + \beta)\mathbf{u} = \alpha\mathbf{u} + \beta\mathbf{u}$

(9) $(\alpha\beta)\mathbf{u} = \alpha(\beta\mathbf{u})$

(10) $1\mathbf{u} = \mathbf{u}$

[정의 8-16]에 의해 $\mathbb{R}^n$은 $\mathbb{R}$상의 벡터공간임을 알 수 있다. 다음 집합들은 벡터공간이다.

- 실수들의 집합 $\mathbb{R}$
- 순서쌍 $\langle x, y \rangle$들의 집합 $\mathbb{R}^2$
- 순서쌍 $\langle x, y, z \rangle$들의 집합 $\mathbb{R}^3$
- 순서쌍 $\langle x_1, x_2, \cdots, x_n \rangle$들의 집합 $\mathbb{R}^n$
- $m \times n$ 실행렬들의 집합 $\mathbb{M}_{m \times n}$
- n차 이하의 다항식들의 집합 P_n
- 실수에서 실수로 보내는 실함수들의 집합
- 실수에서 실수로 보내는 연속함수들의 집합
- $[a, b]$에서 실수로 보내는 연속함수들의 집합

예제 8-21

일반적인 덧셈과 실수의 곱에 대해 집합 $V = \{0\}$과 $W = \{1\}$이 벡터공간인지 결정하라.

풀이

$0 + 0 = 0$이고, 모든 실수 α에 대해 $\alpha 0 = 0$이고, 다른 나머지 공리들도 성립하므로 V는 벡터공간이다. 그러나 $W = \{1\}$은 $1 + 1 = 2 \notin W$이므로 벡터공간이 아니다.

$\mathbb{R}^n$의 벡터 $\mathbf{v} = \langle x_1, x_2, \cdots, x_n \rangle$의 크기는

$$|\mathbf{v}| = \sqrt{x_1^2 + x_2^2 + \cdots + x_n^2}$$

으로 정의한다.

이제 $\mathbb{R}^n$에서 두 벡터의 내적을 정의하자.

정의 8-17 $\mathbb{R}^n$에서 두 벡터의 내적

$\mathbb{R}^n$의 두 벡터 $\mathbf{v} = \langle x_1, x_2, \cdots, x_n \rangle$와 $\mathbf{w} = \langle y_1, y_2, \cdots, y_n \rangle$에 대해 내적은 다음과 같이 정의한다.

$$\mathbf{v} \cdot \mathbf{w} = x_1 y_1 + x_2 y_2 + \cdots + x_n y_n$$

이로부터 $|\mathbf{v}| = \sqrt{\mathbf{v} \cdot \mathbf{v}}$임을 알 수 있다.

이제 부분공간에 대해 살펴보자.

정의 8-18 부분공간

벡터공간 V의 부분집합 W가 V에서 정의된 덧셈과 스칼라 곱에 대해 벡터공간이 될 때, W를 V의 **부분공간**subspace이라고 한다.

벡터공간 V는 언제나 V 자신과 $\{\mathbb{O}\}$을 부분공간으로 갖는다. 벡터공간 V의 부분집합 W가 V의 부분공간임을 보이기 위해서는 [정의 8-16]의 10가지 조건을 증명해야 한다. 그러나 (1)과 (6)(닫힘성)을 제외한 조건은 V 안에서 언제나 성립하므로 부분공간이 되기 위한 조건을 다음과 같이 정리할 수 있다.

정리 8-19 부분공간의 조건

W가 벡터공간 V의 공집합이 아닌 부분집합이라 하자. W가 V의 부분공간이기 위한 필요충분조건은 다음과 같다.

(1) $\mathbf{v}, \mathbf{w} \in W$일 때, $\mathbf{v}+\mathbf{w} \in W$이다.
(2) $\mathbf{v} \in W$일 때, 스칼라 α에 대해 $\alpha\mathbf{v} \in W$이다.

벡터공간 $\mathbb{R}^3$의 부분집합 $W=\{(x, y, 0) | x, y \in \mathbb{R}\}$는 $\mathbb{R}^3$의 부분공간이다. 이때 W는 $\mathbb{R}^2$과 동일시할 수 있으므로 $\mathbb{R}^2$은 $\mathbb{R}^3$의 부분공간임을 알 수 있다.

일차독립과 일차종속

벡터 $\mathbf{v}_1, \mathbf{v}_2, \cdots, \mathbf{v}_n$과 스칼라 $c_1, c_2, \cdots, c_n$에 대해

$$c_1\mathbf{v}_1 + c_2\mathbf{v}_2 + \cdots + c_n\mathbf{v}_n$$

을 $\mathbf{v}_1, \mathbf{v}_2, \cdots, \mathbf{v}_n$의 **일차결합**linear combination이라 한다.

이제 n개의 벡터들에 대한 일차독립과 일차종속의 개념을 살펴보자.

정의 8-20 일차독립과 일차종속

벡터 $\mathbf{v}_1, \mathbf{v}_2, \cdots, \mathbf{v}_n$에 대해

$$c_1\mathbf{v}_1 + c_2\mathbf{v}_2 + \cdots + c_n\mathbf{v}_n = \mathbb{O}$$

이 $c_1 = c_2 = \cdots = c_n = 0$일 때만 성립할 때, $\mathbf{v}_1, \mathbf{v}_2, \cdots, \mathbf{v}_n$을 **일차독립**linearly independent이라 하고, 일차독립이 아닐 때를 **일차종속**linearly dependent이라 한다.

$\mathbb{O}$이 아닌 하나의 벡터 $\mathbf{v}$는 언제나 일차독립이다.

만약 $\mathbf{v}_1, \mathbf{v}_2$가 일차종속이라면 $\mathbf{v}_1 = c\mathbf{v}_2$이거나 $\mathbf{v}_2 = c\mathbf{v}_1$이 된다. 즉 $\mathbf{v}_1$과 $\mathbf{v}_2$는 동일 직선 위에 있다. 만약 $\mathbf{v}_1, \mathbf{v}_2, \mathbf{v}_3$가 일차종속이라면 $\mathbf{v}_1, \mathbf{v}_2, \mathbf{v}_3$가 동일 직선 위에 있거나 동일 평면 위에 있게 된다.

예제 8-22

세 벡터 $\langle 1, 0, 0\rangle$, $\langle 0, 1, 0\rangle$, $\langle 0, 0, 1\rangle$이 일차독립임을 보여라.

풀이

$$c_1\langle 1, 0, 0\rangle + c_2\langle 0, 1, 0\rangle + c_3\langle 0, 0, 1\rangle = \langle 0, 0, 0\rangle$$

이라 하자. 그러면

$$\langle c_1, c_2, c_3\rangle = \langle 0, 0, 0\rangle$$
$$c_1 = c_2 = c_3 = 0$$

이므로, 세 벡터는 일차독립이다.

예제 8-23

세 벡터 $\langle 1, 0, 0\rangle$, $\langle 0, 1, 0\rangle$, $\langle 1, 1, 0\rangle$이 일차종속임을 보여라.

풀이

$$c_1\langle 1, 0, 0\rangle + c_2\langle 0, 1, 0\rangle + c_3\langle 1, 1, 0\rangle = \langle 0, 0, 0\rangle$$

이라 하자. 그러면

$$\langle c_1 + c_3,\ c_2 + c_3,\ 0\rangle = \langle 0, 0, 0\rangle$$

$$c_1 + c_3 = 0, \ c_2 + c_3 = 0$$

$$c_3 = t(\text{임의의 실수}) \Rightarrow c_1 = -t, \ c_2 = -t$$

이므로, 세 벡터는 일차종속이다.

■ **기저**

벡터공간을 대표하는 최소의 원소들에 대해 살펴보자.

정의 8-21 벡터공간의 기저

벡터공간 V의 모든 벡터가 일차독립인 벡터 $\mathbf{v}_1, \mathbf{v}_2, \cdots, \mathbf{v}_n$의 일차결합으로 표시될 때, 벡터 $\mathbf{v}_1, \mathbf{v}_2, \cdots, \mathbf{v}_n$을 벡터공간 V의 **기저**basis라 한다.

예제 8-24

세 벡터 $\langle 1, 0, 0\rangle$, $\langle 0, 1, 0\rangle$, $\langle 1, 1, 1\rangle$이 $\mathbb{R}^3$의 기저임을 보여라.

풀이

먼저 세 벡터가 일차독립임을 보이자.

$$c_1\langle 1, 0, 0\rangle + c_2\langle 0, 1, 0\rangle + c_3\langle 1, 1, 1\rangle = \langle 0, 0, 0\rangle$$

이라 놓으면

$$c_1 = c_2 = c_3 = 0$$

이므로, 일차독립이다.

이제 $\mathbb{R}^3$의 모든 벡터가 이들 세 벡터의 일차결합으로 표시됨을 보이자. $\mathbb{R}^3$상의 임의의 벡터 $\mathbf{v} = \langle x, y, z\rangle$에 대해

$$\mathbf{v} = \langle x, y, z\rangle = c_1\langle 1, 0, 0\rangle + c_2\langle 0, 1, 0\rangle + c_3\langle 1, 1, 1\rangle$$

이라 놓으면,

$$c_1 = x - z, \ c_2 = y - z, \ c_3 = z$$

이므로, 일차결합으로 표시된다. 따라서 $\langle 1, 0, 0\rangle$, $\langle 0, 1, 0\rangle$, $\langle 1, 1, 1\rangle$은 $\mathbb{R}^3$의 기저이다.

[예제 8-22]에서 $\langle 1, 0, 0 \rangle$, $\langle 0, 1, 0 \rangle$, $\langle 0, 0, 1 \rangle$은 일차독립이다. 그리고 $\mathbb{R}^3$상의 임의의 벡터는 $\langle x, y, z \rangle = x\langle 1, 0, 0 \rangle + y\langle 0, 1, 0 \rangle + z\langle 0, 0, 1 \rangle$, 즉 이 세 벡터의 일차결합으로 표시되므로 $\langle 1, 0, 0 \rangle$, $\langle 0, 1, 0 \rangle$, $\langle 0, 0, 1 \rangle$도 $\mathbb{R}^3$의 기저이다. 그러므로 벡터공간의 기저는 여러 형태의 벡터가 될 수 있다. 그러나 이때 기저를 이루는 벡터들의 개수는 변하지 않는다. 기저의 개수를 벡터공간의 **차원**dimension이라 한다.

예제 8-25

$\mathbb{R}^3$이 3차원 벡터공간임을 보여라.

풀이

앞서 살펴봤듯이 $\langle 1, 0, 0 \rangle$, $\langle 0, 1, 0 \rangle$, $\langle 1, 1, 1 \rangle$이 $\mathbb{R}^3$의 기저이므로 벡터공간 $\mathbb{R}^3$은 3차원이다.

Chapter 08 연습문제

[8.1 벡터]

1. $A(1, -2, 3)$, $B=(0, 3, -8)$일 때, $\overrightarrow{AB}$를 구하고 크기를 구하라.

2. $\mathbf{a}=\langle -1, 2, 3\rangle$, $\mathbf{b}=\langle 2, -1, 1\rangle$일 때, $3\mathbf{a}-2\mathbf{b}$ 위의 단위벡터를 구하라.

3. 벡터 $\overrightarrow{AB}=\langle 2, -6, 3\rangle$이고, $A=(1, 0, 1)$일 때, B의 좌표를 구하라.

4. 벡터 $\overrightarrow{AB}=\langle 1, 1, 3\rangle$이고, $B=(0, -1, 2)$일 때, A의 좌표를 구하라.

5. 다음 벡터 중 $\mathbf{a}=\langle 2, -1, 0\rangle$과 평행한 벡터는?

① $\langle 4, 2, 0\rangle$ ② $\langle -4, 2, 0\rangle$ ③ $\langle 0, 0, 0\rangle$

6. $\mathbf{a}=\langle 1, -1, 2\rangle$와 $\mathbf{b}=\langle 2t, -2t, 4\rangle$가 평행이 되도록 하는 t의 값을 구하라.

7. $\mathbf{a}=\langle -1, 2, 3\rangle$와 평행하고 반대 방향이며 $|\mathbf{b}|=2$인 벡터 $\mathbf{b}$를 구하라.

8. $\mathbf{a}=\langle 2, 3\rangle, \mathbf{b}=\langle -1, -1\rangle$, $\mathbf{c}=\langle -1, 1\rangle$일 때, $\mathbf{a}$를 $\mathbf{b}$와 $\mathbf{c}$로 나타내라.

9. $\mathbf{a}=\langle 1, -1, 3\rangle$, $\mathbf{b}=\langle -2, 3, 1\rangle$, $\mathbf{c}=\langle -3, 0, 1\rangle$일 때, $k_1\mathbf{a}+k_2\mathbf{b}+k_3\mathbf{c}=\langle -8, 8, 3\rangle$이 되도록 스칼라 k_1, k_2, k_3를 구하라.

10. 동일한 직선 위에 있지 않은 세 점 P, Q, R에 대해 $\overrightarrow{PQ}=\mathbf{a}$, $\overrightarrow{PR}=\mathbf{b}$일 때, 벡터 $\overrightarrow{PM}$을 구하라. 단 M은 선분 $\overline{RQ}$의 중점이다.

11. $\mathbb{O}$이 아닌 벡터 $\mathbf{a}$에 대해 $|k\mathbf{a}|=2$일 때, 스칼라 k를 구하라.

12. $\mathbf{a}=\langle 1, -1, 2\rangle$에 대해 $|k\mathbf{a}|=6$일 때, 스칼라 k를 구하라.

13. 세 점 $P(1, 2, -1)$, $Q(7, -2, 2)$, $R(-5, 6, -4)$가 동일 직선 위에 있음을 보여라.

[8.2 내적]

14. $|\mathbf{a}| = 4$, $|\mathbf{b}| = 3$, $\theta = \frac{\pi}{3}$일 때, $\mathbf{a} \cdot \mathbf{b}$를 구하라.

15. xy 평면에 있는 벡터 $\mathbf{a}$는 길이가 9이고 양의 x축에서 시계 반대 방향으로 $150°$ 회전한 방향으로 향하고 있고, 벡터 $\mathbf{b}$는 길이가 6이고 양의 y축 방향을 향하고 있다. 이때 $\mathbf{a} \cdot \mathbf{b}$를 구하라.

16. $\mathbf{a} = \langle -2, 1, 4 \rangle$, $\mathbf{b} = \langle 1, 5, 1 \rangle$, $\mathbf{c} = \langle 1, -2, 5 \rangle$일 때, $\mathbf{a} \cdot (\mathbf{b} - \mathbf{c})$를 구하라.

17. $\mathbf{a} = \langle 3, c, 4 \rangle$, $\mathbf{b} = \langle 2, 2, 3 \rangle$가 서로 수직일 때, c를 구하라.

18. $\mathbf{a} = \langle 1, 1, 1 \rangle$과 $\mathbf{b} = \langle -5, 2, 3 \rangle$에 모두 수직인 벡터 $\mathbf{c} = \langle x, 1, z \rangle$를 구하라.

19. $\mathbf{a} = \langle 2, -6, 4 \rangle$의 방향각과 방향코사인을 구하라.

20. 꼭짓점이 $A(3, 1, 4)$, $B(2, 2, -4)$, $C(1, 1, -2)$인 삼각형 내각들의 코사인을 구하라.

21. $\mathbf{a} = \langle 2, 3, -4 \rangle$, $\mathbf{b} = \langle 1, 1, -1 \rangle$일 때, $proj_{\mathbf{a}}\mathbf{b}$와 그 크기를 구하라.

22. 북동쪽 $30°$ 방향으로 80N의 힘이 물체에 가해진다. 이 힘이 물체를 동쪽으로 100m 움직일 때 한 일을 구하라.

23. 벡터 $\mathbf{a}$와 크기가 같고 $\mathbf{a}$와 수직인 벡터를 $\mathbf{a}^{\perp}$라 하면 다음이 성립한다.

$$proj_{\mathbf{a}}\mathbf{b} + proj_{\mathbf{a}^{\perp}}\mathbf{b} = \mathbf{b}$$

[연습문제 21]에서 $proj_{\mathbf{a}^{\perp}}\mathbf{b}$를 구하라.

[8.3 외적]

24. $\mathbf{a} = \langle 1, 1, 0 \rangle$, $\mathbf{b} = \langle 0, 2, 3 \rangle$일 때, $\mathbf{a} \times \mathbf{b}$와 그 크기를 구하라.

25. $P_1(2, 1, 3)$, $P_2(0, -3, 1)$, $P_3(1, 2, -4)$일 때, $\overrightarrow{P_1P_2} \times \overrightarrow{P_1P_3}$를 구하라.

26. $\mathbf{a} = \langle 2, 3, 5 \rangle$, $\mathbf{b} = \langle -1, 1, 1 \rangle$ 모두에 수직인 벡터를 구하라.

27. 세 모서리가 $\mathbf{a} = \langle 1, 3, 1 \rangle$, $\mathbf{b} = \langle 1, -1, 1 \rangle$, $\mathbf{c} = \langle 5, 1, 1 \rangle$인 평행육면체의 부피를 구하라.

28. 세 벡터 $\mathbf{a} = \langle 2, 3, 0 \rangle$, $\mathbf{b} = \langle 1, 3, -3 \rangle$, $\mathbf{c} = \langle 5, 6, c \rangle$가 동일 평면 위에 있을 때, c를 구하라.

29. 세 벡터 $\langle 9, 1, 2 \rangle$, $\langle -1, c, 5 \rangle$, $\langle 4, c, 5 \rangle$가 일차독립이기 위한 c의 값을 구하라.

30. 네 점 $A(3, 4, 1)$, $B(2, 0, 2)$, $C(-2, 0, 3)$, $D(-1, 4, 2)$가 꼭짓점인 평행사변형의 넓이를 구하라.

31. 세 점 $A(3, 6, 5)$, $B(3, 9, 5)$, $C(6, 6, 7)$이 꼭짓점인 삼각형의 넓이를 구하라.

[8.4 3차원 공간에서의 직선과 평면]

32. 두 점 $(1, 2, -2)$와 $(5, 1, -4)$를 지나는 직선의 방정식을 구하라.

33. 점 $(1, -2, 3)$을 지나고 $\mathbf{a} = \langle 5, 3, -2 \rangle$에 평행한 직선의 방정식을 구하라.

34. 점 $(3, 2, -1)$을 지나고 직선 $\dfrac{x-3}{1} = \dfrac{y-2}{3} = \dfrac{z-1}{5}$에 평행한 직선의 방정식을 구하라.

35. 점 $(2, 1, -1)$을 지나고 평면 $x + 2y + 3z = 0$에 수직인 직선의 방정식을 구하라.

36. 다음 두 직선의 교점을 구하라.

$$x = 4 - t,\ y = 3 + 3t,\ z = -1 + 2t$$
$$x = 3 + s,\ y = 10 - 6s,\ z = -3 + s$$

37. 두 벡터 $\mathbf{a}$와 $\mathbf{b}$는 yz 평면에 있고 그들의 사잇각은 $150°$이다. $|\mathbf{a}| = 6$, $|\mathbf{b}| = 4$일 때, $\mathbf{a} \times \mathbf{b}$를 모두 구하라.

38. 세 점 $(3, 4, 2)$, $(2, 4, 3)$, $(1, -1, 4)$를 지나는 평면의 방정식을 구하라.

39. 점 $(1, 2, 3)$을 지나고 $4x - y + z = 3$에 평행한 평면의 방정식을 구하라.

40. 점 $(-2, 7, 1)$을 지나고 직선 $x=4+2t$, $y=-2+3t$, $z=-4t$에 수직인 평면의 방정식을 구하라.

41. 점 $(-2, 7, 1)$을 지나고 직선 $x=4+2t$, $y=-2+3t$, $z=-4t$를 포함하는 평면의 방정식을 구하라.

42. x축에 수직이고 점 $(1, 2, 3)$을 지나는 평면의 방정식을 구하라.

43. 두 평면 $x-3y+4z=-1$, $2x-y-z=4$의 교선의 방정식을 구하라.

44. 평면 $2x-2y-z=5$와 직선 $x-1=\dfrac{y-2}{2}=\dfrac{z}{3}$의 교점을 구하라.

[8.5 벡터공간]

※ 다음 집합이 $\mathbb{R}^2$에서 정의된 일반적인 덧셈과 실수 곱에 대하여 벡터공간인지 밝히고, 그 이유를 설명하라.

45. $\{\langle a_1, a_2\rangle \mid a_1+a_2=0\}$

46. $\{\langle a_1, a_2\rangle \mid a_2=2a_1+1\}$

※ $\mathbb{R}^3$에 다음과 같은 덧셈과 스칼라 곱이 주어질 때, 벡터공간이 되는지 밝혀라.

47. $(x_1, y_1, z_1)+(x_2, y_2, z_2)=(x_1+x_2, y_1+y_2, z_1+z_2)$

$k(x, y, z)=(kx, y, z)$

48. $(x_1, y_1, z_1)+(x_2, y_2, z_2)=(x_1+x_2+1, y_1+y_2+1, z_1+z_2+1)$

$k(x, y, z)=(kx, ky, kz)$

※ 다음 집합이 주어진 벡터공간의 부분공간인지 밝히고, 그 이유를 설명하라.

49. $\{\langle x, y, z, x\rangle \mid x, y, z$는 실수$\}$: $\mathbb{R}^4$

50. $\{\langle x, 2x, 3x, y\rangle \mid x, y$는 실수$\}$: $\mathbb{R}^4$

51. $\mathrm{A}=\left\{p(x) \mid p(x)=c_1x^2+c_2x^3\right\}$: P_3

52. $\mathrm{B}=\left\{\mathbf{v}=\langle x_1, x_2\rangle \mid |\mathbf{v}|=1\right\}$: $\mathbb{R}^2$

53. $y=3x+2$의 점들의 집합이 $\mathbb{R}^2$의 부분공간인지 아닌지 밝혀라.

54. $y=5x$의 점들의 집합이 $\mathbb{R}^2$의 부분공간인지 아닌지 밝혀라.

※ 다음 벡터가 일차독립인지 일차종속인지를 판단하라.

55. $\langle 1, 0, 1\rangle$, $\langle 1, 1, 0\rangle$, $\langle 1, 1, 1\rangle \in \mathbb{R}^3$

56. $\langle 1, 0, 1\rangle$, $\langle -2, 0, 3\rangle \in \mathbb{R}^3$

57. $\langle 2, -1, 1, 3\rangle$, $\langle 1, 2, 4, -1\rangle$, $\langle 6, -1, 8, 5\rangle \in \mathbb{R}^4$

58. $p_1 = 1 - x$, $p_2 = 5 + 3x - 2x^2$, $p_3 = 1 + 3x - x^2 \in \mathrm{P}_3$

59. $\langle 1, 0, 0\rangle$, $\langle 1, 1, 0\rangle$, $\langle 1, 1, 1\rangle$이 $\mathbb{R}^3$의 기저임을 보여라. 그리고 벡터 $\mathbf{v} = \langle x, y, z\rangle$를 이들 세 벡터의 일차결합으로 나타내라.

60. $\langle 1, 1\rangle$, $\langle 1, -1\rangle$이 $\mathbb{R}^2$의 기저임을 보이고, $\langle 1, 2\rangle$를 이 두 벡터의 일차결합으로 나타내라.

61. [연습문제 49]부터 [연습문제 52]까지에서 부분공간이 성립되는 경우 그 공간의 차원을 말하라.

Chapter 09

행렬과 연립 선형방정식

Matrices and Systems of Linear Equations

||| 목차 |||

||| 학습목표 |||

- 행렬의 연산에 대해 이해한다.
- 연립 선형방정식에 대해 이해한다.
- 가우스 소거법을 이용하여 주어진 행렬을 변형한다.
- 행렬의 계수에 대해 이해한다.
- 주어진 행렬의 행렬식을 구한다.
- 주어진 행렬의 역행렬을 구한다.

Section

9.1 행렬과 연산

공학적인 문제들은 행렬을 이용하여 간결하게 표현할 수 있다. 특히 행렬의 성질에 의해 연립 선형방정식의 해를 체계적으로 구할 수 있다.

행렬의 정의와 연산

행렬matrix은 수 또는 함수를 직사각형 모양으로 배열하여 괄호로 묶어 놓은 것이다. 행렬을 구성하고 있는 수 또는 함수를 행렬의 **요소**entry 또는 **원소**element라고 한다. 직사각형 배열에서 가로줄을 **행**row, 세로줄을 **열**column이라 하며, 행렬 A가 행의 개수가 m개, 열의 개수가 n개일 때, A는 $m\times n$행렬이라 한다. 특히 $m=n$인 경우 A를 n차(혹은 m차) **정사각행렬**square matrix이라 한다.

보통 행렬 A는

$$A=\begin{pmatrix} a_{11} & a_{12} & \cdots & a_{1n} \\ a_{21} & a_{22} & \cdots & a_{2n} \\ & & \vdots & \\ a_{m1} & a_{m2} & \cdots & a_{mn} \end{pmatrix}$$

또는

$$A=(a_{ij}),\ i=1,\ 2,\cdots,m,\ j=1,\ 2,\cdots,n$$

으로 나타낸다. 특히 행이 하나인 행렬, 즉 $1\times n$행렬

$$\mathbf{a}=(a_1\ a_2\ \cdots\ a_n) \tag{9.1}$$

을 **행벡터**row vector라 하며, 열이 하나인 행렬, 즉 $m\times 1$행렬

$$\mathbf{b}=\begin{pmatrix} b_1 \\ b_2 \\ \vdots \\ b_m \end{pmatrix} \tag{9.2}$$

을 **열벡터**column vector라 한다.

n차 정사각행렬에서 a_{11}, a_{22}, $\cdots$, a_{nn}을 **주대각요소**main diagonal element라 한다. 다음 행렬 B의 주대각요소는 1, 5, 9이다.

$$\mathrm{B} = \begin{pmatrix} 1 & 2 & 3 \\ 4 & 5 & 6 \\ 7 & 8 & 9 \end{pmatrix}$$

이제 행렬의 성질 및 연산에 대해 살펴보자.

정의 9-1 행렬의 상등

두 개의 $m \times n$행렬 $\mathrm{A} = (a_{ij})$와 $\mathrm{B} = (b_{ij})$에 대해 모든 i와 j에 대해 $a_{ij} = b_{ij}$이면 $\mathrm{A} = \mathrm{B}$이다.

예제 9-1

다음 두 행렬이 상등이 되도록 x와 y의 값을 정하라.

$$\mathrm{A} = \begin{pmatrix} 1 & y \\ x & -2 \end{pmatrix}, \ \mathrm{B} = \begin{pmatrix} 1 & x-2 \\ 3y-1 & -2 \end{pmatrix}$$

풀이

$y = x - 2$, $x = 3y - 1$이므로

$$x = \frac{7}{2}, \ y = \frac{3}{2}$$

이다.

두 행렬의 덧셈은 다음과 같이 정의한다.

정의 9-2 행렬의 덧셈

$m \times n$행렬 $\mathrm{A} = (a_{ij})$와 $\mathrm{B} = (b_{ij})$의 덧셈은 다음과 같다.

$$\mathrm{A} + \mathrm{B} = (a_{ij} + b_{ij}), \quad i = 1, 2, \cdots, m, \quad j = 1, 2, \cdots, n$$

예제 9-2

다음의 두 행렬의 합을 구하라.

(a) $A = \begin{pmatrix} 1 & 2 \\ 3 & 4 \end{pmatrix}$, $B = \begin{pmatrix} 5 & 6 \\ 7 & 8 \end{pmatrix}$ (b) $A = \begin{pmatrix} 1 & 2 \\ 3 & 4 \end{pmatrix}$, $B = \begin{pmatrix} 5 & 6 & 0 \\ 7 & 8 & 0 \end{pmatrix}$

풀이

(a) $A + B = \begin{pmatrix} 1+5 & 2+6 \\ 3+7 & 4+8 \end{pmatrix} = \begin{pmatrix} 6 & 8 \\ 10 & 12 \end{pmatrix}$

(b) A와 B는 크기가 다르므로 합이 정의되지 않는다.

정의 9-3 행렬의 스칼라 곱

스칼라 k에 대해 행렬 A의 스칼라 곱은 다음과 같다.

$$kA = k(a_{ij}) = (ka_{ij})$$

예를 들어,

$$3\begin{pmatrix} 1 & 2 \\ 3 & 4 \end{pmatrix} = \begin{pmatrix} 3\times 1 & 3\times 2 \\ 3\times 3 & 3\times 4 \end{pmatrix} = \begin{pmatrix} 3 & 6 \\ 9 & 12 \end{pmatrix}$$

$$-2\begin{pmatrix} 1 & 2 \\ 3 & 4 \end{pmatrix} = \begin{pmatrix} -2\times 1 & -2\times 2 \\ -2\times 3 & -2\times 4 \end{pmatrix} = \begin{pmatrix} -2 & -4 \\ -6 & -8 \end{pmatrix}$$

이다. 특히 $(-1)A = -A$, $A - B = A + (-B)$로 정의한다.

행렬의 덧셈과 스칼라 곱의 정의로부터 다음의 성질이 성립됨을 알 수 있다.

정리 9-4 행렬의 덧셈과 스칼라 곱의 성질

$m\times n$행렬 A, B, C와 스칼라 α, β에 대해 다음이 성립한다.

(1) $A + B = B + A$ (덧셈의 교환법칙)

(2) $A + (B + C) = (A + B) + C$ (덧셈의 결합법칙)

(3) $(\alpha\beta)A = \alpha(\beta A)$

(4) $1A = A$

(5) $\alpha(A + B) = \alpha A + \alpha B$

(6) $(\alpha + \beta)A = \alpha A + \beta A$

이제 행렬의 곱셈에 대해 살펴보자.

정의 9-5 행렬의 곱셈

$m \times p$ 행렬 A와 $p \times n$ 행렬 B에 대해 A와 B의 곱 C= AB는 $m \times n$ 행렬이며, 다음과 같이 정의한다.

$$\begin{aligned} c_{ij} &= [\text{A의 } i\text{번째 행벡터}] \cdot [\text{B의 } j\text{번째 열벡터}] \\ &= \begin{pmatrix} a_{i1} & a_{i2} & \cdots & a_{ip} \end{pmatrix} \cdot \begin{pmatrix} b_{1j} \\ b_{2j} \\ \vdots \\ b_{pj} \end{pmatrix} \\ &= a_{i1}b_{1j} + a_{i2}b_{2j} + \cdots + a_{ip}b_{pj} \\ &= \sum_{k=1}^{p} a_{ik}b_{kj} \end{aligned}$$

[정의 9-5]로부터 두 행렬의 곱 AB는 A의 열의 개수와 B의 행의 개수가 같을 때만 정의됨을 알 수 있다.

$$\underset{(m \times p)}{\mathrm{A}} \; \underset{(p \times n)}{\mathrm{B}} = \underset{(m \times n)}{\mathrm{C}}$$

그러므로 $AB \neq BA$ 임을 알 수 있다.

예제 9-3

$A = \begin{pmatrix} 1 & 2 \\ 3 & 4 \end{pmatrix}$, $B = \begin{pmatrix} 5 & 6 \\ 7 & 8 \end{pmatrix}$일 때, AB와 BA를 구하라.

풀이

AB와 BA를 각각 구하면

$$AB = \begin{pmatrix} 1 & 2 \\ 3 & 4 \end{pmatrix}\begin{pmatrix} 5 & 6 \\ 7 & 8 \end{pmatrix} = \begin{pmatrix} 1\times5+2\times7 & 1\times6+2\times8 \\ 3\times5+4\times7 & 3\times6+4\times8 \end{pmatrix} = \begin{pmatrix} 19 & 22 \\ 43 & 50 \end{pmatrix}$$

$$BA = \begin{pmatrix} 5 & 6 \\ 7 & 8 \end{pmatrix}\begin{pmatrix} 1 & 2 \\ 3 & 4 \end{pmatrix} = \begin{pmatrix} 5\times1+6\times3 & 5\times2+6\times4 \\ 7\times1+8\times3 & 7\times2+8\times4 \end{pmatrix} = \begin{pmatrix} 23 & 34 \\ 31 & 46 \end{pmatrix}$$

이다. 그러므로 $AB \neq BA$ 임을 알 수 있다.

또한 A가 3×4행렬이고 B가 4×5행렬일 때, AB는 3×5행렬이지만 BA는 정의되지 않는다. 행렬의 곱셈은 교환법칙이 성립하지 않지만, 다음과 같은 **결합법칙**associative law이 성립한다.

$$A(BC)=(AB)C$$

또한 다음과 같이 **분배법칙**distributive law도 성립한다.

$$A(B+C)=AB+AC$$

여러 가지 행렬

여기에서는 다양한 행렬에 대해 살펴보자.

■ 전치행렬

$A=(a_{ij})$가 $m\times n$행렬일 때 A의 **전치행렬**transpose matrix은 $n\times m$행렬로서

$$A^T=(a_{ji})$$

이다. 전치행렬은 다음과 같은 성질을 만족한다.

정리 9-6 전치행렬의 성질

(1) $(A^T)^T=A$

(2) $(A+B)^T=A^T+B^T$

(3) $(AB)^T=B^TA^T$

(4) $(\alpha A)^T=\alpha A^T$

예제 9-4

다음에 주어진 행렬의 전치행렬을 구하라.

(a) $A=\begin{pmatrix}1 & 2 & 3\\ 4 & 5 & 6\end{pmatrix}$ (b) $B=(1\ \ 2\ \ 3)$

풀이

(a) $A^T=\begin{pmatrix}1 & 4\\ 2 & 5\\ 3 & 6\end{pmatrix}$ (b) $B^T=\begin{pmatrix}1\\ 2\\ 3\end{pmatrix}$

■ 영행렬

행렬의 모든 원소가 0인 행렬을 **영행렬**zero matrix이라 하고, $\mathbb{O}$으로 나타낸다. 예를 들면,

$$\mathbb{O}=\begin{pmatrix}0\\0\end{pmatrix},\quad \mathbb{O}=\begin{pmatrix}0&0\\0&0\end{pmatrix}$$

이다. 이때 다음이 성립한다.

$$\mathrm{A}+\mathbb{O}=\mathrm{A}$$
$$\mathrm{A}+(-\mathrm{A})=\mathbb{O}$$

■ 삼각행렬

n차 정사각행렬에서 주대각원소의 위 또는 아래의 모든 원소가 0인 행렬을 **삼각행렬**triangular matrix이라 한다. 즉 n차 정사각행렬 $\mathrm{A}=(a_{ij})$에서 $i<j$인 모든 i, j에 대해 $a_{ij}=0$일 때, **아래삼각행렬**lower triangular matrix이라 하고, $i>j$인 모든 i, j에 대해 $a_{ij}=0$일 때, **위삼각행렬**upper triangular matrix이라 한다. 예를 들면,

$$\mathrm{A}=\begin{pmatrix}1&0&0\\2&3&0\\4&5&6\end{pmatrix}\ :\ \text{아래삼각행렬}$$

$$\mathrm{B}=\begin{pmatrix}1&2&3\\0&4&5\\0&0&6\end{pmatrix}\ :\ \text{위삼각행렬}$$

이다.

■ 대각행렬

행렬의 주대각원소를 제외한 나머지 원소가 0인 행렬을 **대각행렬**diagonal matrix이라 한다. 즉 $i\neq j$일 때, $d_{ij}=0$인 행렬이다.

$$\mathrm{D}=\begin{pmatrix}1&0&0\\0&2&0\\0&0&3\end{pmatrix}$$

■ 스칼라 행렬

대각행렬 중에서 주대각원소가 모두 같은 행렬을 **스칼라 행렬**scalar matrix이라 한다. 예를 들어,

$$\mathrm{S}=\begin{pmatrix}2&0\\0&2\end{pmatrix}$$

는 스칼라 행렬이다.

행렬 A에 스칼라 행렬 S를 곱하면 행렬 A에 스칼라 곱을 한 것과 같다.

$$\mathrm{AS} = \begin{pmatrix} 1 & 2 \\ 3 & 4 \end{pmatrix}\begin{pmatrix} 5 & 0 \\ 0 & 5 \end{pmatrix} = \begin{pmatrix} 5 & 10 \\ 15 & 20 \end{pmatrix} = 5\begin{pmatrix} 1 & 2 \\ 3 & 4 \end{pmatrix}$$

■ 단위행렬

스칼라 행렬 중에서 주대각원소가 모두 1인 행렬을 **단위행렬**unit or identity matrix이라 한다. 예를 들어,

$$\mathrm{I}_2 = \begin{pmatrix} 1 & 0 \\ 0 & 1 \end{pmatrix}, \quad \mathrm{I}_3 = \begin{pmatrix} 1 & 0 & 0 \\ 0 & 1 & 0 \\ 0 & 0 & 1 \end{pmatrix}$$

은 단위행렬이다. 이때 $\mathrm{AI} = \mathrm{IA} = \mathrm{A}$가 성립한다.

■ 대칭행렬

n차 정사각행렬 A에 대해 $\mathrm{A}^T = \mathrm{A}$일 때, A를 **대칭행렬**symmetric matrix이라 한다. 즉, $a_{ij} = a_{ji}$이다. 예를 들면,

$$\mathrm{A} = \begin{pmatrix} 1 & 2 & 3 \\ 2 & 4 & 5 \\ 3 & 5 & 6 \end{pmatrix}$$

은 대칭행렬이다.

Section 9.2 연립 선형방정식과 가우스 소거법

자연계의 많은 현상들은 연립 선형방정식으로 표현할 수 있다. 연립 선형방정식의 해를 소거법으로 구할 때, 필요한 경우 방정식의 순서를 바꾸거나, 0이 아닌 상수를 곱하거나, 하나의 방정식에 상수를 곱하여 다른 방정식에 더하는 세 가지 연산을 사용한다.

연립 선형방정식

연립 선형방정식을 $\mathrm{AX}=\mathrm{B}$로 나타내면 위 세 가지 연산은 행렬의 행연산으로 대응시킬 수 있다. 예를 들어, 다음의 연립 선형방정식을 살펴보자.

$$\begin{aligned} 3x + y &= 10 \\ x - 2y &= 1 \end{aligned}$$

이 연립 선형방정식을 $\mathrm{AX}=\mathrm{B}$로 나타내면

$$\begin{pmatrix} 3 & 1 \\ 1 & -2 \end{pmatrix}\begin{pmatrix} x \\ y \end{pmatrix} = \begin{pmatrix} 10 \\ 1 \end{pmatrix}$$

이다. 이 연립방정식의 해는 행렬 A와 B에 의해 결정되므로

$$\left(\begin{array}{cc|c} 3 & 1 & 10 \\ 1 & -2 & 1 \end{array}\right)$$

로 나타낼 수 있다. 이제 연립 선형방정식의 해를 구해보자.

❶ 두 방정식을 교환한다. ⇔ 1행과 2행을 교환한다.

$$\begin{aligned} x - 2y &= 1 \\ 3x + y &= 10 \end{aligned} \quad \Leftrightarrow \quad \left(\begin{array}{cc|c} 1 & -2 & 1 \\ 3 & 1 & 10 \end{array}\right)$$

❷ 첫 번째 방정식에 3을 곱한다. ⇔ 1행에 3을 곱한다.

$$\begin{aligned} 9x + 3y &= 30 \\ x - 2y &= 1 \end{aligned} \quad \Leftrightarrow \quad \left(\begin{array}{cc|c} 9 & 3 & 30 \\ 1 & -2 & 1 \end{array}\right)$$

❸ 두 번째 방정식에 −3을 곱하고 첫 번째 방정식에 더한다. ⇔ 2행에 −3을 곱하고 1행에 더한다.

$$\begin{aligned} 0x + 7y &= 7 \\ x - 2y &= 1 \end{aligned} \quad \Leftrightarrow \quad \left(\begin{array}{cc|c} 0 & 7 & 7 \\ 1 & -2 & 1 \end{array}\right)$$

이처럼 연립 선형방정식의 해를 구하기 위해 사용하는 세 가지 연산에 대응하는 행렬의 각 행에 대한 연산을 **기본 행연산**elementary row operation이라 한다.

정의 9-7 기본 행연산

A가 $m \times n$행렬일 때, A에 행해지는 기본 행연산은 다음과 같다.

❶ A의 i행과 j행을 바꾼다. : $R_i \leftrightarrow R_j$

❷ i행에 $\alpha(\neq 0)$를 곱한다. : αR_i

❸ i행에 α배를 해주고 이를 j행에 더한다. : $R_j \rightarrow \alpha R_i + R_j$

가우스 소거법

가우스 소거법을 이용하여 연립 선형방정식의 해를 구해보자. 다음의 연립 선형방정식을 살펴보자.

$$a_{11}x_1 + a_{12}x_2 + \cdots + a_{1n}x_n = b_1$$

$$a_{21}x_1 + a_{22}x_2 + \cdots + a_{2n}x_n = b_2$$

$$\vdots$$

$$a_{m1}x_1 + a_{m2}x_2 + \cdots + a_{mn}x_n = b_m$$

이를 행렬을 이용하여

$$\begin{pmatrix} a_{11} & a_{12} & \cdots & a_{1n} \\ a_{21} & a_{22} & \cdots & a_{2n} \\ & & \vdots & \\ a_{m1} & a_{m2} & \cdots & a_{mn} \end{pmatrix} \begin{pmatrix} x_1 \\ x_2 \\ \vdots \\ x_n \end{pmatrix} = \begin{pmatrix} b_1 \\ b_2 \\ \vdots \\ b_m \end{pmatrix} \Leftrightarrow \mathrm{AX} = \mathrm{B}$$

$$\text{단, } \mathrm{A} = \begin{pmatrix} a_{11} & a_{12} & \cdots & a_{1n} \\ a_{21} & a_{22} & \cdots & a_{2n} \\ & & \vdots & \\ a_{m1} & a_{m2} & \cdots & a_{mn} \end{pmatrix}, \ \mathrm{X} = \begin{pmatrix} x_1 \\ x_2 \\ \vdots \\ x_n \end{pmatrix}, \ \mathrm{B} = \begin{pmatrix} b_1 \\ b_2 \\ \vdots \\ b_m \end{pmatrix}$$

로 나타낼 수 있다. 이때 A를 **계수행렬**coefficient matrix이라고 하며,

$$(\mathrm{A} \mid \mathrm{B}) = \left(\begin{array}{cccc|c} a_{11} & a_{21} & \cdots & a_{1n} & b_1 \\ a_{21} & a_{22} & \cdots & a_{2n} & b_2 \\ & & \vdots & & \vdots \\ a_{m1} & a_{m2} & \cdots & a_{mn} & b_m \end{array}\right)$$

를 **첨가행렬**augmented matrix이라고 한다.

정의 9-8 가우스 소거법

❶ $a_{11} \neq 0$인 경우, 첫 행을 a_{11}으로 나누어 $a_{11}=1$로 만들고, a_{11}을 기준으로 첫 번째 열의 원소 $a_{21}, a_{31}, \cdots, a_{m1}$을 0으로 만든다. 단, $a_{11}=0$일 때는 행을 교환하고 이 방법을 수행한다.

❷ $a_{22} \neq 0$인 경우, $a_{22}=1$로 만들고 a_{22}를 기준으로 두 번째 열의 원소 $a_{32}, a_{42}, \cdots, a_{m2}$를 0으로 만든다. 단, $a_{22}=0$인 경우에는 행을 교환한다.

❸ 위 과정을 주대각원소까지 시행한 후 역대입하여 연립 선형방정식의 해를 구한다.

예제 9-5

가우스 소거법을 이용하여 다음 연립 선형방정식의 해를 구하라.

$$2x_1 - x_2 + x_3 = 2$$
$$x_1 + 3x_2 - 2x_3 = -4$$
$$4x_1 - 6x_2 + 9x_3 = 11$$

풀이

계수행렬 A에 벡터 B를 첨가하여 첨가행렬을 만든 후, 가우스 소거법을 이용하여 해를 구한다.

$$(\mathrm{A}\,|\,\mathrm{B}) = \left(\begin{array}{ccc|c} 2 & -1 & 1 & 2 \\ 1 & 3 & -2 & -4 \\ 4 & -6 & 9 & 11 \end{array}\right) \xrightarrow{R_1 \leftrightarrow R_2} \left(\begin{array}{ccc|c} 1 & 3 & -2 & -4 \\ 2 & -1 & 1 & 2 \\ 4 & -6 & 9 & 11 \end{array}\right)$$

$$\xrightarrow[-4R_1 + R_3 \to R_3]{-2R_1 + R_2 \to R_2} \left(\begin{array}{ccc|c} 1 & 3 & -2 & -4 \\ 0 & -7 & 5 & 10 \\ 0 & -18 & 17 & 27 \end{array}\right)$$

$$\xrightarrow{-\frac{1}{7}R_2} \left(\begin{array}{ccc|c} 1 & 3 & -2 & -4 \\ 0 & 1 & -5/7 & -10/7 \\ 0 & -18 & 17 & 27 \end{array}\right)$$

$$\xrightarrow{18R_2 + R_3 \to R_3} \left(\begin{array}{ccc|c} 1 & 3 & -2 & -4 \\ 0 & 1 & -5/7 & -10/7 \\ 0 & 0 & 29/7 & 9/7 \end{array}\right)$$

$$\xrightarrow{\frac{7}{29}R_3} \left(\begin{array}{ccc|c} 1 & 3 & -2 & -4 \\ 0 & 1 & -5/7 & -10/7 \\ 0 & 0 & 1 & 9/29 \end{array}\right)$$

이를 정리하면

$$x_1 + 3x_2 - 2x_3 = -4$$
$$x_2 - \frac{5}{7}x_3 = -\frac{10}{7}$$
$$x_3 = \frac{9}{29}$$

이다. $x_3 = \frac{9}{29}$를 역대입하면

$$x_3 = \frac{9}{29}$$

$$x_2 = -\frac{10}{7} + \frac{5}{7}x_3 = -\frac{10}{7} + \frac{5}{7} \cdot \frac{9}{29} = -\frac{35}{29}$$

$$x_1 = -4 - 3x_2 + 2x_3 = -4 - 3\left(-\frac{35}{29}\right) + 2 \cdot \frac{9}{29} = \frac{7}{29}$$

이다.

예제 9-6 응용

가우스 소거법을 이용하여 다음 연립 선형방정식의 해를 구하라.

$$\begin{aligned} x_1 + 2x_2 + 3x_3 &= 3 \\ 2x_1 + x_2 &= 0 \\ -2x_1 + x_2 + 4x_3 &= 5 \end{aligned}$$

풀이

계수행렬 A에 벡터 B를 첨가하여 첨가행렬을 만든 후, 가우스 소거법을 이용하여 해를 구한다.

$$(\mathrm{A}\,|\,\mathrm{B}) = \left(\begin{array}{ccc|c} 1 & 2 & 3 & 3 \\ 2 & 1 & 0 & 0 \\ -2 & 1 & 4 & 5 \end{array}\right) \xrightarrow[2R_1 + R_3 \to R_3]{-2R_1 + R_2 \to R_2} \left(\begin{array}{ccc|c} 1 & 2 & 3 & 3 \\ 0 & -3 & -6 & -6 \\ 0 & 5 & 10 & 11 \end{array}\right)$$

$$\xrightarrow{-\frac{1}{3}R_2} \left(\begin{array}{ccc|c} 1 & 2 & 3 & 3 \\ 0 & 1 & 2 & 2 \\ 0 & 5 & 10 & 11 \end{array}\right)$$

$$\xrightarrow{-5R_2 + R_3 \to R_3} \left(\begin{array}{ccc|c} 1 & 2 & 3 & 3 \\ 0 & 1 & 2 & 2 \\ 0 & 0 & 0 & 1 \end{array}\right)$$

이를 정리하면

$$\begin{aligned} x_1 + 2x_2 + 3x_3 &= 3 \\ x_2 + 2x_3 &= 2 \\ 0 &= 1 \end{aligned}$$

이다. 그러나 이는 모순이므로, 이 연립 선형방정식의 해는 존재하지 않는다.

예제 9-7 응용

가우스 소거법을 이용하여 다음 연립 선형방정식의 해를 구하라.

$$x_1 + x_2 + x_3 = 2$$
$$x_1 - x_2 - x_3 = -1$$
$$3x_1 + x_2 + x_3 = 3$$

풀이

계수행렬 A에 벡터 B를 첨가하여 첨가행렬을 만든 후, 가우스 소거법을 이용하여 해를 구한다.

$$(\mathrm{A}\,|\,\mathrm{B}) = \left(\begin{array}{ccc|c} 1 & 1 & 1 & 2 \\ 1 & -1 & -1 & -1 \\ 3 & 1 & 1 & 3 \end{array}\right) \xrightarrow[(-3)R_1 + R_3 \to R_3]{(-1)R_1 + R_2 \to R_2} \left(\begin{array}{ccc|c} 1 & 1 & 1 & 2 \\ 0 & -2 & -2 & -3 \\ 0 & -2 & -2 & -3 \end{array}\right)$$

$$\xrightarrow{-\frac{1}{2}R_2} \left(\begin{array}{ccc|c} 1 & 1 & 1 & 2 \\ 0 & 1 & 1 & 3/2 \\ 0 & -2 & -2 & -3 \end{array}\right)$$

$$\xrightarrow{2R_2 + R_3 \to R_3} \left(\begin{array}{ccc|c} 1 & 1 & 1 & 2 \\ 0 & 1 & 1 & 3/2 \\ 0 & 0 & 0 & 0 \end{array}\right)$$

이므로

$$x_1 + x_2 + x_3 = 2$$
$$x_2 + x_3 = \frac{3}{2}$$
$$x_3 = t \quad (t\text{는 모든 실수})$$

이다. $x_3 = t$를 대입해 정리하면

$$x_3 = t$$
$$x_2 = \frac{3}{2} - t$$
$$x_1 = 2 - x_2 - x_3 = 2 - \frac{3}{2} + t - t = \frac{1}{2}$$

이므로, 이 연립 선형방정식은 무수히 많은 해를 갖는다.

Section 9.3 행렬의 계수

이제 행렬의 계수에 대하여 살펴보자.

정의 9-9 행렬의 계수

$m \times n$행렬 A의 m개의 행벡터 중에서 일차독립인 행의 최대 개수를 행렬 A의 **계수**^rank^라고 하고, $rank$ A로 표시한다.

예제 9-8

다음 행렬의 계수를 구하라.

$$A = \begin{pmatrix} 1 & -1 & 4 \\ 1 & 1 & 3 \\ 2 & -1 & 11 \end{pmatrix}$$

풀이

다음과 같이 세 개의 행벡터를

$$\mathbf{a} = \langle 1,\ -1,\ 4 \rangle,\ \ \mathbf{b} = \langle 1,\ 1,\ 3 \rangle,\ \ \mathbf{c} = \langle 2,\ -1,\ 11 \rangle$$

이라 하자. 일차독립성을 알아보기 위해 스칼라 k_1, k_2, k_3에 대해

$$k_1\mathbf{a} + k_2\mathbf{b} + k_3\mathbf{c} = \langle 0, 0, 0 \rangle$$

이라 놓으면, $k_1 = k_2 = k_3 = 0$이므로 **a**, **b**, **c**는 일차독립이다. 그러므로 $rank\,A = 3$이다.

예제 9-9

다음 행렬의 계수를 구하라.

$$A = \begin{pmatrix} 1 & -1 & 4 & 2 \\ 0 & 1 & 3 & 2 \\ 3 & -2 & 15 & 8 \end{pmatrix}$$

풀이

행벡터 $\mathbf{a} = \langle 1, -1, 4, 2 \rangle$, $\mathbf{b} = \langle 0, 1, 3, 2 \rangle$, $\mathbf{c} = \langle 3, -2, 15, 8 \rangle$에 대해

$$k_1 \mathbf{a} + k_2 \mathbf{b} + k_3 \mathbf{c} = \langle 0, 0, 0, 0 \rangle$$

이라 놓자. 그러면

$$\langle k_1 + 3k_3,\ -k_1 + k_2 - 2k_3,\ 4k_1 + 3k_2 + 15k_3,\ 2k_1 + 2k_2 + 8k_3 \rangle = \langle 0, 0, 0, 0 \rangle$$

에서

$$\begin{aligned} k_1 + 3k_3 &= 0 \\ k_2 + k_3 &= 0 \end{aligned}$$

으로 정리하고 $k_3 = t$라 놓으면, $k_2 = -t$, $k_1 = -3t$, t는 모든 실수이므로 $\mathbf{a}$, $\mathbf{b}$, $\mathbf{c}$는 일차종속이다. 따라서 $\mathbf{a}$와 $\mathbf{b}$는 일차독립이므로 $rank\,\mathrm{A} = 2$이다.

행렬 A의 계수는 가우스 소거법을 이용하여 구할 수 있다. [예제 9-8]에서

$$\mathrm{A} = \begin{pmatrix} 1 & -1 & 4 \\ 1 & 1 & 3 \\ 2 & -1 & 11 \end{pmatrix} \xrightarrow[(-2)R_1 + R_3 \,\to\, R_3]{(-1)R_1 + R_2 \,\to\, R_2} \begin{pmatrix} 0 & 2 & -1 \\ 0 & 1 & 3 \end{pmatrix}$$

$$\mathrm{A} = \begin{pmatrix} 1 & -1 & 4 \\ 1 & 1 & 3 \\ 2 & -1 & 11 \end{pmatrix} \xrightarrow[(-2)R_1 + R_3 \,\to\, R_3]{(-1)R_1 + R_2 \,\to\, R_2} \begin{pmatrix} 1 & -1 & 4 \\ 0 & 2 & -1 \\ 0 & 1 & 3 \end{pmatrix} \xrightarrow{\frac{1}{2}R_2} \begin{pmatrix} 1 & -1 & 4 \\ 0 & 1 & -1/2 \\ 0 & 1 & 3 \end{pmatrix}$$

$$\xrightarrow{(-1)R_2 + R_3 \,\to\, R_3} \begin{pmatrix} 1 & -1 & 4 \\ 0 & 1 & -1/2 \\ 0 & 0 & 7/2 \end{pmatrix}$$

이므로, A의 세 개의 행벡터

$$\mathbf{a} = \langle 1, -1, 4 \rangle,\ \mathbf{b} = \langle 1, 1, 3 \rangle,\ \mathbf{c} = \langle 2, -1, 11 \rangle$$

이 가우스 소거법에 의해

$$\mathbf{a}' = \langle 1, -1, 4 \rangle,\ \mathbf{b}' = \left\langle 0, 1, -\frac{1}{2} \right\rangle,\ \mathbf{c}' = \left\langle 0, 0, \frac{7}{2} \right\rangle$$

이 되어 세 개의 행벡터가 일차독립임을 쉽게 알 수 있다. $rank\,\mathrm{A} = r$이면 m개의 행벡터 중에서 일차독립인 행벡터의 최대 개수가 r개임을 의미한다.

예제 9-10

네 개의 벡터 $\langle 0, -1, 2, 4 \rangle$, $\langle 0, 0, -1, 3 \rangle$, $\langle 2, 1, 3, 7 \rangle$, $\langle 3, 1, 5, 14 \rangle$가 일차종속임을 보여라.

풀이

네 개의 벡터를 행벡터로 갖는 행렬을

$$A = \begin{pmatrix} 0 & -1 & 2 & 4 \\ 0 & 0 & -1 & 3 \\ 2 & 1 & 3 & 7 \\ 3 & 1 & 5 & 14 \end{pmatrix}$$

라 놓자. 가우스 소거법을 이용하면

$$\begin{pmatrix} 1 & \frac{1}{2} & \frac{3}{2} & \frac{7}{2} \\ 0 & 1 & -2 & -4 \\ 0 & 0 & 1 & -3 \\ 0 & 0 & 0 & 0 \end{pmatrix}$$

이다. $rank\,A = 3$이므로 일차독립인 행벡터는 최대 3개이다. 따라서 4개의 벡터는 일차종속이다.

이제 9.2절의 예제들에 대해 계수를 구하고 연립 선형방정식의 해와 계수의 관계를 알아보자.

[예제 9-5]에서,

$$rank\,A = 3 = rank\,(A\,|\,B) = \text{미지수의 개수} \Leftrightarrow \text{유일한 해가 존재함}$$

[예제 9-6]에서,

$$(rank\,A = 2) \neq (rank\,(A\,|\,B) = 3) \Leftrightarrow \text{해가 존재하지 않음}$$

[예제 9-7]에서,

$$rank\,A = 2 = rank\,(A\,|\,B) < \text{미지수의 개수} \Leftrightarrow \text{무수히 많은 해가 존재함}$$

임을 알 수 있다. 이를 일반화하면 다음과 같다.

정리 9-10

A가 $m \times n$행렬일 때, 미지수가 n개인 m개의 연립 선형방정식 $AX = B$에서 다음을 만족한다.

(1) $rank\,A = rank\,(A\,|\,B) = n \Leftrightarrow$ 유일한 해 존재
(2) $rank\,A = rank\,(A\,|\,B) < n \Leftrightarrow$ 무수히 많은 해 존재
(3) $rank\,A \neq rank\,(A\,|\,B) \Leftrightarrow$ 해가 존재하지 않음

연립 선형방정식에서

$$\mathrm{AX}=\mathrm{B},\ \ \mathrm{B}\neq\mathbb{O} \tag{9.3}$$

를 **비제차**non-homogeneous **방정식**이라 하고,

$$\mathrm{AX}=\mathbb{O} \tag{9.4}$$

을 **제차**homogeneous **방정식**이라 한다.

제차 방정식에서는 $rank\,\mathrm{A}=rank\,(\mathrm{A}\,|\,\mathrm{B})$이므로, 위의 결론은 다음과 같이 적용할 수 있다.

정리 9-11

미지수가 n개인 m개의 연립 선형방정식 $\mathrm{AX}=\mathbb{O}$에서 다음을 만족한다.

(1) $rank\,\mathrm{A}=rank\,(\mathrm{A}\,|\,\mathrm{B})=n \quad \Leftrightarrow$ 유일한 해 존재($\mathrm{X}=\mathbb{O}$인 자명한 해)
(2) $rank\,\mathrm{A}=rank\,(\mathrm{A}\,|\,\mathrm{B})<n \quad \Leftrightarrow$ 무수히 많은 해 존재($\mathrm{X}\neq\mathbb{O}$인 비자명한 해)

예제 9-11

다음과 같은 연립 선형방정식이 자명한 해만 가짐을 보여라.

$$\begin{aligned} x_1-\ x_2+2x_3&=0\\ 2x_1-4x_2+6x_3&=0\\ 3x_1-2x_3&=0\end{aligned}$$

풀이

이 연립 선형방정식은 제차 방정식이므로, $rank\,\mathrm{A}=rank(\mathrm{A}\,|\,\mathrm{B})$이다. 따라서 계수행렬에 가우스 소거법을 이용하면

$$\mathrm{A}=\begin{pmatrix}1&-1&2\\2&-4&6\\3&0&-2\end{pmatrix}\xrightarrow[(-3)R_1+R_3\ \to\ R_3]{(-2)R_1+R_2\ \to\ R_2}\begin{pmatrix}1&-1&2\\0&-2&2\\0&3&-8\end{pmatrix}\xrightarrow{-\frac{1}{2}R_2}\begin{pmatrix}1&-1&2\\0&1&-1\\0&3&-8\end{pmatrix}$$
$$\xrightarrow{(-3)R_2+R_3\ \to\ R_3}\begin{pmatrix}1&-1&2\\0&1&-1\\0&0&-5\end{pmatrix}$$

이므로, $rank\,\mathrm{A}=3=$미지수의 개수이다. 따라서 이 연립 선형 미분방정식은 유일한 해를 갖는다.

Section

9.4 행렬식

이 절에서는 행렬식의 정의와 성질에 대해 살펴보자. 먼저 행렬식의 정의는 다음과 같다.

정의 9-12 행렬식

A가 n차 정사각행렬일 때, A의 **행렬식**determinant은 det A 또는 |A|로 표시한다.

$$A = \begin{pmatrix} a_{11} & a_{12} & \cdots & a_{1n} \\ a_{21} & a_{22} & \cdots & a_{2n} \\ & & \vdots & \\ a_{n1} & a_{n2} & \cdots & a_{nn} \end{pmatrix} \text{일 때, } \det A = |A| = \begin{vmatrix} a_{11} & a_{12} & \cdots & a_{1n} \\ a_{21} & a_{22} & \cdots & a_{2n} \\ & & \vdots & \\ a_{n1} & a_{n2} & \cdots & a_{nn} \end{vmatrix}$$

[정의 9-12]로부터 1차, 2차, 3차 행렬식은 다음과 같다.

(1) $A = (a)$가 1×1행렬일 때, $\det A = |a| = a$이다.

(2) $A = \begin{pmatrix} a_{11} & a_{12} \\ a_{21} & a_{22} \end{pmatrix}$일 때, $\det A = \begin{vmatrix} a_{11} & a_{12} \\ a_{21} & a_{22} \end{vmatrix} = a_{11}a_{22} - a_{12}a_{21}$이다.

(3) $A = \begin{pmatrix} a_{11} & a_{12} & a_{13} \\ a_{21} & a_{22} & a_{23} \\ a_{31} & a_{32} & a_{33} \end{pmatrix}$일 때,

$$\begin{aligned} \det A = \begin{vmatrix} a_{11} & a_{12} & a_{13} \\ a_{21} & a_{22} & a_{23} \\ a_{31} & a_{32} & a_{33} \end{vmatrix} &= a_{11}\begin{vmatrix} a_{22} & a_{23} \\ a_{32} & a_{33} \end{vmatrix} - a_{12}\begin{vmatrix} a_{21} & a_{23} \\ a_{31} & a_{33} \end{vmatrix} + a_{13}\begin{vmatrix} a_{21} & a_{22} \\ a_{31} & a_{32} \end{vmatrix} \\ &= a_{11}M_{11} - a_{12}M_{12} + a_{13}M_{13} \\ &= a_{11}C_{11} + a_{12}C_{12} + a_{13}C_{13} \end{aligned}$$

이다. 단, M_{ij}는 행렬 A에서 i행과 j열을 제외한 부분행렬의 행렬식이며,

$$C_{ij} = (-1)^{i+j}M_{ij}$$

이다.

A가 $n \times n$ 행렬일 때,

$$\det A = a_{11}M_{11} - a_{12}M_{12} + a_{13}M_{13} - \cdots + (-1)^{1+j}a_{1j}M_{1j} + \cdots + (-1)^{1+n}a_{1n}M_{1n}$$
$$= a_{11}C_{11} + a_{12}C_{12} + \cdots + a_{1n}C_{1n} = \sum_{j=1}^{n} a_{1j}C_{1j}$$

이다. 예를 들어,

$$A = (-2) \text{일 때, } \det A = |-2| = -2$$
$$A = \begin{pmatrix} 1 & 2 \\ 3 & 4 \end{pmatrix} \text{일 때, } \det A = \begin{vmatrix} 1 & 2 \\ 3 & 4 \end{vmatrix} = 1 \cdot 4 - 2 \cdot 3 = -2$$

이다.

예제 9-12

$\det A = \begin{vmatrix} 1 & 2 & 3 \\ 4 & 5 & 6 \\ 7 & 8 & 9 \end{vmatrix}$를 구하라.

풀이

$$\det A = \begin{vmatrix} 1 & 2 & 3 \\ 4 & 5 & 6 \\ 7 & 8 & 9 \end{vmatrix} = 1 \cdot \begin{vmatrix} 5 & 6 \\ 8 & 9 \end{vmatrix} - 2 \cdot \begin{vmatrix} 4 & 6 \\ 7 & 9 \end{vmatrix} + 3 \cdot \begin{vmatrix} 4 & 5 \\ 7 & 8 \end{vmatrix}$$
$$= (45-48) - 2(36-42) + 3(32-35) = 0$$

예제 9-13

$\det A = \begin{vmatrix} 1 & 2 & -1 & 0 \\ 2 & 0 & 0 & -1 \\ -3 & 5 & 5 & 4 \\ 0 & 1 & 0 & 1 \end{vmatrix}$를 구하라.

풀이

$$\det A = 1\begin{vmatrix} 0 & 0 & -1 \\ 5 & 5 & 4 \\ 1 & 0 & 1 \end{vmatrix} - 2\begin{vmatrix} 2 & 0 & -1 \\ -3 & 5 & 4 \\ 0 & 0 & 1 \end{vmatrix} - 1\begin{vmatrix} 2 & 0 & -1 \\ -3 & 5 & 4 \\ 0 & 1 & 1 \end{vmatrix} + 0\begin{vmatrix} 2 & 0 & 0 \\ -3 & 5 & 5 \\ 0 & 1 & 0 \end{vmatrix}$$
$$= (-1)\begin{vmatrix} 5 & 5 \\ 1 & 0 \end{vmatrix} - 2\left(2\begin{vmatrix} 5 & 4 \\ 0 & 1 \end{vmatrix} - 1\begin{vmatrix} -3 & 5 \\ 0 & 0 \end{vmatrix}\right) - \left(2\begin{vmatrix} 5 & 4 \\ 1 & 1 \end{vmatrix} - \begin{vmatrix} -3 & 5 \\ 0 & 1 \end{vmatrix}\right)$$
$$= (-1)(-5) - 2(2 \cdot 5) - (2(5-4) - (-3))$$
$$= 5 - 20 - 5$$
$$= -20$$

이제 행렬식의 성질을 살펴보자. 이때 A가 $n \times n$행렬이라 하자.

(1) $\det A = \det A^T$

예제 9-14

$A = \begin{pmatrix} 1 & 2 \\ 3 & 4 \end{pmatrix}$일 때, A^T의 행렬식을 구하라.

풀이

$A = \begin{pmatrix} 1 & 2 \\ 3 & 4 \end{pmatrix}$일 때, $A^T = \begin{pmatrix} 1 & 3 \\ 2 & 4 \end{pmatrix}$이고

$$\det A = \begin{vmatrix} 1 & 2 \\ 3 & 4 \end{vmatrix} = 1 \cdot 4 - 2 \cdot 3 = -2$$

$$\det A^T = \begin{vmatrix} 1 & 3 \\ 2 & 4 \end{vmatrix} = 1 \cdot 4 - 3 \cdot 2 = -2$$

이다.

(2) 두 개의 행(또는 열)이 같으면, $\det A = 0$이다.

예제 9-15

$A = \begin{pmatrix} 1 & 2 & 3 \\ 4 & 5 & 6 \\ 1 & 2 & 3 \end{pmatrix}$의 행렬식을 구하라.

풀이

$$\det A = \begin{vmatrix} 1 & 2 & 3 \\ 4 & 5 & 6 \\ 1 & 2 & 3 \end{vmatrix} = 1\begin{vmatrix} 5 & 6 \\ 2 & 3 \end{vmatrix} - 2\begin{vmatrix} 4 & 6 \\ 1 & 3 \end{vmatrix} + 3\begin{vmatrix} 4 & 5 \\ 1 & 2 \end{vmatrix}$$

$$= (15 - 12) - 2(12 - 6) + 3(8 - 5)$$

$$= 3 - 12 + 9 = 0$$

(3) 행렬 A에서 두 행(또는 열)을 교환한 행렬을 B라 하면, $\det A = -\det B$이다.

예제 9-16

$A = \begin{pmatrix} 1 & 2 & 3 \\ 6 & 5 & 4 \\ -1 & 0 & 3 \end{pmatrix}$, $B = \begin{pmatrix} 6 & 5 & 4 \\ 1 & 2 & 3 \\ -1 & 0 & 3 \end{pmatrix}$의 행렬식을 구하라.

풀이

$$\det A = \begin{vmatrix} 5 & 4 \\ 0 & 3 \end{vmatrix} - 2\begin{vmatrix} 6 & 4 \\ -1 & 3 \end{vmatrix} + 3\begin{vmatrix} 6 & 5 \\ -1 & 0 \end{vmatrix} = 15 - 2(18+4) + 3(5) = -14$$

$$\det B = 6\begin{vmatrix} 2 & 3 \\ 0 & 3 \end{vmatrix} - 5\begin{vmatrix} 1 & 3 \\ -1 & 3 \end{vmatrix} + 4\begin{vmatrix} 1 & 2 \\ -1 & 0 \end{vmatrix} = 6 \cdot 6 - 5 \cdot 6 + 4(2) = 14$$

(4) 하나의 행(또는 열)의 원소가 모두 0이면, $\det A = 0$이다.

예제 9-17

$A = \begin{pmatrix} 1 & 2 & 3 \\ 0 & 0 & 0 \\ 4 & 5 & 6 \end{pmatrix}$의 행렬식을 구하라.

풀이

$$\det A = \begin{vmatrix} 1 & 2 & 3 \\ 0 & 0 & 0 \\ 4 & 5 & 6 \end{vmatrix} = -\begin{vmatrix} 0 & 0 & 0 \\ 1 & 2 & 3 \\ 4 & 5 & 6 \end{vmatrix} = 0$$

(5) A의 한 행(또는 열)에 0이 아닌 스칼라 k를 곱한 행렬을 B라 하면, $k\det A = \det B$이다.

예제 9-18

$A = \begin{pmatrix} 1 & 2 & 3 \\ 6 & 5 & 4 \\ -1 & 0 & 3 \end{pmatrix}$, $B = \begin{pmatrix} k & 2k & 3k \\ 6 & 5 & 4 \\ -1 & 0 & 3 \end{pmatrix}$의 행렬식을 구하라.

풀이

$$\det B = k\begin{vmatrix} 5 & 4 \\ 0 & 3 \end{vmatrix} - 2k\begin{vmatrix} 6 & 4 \\ -1 & 3 \end{vmatrix} + 3k\begin{vmatrix} 6 & 5 \\ -1 & 0 \end{vmatrix} = -14k$$

$\det A = -14$ 예제 9-16

(6) A의 한 행(또는 열)에 0이 아닌 스칼라 k를 곱하여 다른 행(또는 열)에 더한 행렬을 B라 하면, $\det A = \det B$이다.

예제 9-19

$A = \begin{pmatrix} 1 & 2 & 3 \\ 6 & 5 & 4 \\ -1 & 0 & 3 \end{pmatrix}$, $B = \begin{pmatrix} 1 & 2 & 3 \\ 6+k & 5+2k & 4+3k \\ -1 & 0 & 3 \end{pmatrix}$의 행렬식을 구하라.

풀이

$$\det B = \begin{vmatrix} 5+2k & 4+3k \\ 0 & 3 \end{vmatrix} - 2\begin{vmatrix} 6+k & 4+3k \\ -1 & 3 \end{vmatrix} + 3\begin{vmatrix} 6+k & 5+2k \\ -1 & 0 \end{vmatrix}$$

$$= (15+6k) - 2(18+3k+4+3k) + 3(5+2k) = -14$$

$\det A = -14$ 예제 9-16

(7) 두 개의 $n \times n$행렬 A, B에 대해, $\det AB = \det A \cdot \det B$이다.

예제 9-20

$A = \begin{pmatrix} 1 & 2 \\ 6 & 5 \end{pmatrix}$, $B = \begin{pmatrix} 2 & 3 \\ 5 & 4 \end{pmatrix}$일 때, $\det AB$와 $\det A \cdot \det B$를 구하라.

풀이

$$AB = \begin{pmatrix} 1 & 2 \\ 6 & 5 \end{pmatrix}\begin{pmatrix} 2 & 3 \\ 5 & 4 \end{pmatrix} = \begin{pmatrix} 2+10 & 3+8 \\ 12+25 & 18+20 \end{pmatrix} = \begin{pmatrix} 12 & 11 \\ 37 & 38 \end{pmatrix}$$

$$\det A = 5-12 = -7, \quad \det B = 8-15 = -7$$

이므로

$$\det AB = 12 \cdot 38 - 11 \cdot 37 = 456 - 407 = 49$$

$$\det A \cdot \det B = (-7)(-7) = 49 = \det AB$$

이다.

(8) A 가 삼각행렬이면, $\det A = a_{11}a_{22}\cdots a_{nn}$ 이다.

예제 9-21

$A = \begin{pmatrix} 1 & 2 & 3 \\ 0 & 5 & 6 \\ 0 & 0 & 9 \end{pmatrix}$ 의 행렬식을 구하라.

풀이

$$\det A = 1\begin{vmatrix} 5 & 6 \\ 0 & 9 \end{vmatrix} - 2\begin{vmatrix} 0 & 6 \\ 0 & 9 \end{vmatrix} + 3\begin{vmatrix} 0 & 5 \\ 0 & 0 \end{vmatrix}$$

$$= 1 \cdot 5 \cdot 9 - 2 \cdot 0 + 3 \cdot 0$$

$$= 1 \cdot 5 \cdot 9 = 45$$

행렬식의 성질을 종합해보면, 행렬에 가우스 소거법을 사용하여 삼각행렬로 만들어 행렬식을 쉽게 계산할 수 있음을 알 수 있다.

예제 9-22

$\begin{vmatrix} 1 & 0 & 1 & 3 \\ 2 & -4 & -1 & -1 \\ 3 & -1 & 0 & 5 \\ -4 & 4 & 1 & 0 \end{vmatrix}$ 을 구하라.

풀이

$$\begin{vmatrix} 1 & 0 & 1 & 3 \\ 2 & -4 & -1 & -1 \\ 3 & -1 & 0 & 5 \\ -4 & 4 & 1 & 0 \end{vmatrix} \xrightarrow[\substack{(-3)R_1 + R_3 \to R_3 \\ 4R_1 + R_4 \to R_4}]{(-2)R_1 + R_2 \to R_2} \begin{vmatrix} 1 & 0 & 1 & 3 \\ 0 & -4 & -3 & -7 \\ 0 & -1 & -3 & -4 \\ 0 & 4 & 5 & 12 \end{vmatrix}$$

$$\xrightarrow{R_2 \leftrightarrow R_3} -\begin{vmatrix} 1 & 0 & 1 & 3 \\ 0 & -1 & -3 & -4 \\ 0 & -4 & -3 & -7 \\ 0 & 4 & 5 & 12 \end{vmatrix} \xrightarrow[R_3 + R_4 \to R_4]{(-4)R_2 + R_3 \to R_3} -\begin{vmatrix} 1 & 0 & 1 & 3 \\ 0 & -1 & -3 & -4 \\ 0 & 0 & 9 & 9 \\ 0 & 0 & 2 & 5 \end{vmatrix}$$

$$= -(-1)9\begin{vmatrix} 1 & 0 & 1 & 3 \\ 0 & 1 & 3 & 4 \\ 0 & 0 & 1 & 1 \\ 0 & 0 & 2 & 5 \end{vmatrix} \xrightarrow{(-2)R_3 + R_4 \to R_4} 9\begin{vmatrix} 1 & 0 & 1 & 3 \\ 0 & 1 & 3 & 4 \\ 0 & 0 & 1 & 1 \\ 0 & 0 & 0 & 3 \end{vmatrix}$$

$$= 9(1 \cdot 1 \cdot 1 \cdot 3) = 27$$

Section 9.5 역행렬

A가 $n\times n$행렬일 때, 연립 선형방정식 $\mathrm{AX}=\mathrm{B}$에서 A가 역행렬을 갖는 경우 해 X를 쉽게 구할 수 있다. 이 절에서는 역행렬을 이용하여 연립 선형방정식의 해를 구하는 방법을 살펴보자. 먼저 역행렬의 정의는 다음과 같다.

정의 9-13 역행렬

A가 $n\times n$행렬일 때,

$$\mathrm{AB}=\mathrm{BA}=\mathrm{I}_n$$

인 $n\times n$행렬 B를 A의 **역행렬**inverse matrix이라 하고, 다음과 같이 나타낸다.

$$\mathrm{B}=\mathrm{A}^{-1}$$

역행렬을 갖는 행렬을 **정칙행렬**nonsingular matrix 또는 **가역행렬**invertible matrix, 역행렬을 갖지 않는 행렬을 **특이행렬**singular matrix이라 한다.

정리 9-14 정칙행렬의 성질

A와 B가 정칙행렬일 때, 다음이 성립한다.

(1) $(\mathrm{A}^{-1})^{-1}=\mathrm{A}$

(2) $(\mathrm{AB})^{-1}=\mathrm{B}^{-1}\mathrm{A}^{-1}$

(3) $(\mathrm{A}^T)^{-1}=(\mathrm{A}^{-1})^T$

증명 (1) $\mathrm{AA}^{-1}=\mathrm{I}_n=\mathrm{A}^{-1}\mathrm{A}$이므로 A^{-1}의 역행렬은 A이다. 즉 $(\mathrm{A}^{-1})^{-1}=\mathrm{A}$이다.

(2) 역행렬의 정의에 의해

$$\mathrm{AB}(\mathrm{AB})^{-1}=\mathrm{I}_n$$

이고, 양변에 A^{-1}을 곱하면

$$A^{-1}AB(AB)^{-1} = A^{-1}I_n$$
$$B(AB)^{-1} = A^{-1}$$

이므로, 다시 B^{-1}을 양변에 곱하면

$$B^{-1}B(AB)^{-1} = B^{-1}A^{-1}$$

이다. 따라서 $(AB)^{-1} = B^{-1}A^{-1}$이다.

(3) $(AA^{-1})^T = I_n{}^T = I_n$이고, [정리 9-6]의 전치행렬의 성질에 의해

$$(A^{-1})^T A^T = I_n$$

이므로, A^T의 역행렬은 $(A^{-1})^T$이다. 즉 $(A^T)^{-1} = (A^{-1})^T$이다. ■

또한 A가 정칙행렬일 때, A의 역행렬은 유일하게 존재한다.

■ 수반행렬을 이용한 역행렬 구하기

이제 수반행렬을 이용하여 역행렬을 구하는 방법을 살펴보자. 수반행렬은 다음과 같이 정의한다.

정의 9-15 수반행렬

$n \times n$ 행렬 A에 대해 A의 **수반행렬**adjoint matrix은 다음과 같이 정의한다.

$$adj\ A = \begin{pmatrix} C_{11} & C_{12} & \cdots & C_{1n} \\ C_{21} & C_{22} & \cdots & C_{2n} \\ & & \vdots & \\ C_{n1} & C_{n2} & \cdots & C_{nn} \end{pmatrix}^T \quad \text{단, } C_{ij} = (-1)^{i+j}M_{ij}$$

예제 9-23

$A = \begin{pmatrix} 1 & 2 \\ 3 & 4 \end{pmatrix}$의 수반행렬을 구하라.

풀이

$$C_{11} = 4,\ C_{21} = -2,\ C_{12} = -3,\ C_{22} = 1$$

이므로

$$adj\ A = \begin{pmatrix} 4 & -2 \\ -3 & 1 \end{pmatrix}$$

이다.

이러한 수반행렬을 이용하여 역행렬을 구해보자.

정리 9-16 역행렬

$n \times n$ 행렬 A에 대해 $\det A \neq 0$이면 역행렬은 다음과 같다.

$$A^{-1} = \frac{1}{\det A} adj\ A$$

증명

$$A(adj\ A) = \begin{pmatrix} a_{11} & a_{12} & \cdots & a_{1n} \\ a_{21} & a_{22} & \cdots & a_{2n} \\ & & \vdots & \\ a_{i1} & a_{i2} & \cdots & a_{in} \\ & & \vdots & \\ a_{n1} & a_{n2} & \cdots & a_{nn} \end{pmatrix} \begin{pmatrix} C_{11} & C_{21} & \cdots & C_{j1} & \cdots & C_{n1} \\ C_{12} & C_{22} & \cdots & C_{j2} & \cdots & C_{n2} \\ \vdots & \vdots & & \vdots & & \vdots \\ C_{1n} & C_{2n} & \cdots & C_{jn} & \cdots & C_{nn} \end{pmatrix}$$

에서 (i, j)원소는

$$a_{i1}C_{j1} + a_{i2}C_{j2} + \cdots + a_{in}C_{jn} = 0 \qquad (i \neq j)$$

이고, (i, i)원소는

$$a_{i1}C_{i1} + a_{i2}C_{i2} + \cdots + a_{in}C_{in} = \det A$$

이다. 그러므로 $A(adj\ A)$의 주대각원소는 $\det A$이고, 나머지 원소는 모두 0이다. 따라서

$$A(adj\ A) = \det A \cdot I_n$$

이다. 양변을 $\det A$로 나누면

$$\frac{1}{\det A} A(adj\ A) = I_n$$

이므로

$$A^{-1} = \frac{1}{\det A} adj\ A$$

이다. ■

[정리 9-16]에서 A가 역행렬을 가지기 위해서는 $\det A \neq 0$임을 알 수 있다.

정리 9-17 역행렬을 갖기 위한 조건

$n \times n$ 행렬 A가 역행렬을 갖기 위한 필요충분조건은 $\det A \neq 0$이다.

예제 9-24

$A=\begin{pmatrix}1&1&2\\3&1&1\\1&3&4\end{pmatrix}$의 역행렬을 구하라.

풀이

$\det A$와 C_{ij}를 구하면

$$\det A=\begin{vmatrix}1&1&2\\3&1&1\\1&3&4\end{vmatrix}=\begin{vmatrix}1&1&2\\0&-2&-5\\0&2&2\end{vmatrix}=\begin{vmatrix}1&1&2\\0&-2&-5\\0&0&-3\end{vmatrix}=6$$

$$C_{11}=\begin{vmatrix}1&1\\3&4\end{vmatrix}=1,\ C_{21}=-\begin{vmatrix}1&2\\3&4\end{vmatrix}=2,\ C_{31}=\begin{vmatrix}1&2\\1&1\end{vmatrix}=-1$$

$$C_{12}=-\begin{vmatrix}3&1\\1&4\end{vmatrix}=-11,\ C_{22}=\begin{vmatrix}1&2\\1&4\end{vmatrix}=2,\ C_{32}=-\begin{vmatrix}1&2\\3&1\end{vmatrix}=5$$

$$C_{13}=\begin{vmatrix}3&1\\1&3\end{vmatrix}=8,\ C_{23}=-\begin{vmatrix}1&1\\1&3\end{vmatrix}=-2,\ C_{33}=\begin{vmatrix}1&1\\3&1\end{vmatrix}=-2$$

이므로

$$A^{-1}=\frac{1}{6}\begin{pmatrix}1&2&-1\\-11&2&5\\8&-2&-2\end{pmatrix}$$

이다.

수반행렬에 의해 $n\times n$ 행렬의 역행렬을 구할 때, n이 커지면 C_{11}부터 C_{nn}까지의 계산이 많아지므로 다른 방법이 필요하다.

■ 가우스-조단 소거법을 이용하여 역행렬 구하기

$n\times n$ 행렬 A의 역행렬을 구하기 위해 가우스-조단Gauss-Jordan 소거법을 이용하자. 첨가행렬

$$(A\mid I)$$

에 기본 행연산을 시행하여 A가 I가 될 때, I는 A^{-1}이 된다.

예제 9-25

가우스-조단 소거법을 이용하여 [예제 9-24]의 행렬 A의 역행렬을 구하라.

풀이

$$\left(\begin{array}{ccc|ccc} 1 & 1 & 2 & 1 & 0 & 0 \\ 3 & 1 & 1 & 0 & 1 & 0 \\ 1 & 3 & 4 & 0 & 0 & 1 \end{array}\right) \xrightarrow[(-1)R_1+R_3 \to R_3]{(-3)R_1+R_2 \to R_2} \left(\begin{array}{ccc|ccc} 1 & 1 & 2 & 1 & 0 & 0 \\ 0 & -2 & -5 & -3 & 1 & 0 \\ 0 & 2 & 2 & -1 & 0 & 1 \end{array}\right)$$

$$\xrightarrow{R_2+R_3 \to R_3} \left(\begin{array}{ccc|ccc} 1 & 1 & 2 & 1 & 0 & 0 \\ 0 & -2 & -5 & -3 & 1 & 0 \\ 0 & 0 & -3 & -4 & 1 & 1 \end{array}\right)$$

$$\xrightarrow{\left(-\frac{1}{3}\right)R_3} \left(\begin{array}{ccc|ccc} 1 & 1 & 2 & 1 & 0 & 0 \\ 0 & -2 & -5 & -3 & 1 & 0 \\ 0 & 0 & 1 & 4/3 & -1/3 & -1/3 \end{array}\right)$$

$$\xrightarrow[5R_3+R_2 \to R_2]{(-2)R_3+R_1 \to R_1} \left(\begin{array}{ccc|ccc} 1 & 1 & 0 & -5/3 & 2/3 & 2/3 \\ 0 & -2 & 0 & 11/3 & -2/3 & -5/3 \\ 0 & 0 & 1 & 4/3 & -1/3 & -1/3 \end{array}\right)$$

$$\xrightarrow{\left(-\frac{1}{2}\right)R_2} \left(\begin{array}{ccc|ccc} 1 & 1 & 0 & -5/3 & 2/3 & 2/3 \\ 0 & 1 & 0 & -11/6 & 1/3 & 5/6 \\ 0 & 0 & 1 & 4/3 & -1/3 & -1/3 \end{array}\right)$$

$$\xrightarrow{(-1)R_2+R_1 \to R_1} \left(\begin{array}{ccc|ccc} 1 & 0 & 0 & 1/6 & 1/3 & -1/6 \\ 0 & 1 & 0 & -11/6 & 1/3 & 5/6 \\ 0 & 0 & 1 & 4/3 & -1/3 & -1/3 \end{array}\right)$$

$$= (\mathrm{I} \mid \mathrm{A}^{-1})$$

■ **역행렬을 이용하여 연립 선형방정식의 해 구하기**

연립 선형방정식 $\mathrm{AX} = \mathrm{B}$에서 A가 정방행렬일 때,

$$\mathrm{A}^{-1}\mathrm{AX} = \mathrm{A}^{-1}\mathrm{B}$$

이므로, 해는 다음과 같다.

$$\mathrm{X} = \mathrm{A}^{-1}\mathrm{B}$$

예제 9-26

가우스-조단 소거법을 이용하여 다음 연립 선형방정식의 해를 구하라.

$$x_1 + x_2 + 2x_3 = 1$$
$$3x_1 + x_2 + x_3 = 2$$
$$x_1 + 3x_2 + 4x_3 = 3$$

풀이

$\begin{pmatrix} 1 & 1 & 2 \\ 3 & 1 & 1 \\ 1 & 3 & 4 \end{pmatrix}\begin{pmatrix} x_1 \\ x_2 \\ x_3 \end{pmatrix} = \begin{pmatrix} 1 \\ 2 \\ 3 \end{pmatrix}$이므로

$$\begin{pmatrix} x_1 \\ x_2 \\ x_3 \end{pmatrix} = \begin{pmatrix} 1 & 1 & 2 \\ 3 & 1 & 1 \\ 1 & 3 & 4 \end{pmatrix}^{-1}\begin{pmatrix} 1 \\ 2 \\ 3 \end{pmatrix}$$
$$= \begin{pmatrix} \frac{1}{6} & \frac{1}{3} & -\frac{1}{6} \\ -\frac{11}{6} & \frac{1}{3} & \frac{5}{6} \\ \frac{4}{3} & -\frac{1}{3} & -\frac{1}{3} \end{pmatrix}\begin{pmatrix} 1 \\ 2 \\ 3 \end{pmatrix} = \begin{pmatrix} \frac{1}{3} \\ \frac{4}{3} \\ -\frac{1}{3} \end{pmatrix}$$

이다. 따라서 $x_1 = \frac{1}{3}$, $x_2 = \frac{4}{3}$, $x_3 = -\frac{1}{3}$이다.

Chapter 09 연습문제

[9.1 행렬과 연산]

1. 두 행렬 $\begin{pmatrix} x^2 & 4 \\ y & 5 \end{pmatrix} = \begin{pmatrix} 9 & 4 \\ 4x & 5 \end{pmatrix}$일 때, x, y를 결정하라.

2. $\mathrm{A} = \begin{pmatrix} 1 & 2 \\ 3 & 4 \end{pmatrix}$, $\mathrm{B} = \begin{pmatrix} 5 & 6 \\ 7 & 8 \end{pmatrix}$일 때, $-\frac{1}{3}\mathrm{A}$, $\mathrm{A}+2\mathrm{B}$, $\mathrm{A}-\mathrm{B}$, $\mathrm{A}-\mathrm{B}^T$을 구하라.

3. $\mathrm{A} = \begin{pmatrix} 1 & 2 \\ 3 & 4 \end{pmatrix}$, $\mathrm{B} = \begin{pmatrix} 0 & 6 \\ 7 & -8 \end{pmatrix}$일 때, AB, BA를 구하고 $\mathrm{AB} \neq \mathrm{BA}$임을 보여라.

4. $\mathrm{A} = \begin{pmatrix} 3 & 4 \\ 7 & 2 \end{pmatrix}$, $\mathrm{B} = \begin{pmatrix} 5 & 10 \\ 2 & -5 \end{pmatrix}$일 때, $(\mathrm{AB})^T$, $\mathrm{B}^T\mathrm{A}^T$을 구하라.

5. $\mathrm{A} = \begin{pmatrix} 2 & 1 \\ 6 & 3 \\ 1 & 5 \end{pmatrix}$일 때, AA^T이 대칭행렬임을 보여라.

6. a, b가 실수일 때, $ab=0 \Leftrightarrow a=0$ 또는 $b=0$이다. $\mathrm{AB}=\mathbb{O}$일 때, $\mathrm{A} \neq \mathbb{O}$, $\mathrm{B} \neq \mathbb{O}$인 두 행렬 A, B를 찾아라.

7. 실수 a, b, c에 대해 $c \neq 0$일 때, $ca=cb \Leftrightarrow a=b$이다. 그러나 행렬에서는 $\mathrm{CA}=\mathrm{CB}$, $\mathrm{C} \neq \mathbb{O} \Leftrightarrow \mathrm{A}=\mathrm{B}$는 아니다. 이를 다음 세 행렬로 확인하라.

$$\mathrm{A} = \begin{pmatrix} 2 & 5 \\ 3 & 4 \end{pmatrix},\ \mathrm{B} = \begin{pmatrix} 1 & 1 \\ 3 & 4 \end{pmatrix},\ \mathrm{C} = \begin{pmatrix} 0 & 1 \\ 0 & 2 \end{pmatrix}$$

[9.2 연립 선형방정식과 가우스 소거법]

※ 다음 연립 선형방정식의 해를 가우스 소거법을 이용하여 구하라.

8.
$$\begin{aligned} x_1 - 2x_2 + x_3 &= 3 \\ -2x_1 + x_2 + 3x_3 &= 0 \\ 3x_1 + 4x_2 - 3x_3 &= 9 \end{aligned}$$

9.
$$\begin{aligned} x_1 - 2x_2 + x_3 &= 1 \\ 3x_1 - x_2 + 2x_3 &= 3 \\ 2x_1 + x_2 + x_3 &= 2 \end{aligned}$$

10.
$$\begin{aligned} x_1 + x_2 - x_4 &= 1 \\ 2x_2 + x_3 &= 4 \\ x_1 - x_2 + x_4 &= 1 \\ x_1 + x_2 + x_3 + x_4 &= 5 \end{aligned}$$

11.
$$\begin{aligned} x_1 + 2x_2 - x_3 &= 0 \\ 2x_1 + x_2 + x_3 &= 0 \\ 5x_1 + 7x_2 + x_3 &= 0 \end{aligned}$$

12. $$\begin{aligned} x_1+2x_2+3x_3&=0\\ x_1+x_2+x_3&=0\\ 5x_1+7x_2+9x_3&=0 \end{aligned}$$

[9.3 행렬의 계수]

※ 다음 행렬의 계수를 구하라.

13. $\begin{pmatrix} 1 & 2 & 1 \\ 2 & 1 & 1 \\ 6 & 2 & 4 \end{pmatrix}$ **14.** $\begin{pmatrix} 1 & 2 & 2 \\ 2 & 1 & 0 \\ 1 & 1 & 1 \end{pmatrix}$ **15.** $\begin{pmatrix} 1 & -1 & -2 \\ 2 & 4 & 5 \\ 6 & 0 & -3 \end{pmatrix}$

※ 다음 벡터들이 일차독립인지 일차종속인지를 판단하라.

16. $\langle 1, -1\rangle$, $\langle 1, 6\rangle$, $\langle 2, 3\rangle$

17. $\langle 1, 3, -3, 3\rangle$, $\langle -2, 0, 0, 0\rangle$, $\langle -2, 0, 0, 1\rangle$

18. 다음 제차 연립 선형방정식이 자명한 해만 가짐을 보여라.

$$\begin{aligned} 4x_1-x_2+x_3&=0\\ x_1-2x_2-x_3&=0\\ 3x_1+x_2+5x_3&=0 \end{aligned}$$

19. 다음 연립 선형방정식이 자명하지 않은 해를 갖도록 하는 a를 결정하라.

$$\begin{aligned} 4x_1-x_2+x_3&=0\\ x_1-2x_2-x_3&=0\\ 3x_1+x_2+ax_3&=0 \end{aligned}$$

20. 다음 연립 선형방정식이 해를 갖기 위한 조건을 구하라.

$$\begin{aligned} 4x_1+x_2+3x_3&=a\\ 2x_1-x_2+3x_3&=b\\ 2x_1+2x_2&=c \end{aligned}$$

[9.4 행렬식]

※ 행렬식의 성질을 이용하여 다음 행렬식의 값을 구하라.

21. $\begin{vmatrix} 1 & 1 & 1 \\ 2 & 3 & 4 \\ x & y & z \end{vmatrix}$ **22.** $\begin{vmatrix} 1 & 2 & 2 \\ 3 & 2 & 2 \\ 4 & 2 & 2 \end{vmatrix}$ **23.** $\begin{vmatrix} 2 & -1 & 1 \\ 3 & 2 & -2 \\ 4 & 1 & -1 \end{vmatrix}$ **24.** $\begin{vmatrix} 1 & 1 & 3 & 0 \\ -1 & 5 & -3 & 1 \\ 1 & -2 & 1 & 0 \\ 4 & 3 & 0 & 0 \end{vmatrix}$

※ 다음 식을 만족하는 실수 x를 구하라.

25. $\begin{vmatrix} 1 & 2 \\ 1 & 2x+1 \end{vmatrix} = 1$

26. $\begin{vmatrix} x+1 & 2 & 3 \\ 0 & x-1 & 4 \\ 0 & 0 & x+2 \end{vmatrix} = 12$

※ $\begin{vmatrix} a & b & c \\ d & e & f \\ g & h & i \end{vmatrix} = k$일 때, 다음을 구하라.

27. $\begin{vmatrix} a & d & g \\ b & e & h \\ c & f & i \end{vmatrix}$

28. $\begin{vmatrix} b & a & c \\ e & d & f \\ h & g & i \end{vmatrix}$

29. $\begin{vmatrix} 2a & 6b & 2c \\ d & 3e & f \\ g & 3h & i \end{vmatrix}$

30. $\begin{vmatrix} a & b & c \\ -d & -e & -f \\ g-d & h-e & i-f \end{vmatrix}$

※ 행렬식의 성질을 이용하여 다음 행렬식의 값을 구하라.

31. $\begin{vmatrix} 2 & -1 & 0 \\ 0 & -3 & 2 \\ 0 & 0 & -4 \end{vmatrix}$

32. $\begin{vmatrix} 0 & 0 & 3 \\ 0 & -2 & 4 \\ 4 & 1 & 2 \end{vmatrix}$

33. $\begin{vmatrix} 3 & 0 & 0 \\ 0 & 2 & 0 \\ 0 & 0 & -1 \end{vmatrix}$

34. $\begin{vmatrix} 1 & 1 & 1 \\ x & y & z \\ y+z & z+x & x+y \end{vmatrix}$

[9.5 역행렬]

※ 다음 행렬의 역행렬을 수반행렬을 이용한 방법과 가우스-조단 소거법을 이용한 방법으로 구하라.

35. $\begin{pmatrix} 1 & 2 \\ 3 & 4 \end{pmatrix}$

36. $\begin{pmatrix} 2 & 0 & 1 \\ -2 & 3 & 4 \\ -4 & 5 & 6 \end{pmatrix}$

37. $\begin{pmatrix} 1 & -1 & -2 \\ 2 & 4 & 5 \\ 5 & 0 & -3 \end{pmatrix}$

38. $\begin{pmatrix} 0 & 1 & 1 \\ 1 & 0 & 1 \\ 1 & 1 & 1 \end{pmatrix}$

39. $\begin{pmatrix} a & 0 & 0 \\ 0 & b & 0 \\ 0 & 0 & c \end{pmatrix}$ 단, $a \neq 0$, $b \neq 0$, $c \neq 0$인 실수

※ 다음 연립 선형방정식의 해를 수반행렬 이용한 방법과 가우스-조단 소거법을 이용한 방법으로 구하라.

40.
$$\begin{aligned} 2x_1 - x_2 + 3x_3 &= 4 \\ x_1 + 9x_2 - 2x_3 &= -8 \\ 4x_1 - 8x_2 + 11x_3 &= 15 \end{aligned}$$

41.
$$\begin{aligned} 2x_1 + x_3 &= -1 \\ -2x_1 + 3x_2 + 4x_3 &= 1 \\ -5x_1 + 5x_2 + 6x_3 &= 0 \end{aligned}$$

42. 다음 연립 선형방정식이 무수히 많은 해를 갖도록 λ를 결정하라.

$$(\lambda-2)x_1 + 2x_2 = 0$$

$$3x_1 + (\lambda-1)x_2 = 0$$

43. 다음을 만족하는 행렬 A를 구하라.

$$(\mathrm{I} - 2\mathrm{A})^{-1} = \begin{pmatrix} 2 & -1 \\ 3 & 5 \end{pmatrix}$$

Chapter 10

행렬의 활용

Applications of Matrices

||| 목차 |||

||| 학습목표 |||

- 크래머의 법칙을 이용하여 연립 선형방정식의 해를 구한다.
- 행렬의 고윳값과 고유벡터를 구한다.
- 직교행렬을 구한다.
- 행렬을 대각화하며 이차형식의 그래프를 그린다.

Section 10.1 크래머의 법칙

연립 선형방정식 $AX = B$에서 A가 $n \times n$ 정칙행렬일 때(즉 $\det A \neq 0$), 해가 $X = A^{-1}B$ 임을 9.5절에서 배웠다. 이 절에서는 행렬식을 이용하여 X를 구하기 위한 또 다른 방법을 살펴보자.

다음과 같은 행렬 A, X, B를 살펴보자.

$$A = \begin{pmatrix} a_{11} & a_{12} & \cdots & a_{1n} \\ a_{21} & a_{22} & \cdots & a_{2n} \\ & & \vdots & \\ a_{n1} & a_{n2} & \cdots & a_{nn} \end{pmatrix}, \quad X = \begin{pmatrix} x_1 \\ x_2 \\ \vdots \\ x_n \end{pmatrix}, \quad B = \begin{pmatrix} b_1 \\ b_2 \\ \vdots \\ b_n \end{pmatrix}$$

$AX = B$의 해는

$$X = A^{-1}B = \frac{1}{\det A}\begin{pmatrix} C_{11} & C_{21} & \cdots & C_{n1} \\ C_{12} & C_{22} & \cdots & C_{n2} \\ & & \vdots & \\ C_{1n} & C_{2n} & \cdots & C_{nn} \end{pmatrix}\begin{pmatrix} b_1 \\ b_2 \\ \vdots \\ b_n \end{pmatrix}$$

$$= \frac{1}{\det A}\begin{pmatrix} b_1 C_{11} + b_2 C_{21} + \cdots b_n C_{n1} \\ b_1 C_{12} + b_2 C_{22} + \cdots b_n C_{n2} \\ \vdots \\ b_1 C_{1n} + b_2 C_{2n} + \cdots b_n C_{nn} \end{pmatrix}$$

이다. $1 \leqq k \leqq n$에 대해

$$x_k = \frac{1}{\det A}(b_1 C_{1k} + b_2 C_{2k} + \cdots b_n C_{nk}) = \frac{\det A_k}{\det A}$$

$$\text{단, } \det A_k = \begin{vmatrix} a_{11} & \cdots & a_{1\,k-1} & \boxed{b_1} & a_{1\,k+1} & \cdots & a_{1n} \\ a_{21} & \cdots & a_{2\,k-1} & b_2 & a_{2\,k+1} & \cdots & a_{2n} \\ & \vdots & & \vdots & & \vdots & \\ a_{n1} & \cdots & a_{n\,k-1} & b_n & a_{n\,k+1} & \cdots & a_{nn} \end{vmatrix}$$

k번째 열

이다. 이를 **크래머의 법칙**Cramer's rule이라 한다.

정리 10-1 크래머의 법칙

연립 선형방정식 $AX=B$에서 $\det A \neq 0$일 때, 해 X는 다음과 같다.

$$x_1 = \frac{\det A_1}{\det A},\ x_2 = \frac{\det A_2}{\det A},\ \cdots,\ x_n = \frac{\det A_n}{\det A}$$

예제 10-1

크래머의 법칙을 이용하여 다음 연립 선형방정식의 해를 구하라.

$$\begin{aligned} x_1 + x_2 + 2x_3 &= 1 \\ 3x_1 + x_2 + x_3 &= 2 \\ x_1 + 3x_2 + 4x_3 &= 3 \end{aligned}$$

풀이

주어진 연립 선형방정식을 행렬로 나타내면

$$\begin{pmatrix} 1 & 1 & 2 \\ 3 & 1 & 1 \\ 1 & 3 & 4 \end{pmatrix}\begin{pmatrix} x_1 \\ x_2 \\ x_3 \end{pmatrix} = \begin{pmatrix} 1 \\ 2 \\ 3 \end{pmatrix}$$

이다. $\det A$, $\det A_1$, $\det A_2$, $\det A_3$를 구하면

$$\begin{aligned} \det A = \begin{vmatrix} 1 & 1 & 2 \\ 3 & 1 & 1 \\ 1 & 3 & 4 \end{vmatrix} &= \begin{vmatrix} 1 & 1 \\ 3 & 4 \end{vmatrix} - \begin{vmatrix} 3 & 1 \\ 1 & 4 \end{vmatrix} + 2\begin{vmatrix} 3 & 1 \\ 1 & 3 \end{vmatrix} \\ &= (4-3)-(12-1)+2(9-1) = 6 \end{aligned}$$

$$\begin{aligned} \det A_1 = \begin{vmatrix} 1 & 1 & 2 \\ 2 & 1 & 1 \\ 3 & 3 & 4 \end{vmatrix} &= \begin{vmatrix} 1 & 1 \\ 3 & 4 \end{vmatrix} - \begin{vmatrix} 2 & 1 \\ 3 & 4 \end{vmatrix} + 2\begin{vmatrix} 2 & 1 \\ 3 & 3 \end{vmatrix} \\ &= (4-3)-(8-3)+2(6-3) = 2 \end{aligned}$$

$$\begin{aligned} \det A_2 = \begin{vmatrix} 1 & 1 & 2 \\ 3 & 2 & 1 \\ 1 & 3 & 4 \end{vmatrix} &= \begin{vmatrix} 2 & 1 \\ 3 & 4 \end{vmatrix} - \begin{vmatrix} 3 & 1 \\ 1 & 4 \end{vmatrix} + 2\begin{vmatrix} 3 & 2 \\ 1 & 3 \end{vmatrix} \\ &= (8-3)-(12-1)+2(9-2) = 8 \end{aligned}$$

$$\begin{aligned} \det A_3 = \begin{vmatrix} 1 & 1 & 1 \\ 3 & 1 & 2 \\ 1 & 3 & 3 \end{vmatrix} &= \begin{vmatrix} 1 & 2 \\ 3 & 3 \end{vmatrix} - \begin{vmatrix} 3 & 2 \\ 1 & 3 \end{vmatrix} + \begin{vmatrix} 3 & 1 \\ 1 & 3 \end{vmatrix} \\ &= (3-6)-(9-2)+(9-1) = -2 \end{aligned}$$

이므로, [정리 10-1]에 의해

$$x_1 = \frac{\det A_1}{\det A} = \frac{1}{3}, \quad x_2 = \frac{\det A_2}{\det A} = \frac{4}{3}, \quad x_3 = \frac{\det A_3}{\det A} = -\frac{1}{3}$$

이다.

예제 10-2

크래머의 법칙을 이용하여 다음 연립 선형방정식의 해를 구하라.

$$\begin{aligned} -3x_1 + 2x_2 + 2x_3 &= 8 \\ x_1 + 4x_2 - 6x_3 &= 1 \\ -2x_2 + 2x_3 &= -2 \end{aligned}$$

풀이

주어진 연립 선형방정식을 행렬로 나타내면

$$\begin{pmatrix} -3 & 2 & 2 \\ 1 & 4 & -6 \\ 0 & -2 & 2 \end{pmatrix}\begin{pmatrix} x_1 \\ x_2 \\ x_3 \end{pmatrix} = \begin{pmatrix} 8 \\ 1 \\ -2 \end{pmatrix}$$

이다. $\det A$, $\det A_1$, $\det A_2$, $\det A_3$를 구하면

$$\det A = \begin{vmatrix} -3 & 2 & 2 \\ 1 & 4 & -6 \\ 0 & -2 & 2 \end{vmatrix} = -3\begin{vmatrix} 4 & -6 \\ -2 & 2 \end{vmatrix} - \begin{vmatrix} 2 & 2 \\ -2 & 2 \end{vmatrix} = 4$$

$$\det A_1 = \begin{vmatrix} 8 & 2 & 2 \\ 1 & 4 & -6 \\ -2 & -2 & 2 \end{vmatrix} = 8\begin{vmatrix} 4 & -6 \\ -2 & 2 \end{vmatrix} - \begin{vmatrix} 2 & 2 \\ -2 & 2 \end{vmatrix} - 2\begin{vmatrix} 2 & 2 \\ 4 & -6 \end{vmatrix} = 0$$

$$\det A_2 = \begin{vmatrix} -3 & 8 & 2 \\ 1 & 1 & -6 \\ 0 & -2 & 2 \end{vmatrix} = -3\begin{vmatrix} 1 & -6 \\ -2 & 2 \end{vmatrix} - \begin{vmatrix} 8 & 2 \\ -2 & 2 \end{vmatrix} = 10$$

$$\det A_3 = \begin{vmatrix} -3 & 2 & 8 \\ 1 & 4 & 1 \\ 0 & -2 & -2 \end{vmatrix} = -3\begin{vmatrix} 4 & 1 \\ -2 & -2 \end{vmatrix} - \begin{vmatrix} 2 & 8 \\ -2 & -2 \end{vmatrix} = 6$$

이므로, [정리 10-1]에 의해

$$x_1 = \frac{\det A_1}{\det A} = \frac{0}{4} = 0, \quad x_2 = \frac{\det A_2}{\det A} = \frac{10}{4} = \frac{5}{2}, \quad x_3 = \frac{\det A_3}{\det A} = \frac{6}{4} = \frac{3}{2}$$

이다.

Section

10.2 고윳값과 고유벡터

A가 $n \times n$ 행렬이고 K가 $n \times 1$ 행렬, 즉 열벡터일 때, 일반적으로 벡터 AK와 K는 평행하지 않다. 그러나 AK와 $K \neq \mathbb{O}$이 평행한 경우, 즉 $AK = \lambda K$일 수 있는데, 이러한 $K \neq \mathbb{O}$을 구하는 문제를 **고윳값 문제** eigenvalue problem라고 한다.

정의 10-2 고윳값과 고유벡터

$n \times n$ 행렬 A에 대해

$$AK = \lambda K$$

를 만족하는 $K \neq \mathbb{O}$이 존재할 때, λ를 A의 **고윳값** eigenvalue이라 하고, K를 λ에 대응하는 **고유벡터** eigenvector라 한다.

예제 10-3

열벡터 $K = \begin{pmatrix} -1 \\ -2 \\ 1 \end{pmatrix}$가 행렬 $A = \begin{pmatrix} -2 & 2 & -3 \\ 2 & 1 & -6 \\ -1 & -2 & 0 \end{pmatrix}$의 고유벡터임을 보여라.

풀이

AK를 구하면

$$AK = \begin{pmatrix} -2 & 2 & -3 \\ 2 & 1 & -6 \\ -1 & -2 & 0 \end{pmatrix}\begin{pmatrix} -1 \\ -2 \\ 1 \end{pmatrix} = \begin{pmatrix} -5 \\ -10 \\ 5 \end{pmatrix} = 5\begin{pmatrix} -1 \\ -2 \\ 1 \end{pmatrix} = 5K$$

이다. 따라서 K는 고윳값 $\lambda = 5$에 대응하는 고유벡터이다.

고윳값 문제 $AK = \lambda K$, $K \neq \mathbb{O}$는 다음을 만족한다.

$$AK - \lambda K = \mathbb{O} \Rightarrow (A - \lambda I)K = \mathbb{O}, \ K \neq \mathbb{O}$$

$A - \lambda K$가 계수행렬인 제차 연립 선형방정식에서 자명하지 않은 해를 갖기 위해서는

$$\det(A - \lambda I) = 0$$

이다. 이는 λ에 관한 n차 방정식이 되며, 이를 **특성방정식** characteristic equation이라 한다.

예제 10-4

$A=\begin{pmatrix}4&-1&0\\0&-4&7\\4&-1&0\end{pmatrix}$의 고윳값과 고유벡터를 구하라.

풀이

행렬 A의 특성방정식을 구하면

$$\det(A-\lambda I)=\begin{vmatrix}4-\lambda&-1&0\\0&-4-\lambda&7\\4&-1&-\lambda\end{vmatrix}$$

$$=(4-\lambda)\begin{vmatrix}-4-\lambda&7\\-1&-\lambda\end{vmatrix}+\begin{vmatrix}0&7\\4&-\lambda\end{vmatrix}$$

$$=-\lambda^3+9\lambda$$

$$=-\lambda(\lambda^2-9)=0$$

이다. 따라서 고윳값은 $\lambda_1=0$, $\lambda_2=-3$, $\lambda_3=3$이다.

• $\lambda_1=0$일 때,

$$AK_1=\lambda_1K_1,\ \text{즉}\ AK_1=0K=\mathbb{O}$$

인 $K_1=\begin{pmatrix}x_1\\x_2\\x_3\end{pmatrix}\neq\mathbb{O}$을 구하자.

$$\begin{pmatrix}4&-1&0\\0&-4&7\\4&-1&0\end{pmatrix}\begin{pmatrix}x_1\\x_2\\x_3\end{pmatrix}=\begin{pmatrix}0\\0\\0\end{pmatrix}$$

이므로, 가우스 소거법에 의해

$$\begin{pmatrix}4&-1&0\\0&-4&7\\4&-1&0\end{pmatrix}\xrightarrow{(-1)R_1+R_3\to R_3}\begin{pmatrix}4&-1&0\\0&-4&7\\0&0&0\end{pmatrix}\Rightarrow\begin{array}{r}4x_1-x_2=0\\-4x_2+7x_3=0\end{array}$$

이므로, $x_3=t$(모든 실수)라 놓으면

$$x_1=\frac{7}{16}t$$

$$x_2=\frac{7}{4}t$$

$$x_3=t$$

이다. $t = 16$일 때,

$$\mathrm{K}_1 = \begin{pmatrix} 7 \\ 28 \\ 16 \end{pmatrix}$$

이다.

• $\lambda_2 = -3$일 때,

$$\mathrm{AK}_2 = -3\mathrm{K}_2$$

인 $\mathrm{K}_2 \neq \mathbb{O}$을 구하자.

$$(\mathrm{A} + 3\mathrm{I})\mathrm{K}_2 = \mathbb{O}$$

이므로, 가우스 소거법에 의해

$$\begin{pmatrix} 7 & -1 & 0 \\ 0 & -1 & 7 \\ 4 & -1 & 3 \end{pmatrix} \xrightarrow[(-1)R_2]{\left(-\frac{4}{7}\right)R_1 + R_3 \rightarrow\ R_3} \begin{pmatrix} 7 & -1 & 0 \\ 0 & 1 & -7 \\ 0 & -\frac{3}{7} & 3 \end{pmatrix} \xrightarrow{\frac{3}{7}R_2 + R_3 \rightarrow\ R_3} \begin{pmatrix} 7 & -1 & 0 \\ 0 & 1 & -7 \\ 0 & 0 & 0 \end{pmatrix}$$

$$\Rightarrow \begin{array}{l} 7x_1 - x_2 = 0 \\ x_2 - 7x_3 = 0 \end{array}$$

이다. $x_3 = t$(모든 실수)라 놓으면

$$x_1 = t$$

$$x_2 = 7t$$

$$x_3 = t$$

이고, $t = 1$일 때,

$$\mathrm{K}_2 = \begin{pmatrix} 1 \\ 7 \\ 1 \end{pmatrix}$$

이다.

• $\lambda_3 = 3$일 때,

$$\mathrm{AK}_3 = 3\mathrm{K}_3$$

인 $\mathrm{K}_3 \neq \mathbb{O}$을 구하자.

$$(A - 3I)K_3 = \mathbb{O}$$

이므로, 가우스 소거법에 의해

$$\begin{pmatrix} 1 & -1 & 0 \\ 0 & -7 & 7 \\ 4 & -1 & -3 \end{pmatrix} \xrightarrow[\left(-\frac{1}{7}\right)R_2]{(-4)R_1 + R_3 \to R_3} \begin{pmatrix} 1 & -1 & 0 \\ 0 & 1 & -1 \\ 0 & 3 & -3 \end{pmatrix} \xrightarrow{(-3)R_2 + R_3 \to R_3} \begin{pmatrix} 1 & -1 & 0 \\ 0 & 1 & -1 \\ 0 & 0 & 0 \end{pmatrix}$$

$$\Rightarrow \begin{array}{l} x_1 - x_2 = 0 \\ x_2 - x_3 = 0 \end{array}$$

이다. $x_3 = t$(모든 실수)라 놓으면

$$x_1 = t$$

$$x_2 = t$$

$$x_3 = t$$

이고, $t = 1$일 때,

$$K_3 = \begin{pmatrix} 1 \\ 1 \\ 1 \end{pmatrix}$$

이다.

예제 10-5

$A = \begin{pmatrix} 0 & 1 & 1 \\ 1 & 0 & 1 \\ 1 & 1 & 0 \end{pmatrix}$의 고윳값과 고유벡터를 구하라.

풀이

행렬 A의 특성방정식을 구하면

$$\det(A - \lambda I) = \begin{vmatrix} -\lambda & 1 & 1 \\ 1 & -\lambda & 1 \\ 1 & 1 & -\lambda \end{vmatrix}$$

$$= -\lambda(\lambda^2 - 1) - (-\lambda - 1) + (1 + \lambda)$$

$$= -\lambda^3 + 3\lambda + 2$$

$$= -(\lambda - 2)(\lambda + 1)^2 = 0$$

이다. 따라서 고윳값은 $\lambda_1 = 2$, $\lambda_2 = \lambda_3 = -1$이다.

• $\lambda_1 = 2$일 때,

$$AK_1 = \lambda_1 K_1,\ \text{즉}\ AK_1 = 2K_1$$

인 $K_1 \neq \mathbb{O}$을 구하자.

$$(A - 2I)K_1 = \mathbb{O}$$

이므로, 가우스 소거법에 의해

$$\begin{pmatrix} -2 & 1 & 1 \\ 1 & -2 & 1 \\ 1 & 1 & -2 \end{pmatrix} \xrightarrow{R_1 \leftrightarrow R_2} \begin{pmatrix} 1 & -2 & 1 \\ -2 & 1 & 1 \\ 1 & 1 & -2 \end{pmatrix} \xrightarrow[-R_1 + R_3 \to R_3]{2R_1 + R_2 \to R_2} \begin{pmatrix} 1 & -2 & 1 \\ 0 & -3 & 3 \\ 0 & 3 & -3 \end{pmatrix}$$

$$\xrightarrow[-\frac{1}{3}R_3]{-\frac{1}{3}R_2} \begin{pmatrix} 1 & -2 & 1 \\ 0 & 1 & -1 \\ 0 & -1 & 1 \end{pmatrix} \xrightarrow{R_2 + R_3 \to R_3} \begin{pmatrix} 1 & -2 & 1 \\ 0 & 1 & -1 \\ 0 & 0 & 0 \end{pmatrix}$$

$$\Rightarrow \begin{aligned} x_1 - 2x_2 + x_3 &= 0 \\ x_2 - x_3 &= 0 \end{aligned}$$

이다. $x_3 = t$(모든 실수)라 놓으면

$$x_1 = t$$

$$x_2 = t$$

$$x_3 = t$$

이고, $t = 1$일 때,

$$K_1 = \begin{pmatrix} 1 \\ 1 \\ 1 \end{pmatrix}$$

이다.

• $\lambda_2 = -1$일 때,

$$AK_2 = \lambda_2 K_2,\ \text{즉}\ AK_2 = -K_2$$

인 $K_2 \neq \mathbb{O}$을 구하자.

$$(A + I)K_2 = \mathbb{O}$$

이므로, 가우스 소거법에 의해

$$\begin{pmatrix}1&1&1\\1&1&1\\1&1&1\end{pmatrix}\xrightarrow[(-1)R_1+R_3\to R_3]{(-1)R_1+R_2\to R_2}\begin{pmatrix}1&1&1\\0&0&0\\0&0&0\end{pmatrix}\Rightarrow x_1+x_2+x_3=0$$

이다. $x_2=s$(모든 실수), $x_3=t$(모든 실수)라 놓으면

$$x_1=-(s+t)$$

$$x_2=s$$

$$x_3=t$$

이다. $s=0$, $t=1$일 때,

$$x_1=-1,\ x_2=0,\ x_3=1\ \Rightarrow\ \mathrm{K}_2=\begin{pmatrix}-1\\0\\1\end{pmatrix}$$

이고, $s=1$, $t=0$일 때,

$$x_1=-1,\ x_2=1,\ x_3=0\ \Rightarrow\ \mathrm{K}_2=\begin{pmatrix}-1\\1\\0\end{pmatrix}$$

이다.

이제 고윳값과 고유벡터의 성질을 살펴보자.

정리 10-3 고윳값과 고유벡터의 성질

A가 $n\times n$행렬이라 하자.

(1) A의 고윳값 $\lambda=\alpha+i\beta$, $\beta\neq 0$에 대응하는 고유벡터가 K이면, 고윳값 $\lambda=\alpha-i\beta$, $\beta\neq 0$에 대응하는 고유벡터는 $\overline{\mathrm{K}}$이다.

(2) λ가 고유벡터 K에 대응하는 A의 고윳값이면, λ^k이 고유벡터 K에 대응하는 A^k의 고윳값이다.

(3) λ가 고유벡터 K에 대응하는 A의 고윳값이면, $\dfrac{1}{\lambda}$이 고유벡터 K에 대응하는 A^{-1}의 고윳값이다.

예제 10-6

$A = \begin{pmatrix} 1 & 2 \\ -1 & 3 \end{pmatrix}$의 고윳값과 고유벡터를 구하라.

풀이

행렬 A 의 특성방정식을 구하면

$$\det(A - \lambda I) = \begin{vmatrix} 1-\lambda & 2 \\ -1 & 3-\lambda \end{vmatrix}$$

$$= (1-\lambda)(3-\lambda) + 2$$

$$= \lambda^2 - 4\lambda + 5 = 0$$

$$\lambda = 2 \pm \sqrt{4-5} = 2 \pm i$$

이다. 따라서 고윳값은 $\lambda_1 = 2+i$, $\lambda_2 = 2-i$이다.

- $\lambda_1 = 2+i$일 때,

$$AK_1 = (2+i)K_1$$

인 $K_1 \neq \mathbb{O}$을 구하자.

$$(A - (2+i)I)K_1 = \mathbb{O}$$

이므로, 가우스 소거법에 의해

$$\begin{pmatrix} -1-i & 2 \\ -1 & 1-i \end{pmatrix} \xrightarrow{(1+i)R_2} \begin{pmatrix} -1-i & 2 \\ -1-i & 2 \end{pmatrix} \xrightarrow{(-1)R_1 + R_2} \begin{pmatrix} -1-i & 2 \\ 0 & 0 \end{pmatrix}$$
$$\Rightarrow -(1+i)x_1 + 2x_2 = 0$$

이다. $x_2 = t$(모든 복소수)라 놓으면

$$x_1 = \frac{2t}{1+i} = (1-i)t$$

$$x_2 = t$$

이고, $t = 1+i$일 때,

$$K_1 = \begin{pmatrix} 2 \\ 1+i \end{pmatrix}$$

이다.

• $\lambda_2 = 2-i$일 때, [정리 10-3]의 (1)에 의해 $K_2 = \overline{K_1} = \begin{pmatrix} 2 \\ 1-i \end{pmatrix}$이다. 이를 검증해보자.

$$AK_2 = (2-i)K_2$$

인 $K_2 \neq \mathbb{O}$을 구하자.

$$(A-(2-i)I)K_2 = \mathbb{O}$$

이므로, 가우스 소거법에 의해

$$\begin{pmatrix} -1+i & 2 \\ -1 & 1+i \end{pmatrix} \xrightarrow{(1-i)R_2} \begin{pmatrix} -1+i & 2 \\ -1+i & 2 \end{pmatrix} \xrightarrow{(-1)R_1+R_2} \begin{pmatrix} -1+i & 2 \\ 0 & 0 \end{pmatrix}$$

$$\Rightarrow (-1+i)x_1 + 2x_2 = 0$$

이다. $x_1 = t$(모든 실수)라 놓으면

$$x_2 = \frac{1-i}{2}t$$

$$x_1 = t$$

이고, $t=2$일 때,

$$K_2 = \begin{pmatrix} 2 \\ 1-i \end{pmatrix}$$

이다. 이로부터 $K_2 = \overline{K_1}$임을 알 수 있다.

예제 10-7

행렬 A가 다음과 같을 때, A^2의 고윳값과 고유벡터를 구하라.

$$A = \begin{pmatrix} 3 & 4 \\ -1 & 7 \end{pmatrix}$$

풀이

행렬 A의 특성방정식을 구하면

$$\begin{aligned} \det(A-\lambda I) &= \begin{vmatrix} 3-\lambda & 4 \\ -1 & 7-\lambda \end{vmatrix} \\ &= (3-\lambda)(7-\lambda)+4 \\ &= \lambda^2 - 10\lambda + 25 \\ &= (\lambda-5)^2 = 0 \end{aligned}$$

이다. 따라서 고윳값은 $\lambda_1 = \lambda_2 = 5$이다.

• $\lambda_1 = 5$일 때,

$$AK_1 = 5K_1$$

인 $K_1 \neq \mathbb{O}$을 구하자.

$$(A - 5I)K_1 = \mathbb{O}$$

이므로, 가우스 소거법에 의해

$$\begin{pmatrix} -2 & 4 \\ -1 & 2 \end{pmatrix} \xrightarrow{-\frac{1}{2}R_1 + R_2 \to R_2} \begin{pmatrix} -2 & 4 \\ 0 & 0 \end{pmatrix}$$

$$\Rightarrow -2x_1 + 4x_2 = 0$$

이다. $x_2 = t$(모든 실수)라 놓으면

$$x_1 = 2t$$

$$x_2 = t$$

이고, $t = 1$일 때

$$K_1 = \begin{pmatrix} 2 \\ 1 \end{pmatrix}$$

이다. 그러므로 [정리 10-3]의 (2)에 의해 A^2의 한 고윳값은 25이고 이에 대응하는 고유벡터는 $\begin{pmatrix} 2 \\ 1 \end{pmatrix}$이다. 구체적인 계산 과정을 통해 결과값이 일치함을 확인해본다.

예제 10-8

[예제 10-7]의 행렬 A에 대해 A^{-1}의 고윳값과 고유벡터를 구하라.

풀이

행렬 A의 고윳값이 5이고, 이에 대응하는 고유벡터가 $\begin{pmatrix} 2 \\ 1 \end{pmatrix}$이다. 따라서 [정리 10-3]의 (3)에 의해, A^{-1}의 고윳값은 $\frac{1}{5}$이고, 이에 대응하는 고유벡터는 $\begin{pmatrix} 2 \\ 1 \end{pmatrix}$이다. A^{-1}에 대한 고윳값과 고유벡터를 구해보고 주어진 값과 일치함을 확인해본다.

Section 10.3 직교행렬

$n \times n$ 행렬 A와 전치행렬 A^T은 서로 다른 행렬이다. 그런데 A의 전치행렬이 역행렬이 되는 경우가 있다. 이러한 행렬 A를 직교행렬이라 한다.

정의 10-4 직교행렬

$n \times n$ 행렬 A가 $A^{-1} = A^T$을 만족할 때, A를 **직교행렬**orthogonal matrix이라 한다.

그러므로 직교행렬은 정칙행렬임을 알 수 있다.

예제 10-9

다음 행렬이 직교행렬임을 보여라.

$$A = \begin{pmatrix} 0 & \frac{1}{\sqrt{3}} & \sqrt{\frac{2}{3}} \\ 1 & 0 & 0 \\ 0 & \sqrt{\frac{2}{3}} & -\frac{1}{\sqrt{3}} \end{pmatrix}$$

풀이

먼저 A^T을 구하면

$$A^T = \begin{pmatrix} 0 & 1 & 0 \\ \frac{1}{\sqrt{3}} & 0 & \sqrt{\frac{2}{3}} \\ \sqrt{\frac{2}{3}} & 0 & -\frac{1}{\sqrt{3}} \end{pmatrix}$$

이다. 이제 $AA^T = I$임을 보이자.

$$AA^T = \begin{pmatrix} 0 & \frac{1}{\sqrt{3}} & \sqrt{\frac{2}{3}} \\ 1 & 0 & 0 \\ 0 & \sqrt{\frac{2}{3}} & -\frac{1}{\sqrt{3}} \end{pmatrix} \begin{pmatrix} 0 & 1 & 0 \\ \frac{1}{\sqrt{3}} & 0 & \sqrt{\frac{2}{3}} \\ \sqrt{\frac{2}{3}} & 0 & -\frac{1}{\sqrt{3}} \end{pmatrix}$$

$$= \begin{pmatrix} \frac{1}{3}+\frac{2}{3} & 0 & 0 \\ 0 & 1 & 0 \\ 0 & 0 & \frac{2}{3}+\frac{1}{3} \end{pmatrix} = \begin{pmatrix} 1 & 0 & 0 \\ 0 & 1 & 0 \\ 0 & 0 & 1 \end{pmatrix} = \mathrm{I}$$

이다. 그러므로 $\mathrm{A}^{-1} = \mathrm{A}^T$이며, A는 직교행렬이다.

직교행렬의 성질을 알아보기 위해 다음의 정의를 살펴보자.

정의 10-5 정규직교

$\mathbb{R}^n$의 n개의 벡터 $\mathrm{K}_1, \mathrm{K}_2, \cdots, \mathrm{K}_n$이 다음 조건을 만족할 때, **정규직교**orthonormal라 한다.

(1) 서로 다른 i와 j에 대해 벡터 K_i와 K_j는 직교한다. 즉 $\mathrm{K}_i \cdot \mathrm{K}_j = 0$이다.

(2) 모든 벡터 K_i의 길이가 1이다. 즉 $i = 1, 2, \cdots, n$일 때, $|\mathrm{K}_i| = 1$이다.

이제 직교행렬의 성질을 살펴보자.

정리 10-6 직교행렬의 성질

A가 $n \times n$실행렬이라 하자. 이때 A가 직교행렬일 필요충분조건은 A의 모든 행벡터(열벡터)들이 정규직교이다.

증명 두 개의 $n \times n$행렬 A, B의 곱 AB의 (i, j)원소는 A의 i번째 행벡터와 B의 j번째 열벡터의 내적임을 알고 있다. 또한 A^T의 j번째 열벡터는 A의 j번째 행벡터와 같다. 그러므로

$$\begin{aligned} \mathrm{A}\mathrm{A}^T \text{의 } (i, j)\text{원소} &= (\mathrm{A}\text{의 } i\text{번째 행벡터}) \cdot (\mathrm{A}^T\text{의 } j\text{번째 열벡터}) \\ &= (\mathrm{A}\text{의 } i\text{번째 행벡터}) \cdot (\mathrm{A}\text{의 } j\text{번째 행벡터}) \end{aligned}$$

이다. 이제 A가 직교행렬이라 하자. 즉 $\mathrm{A}\mathrm{A}^T = I_n$이다. 그러므로 $\mathrm{A}\mathrm{A}^T$의 (i, j)원소는 $i \neq j$일 때 모두 0이고, $i = j$일 때 1이다. 그래서 $i \neq j$일 때 A의 i번째 행벡터와 A의 j번째 행벡터는 직교하며, A의 모든 행벡터의 길이는 1이므로 A의 행벡터들은 정규직교이다.

역으로, A의 행벡터들이 정규직교라 하자. 그러면 $i \neq j$일 때 A의 i번째 행벡터와 A의 j번째 행벡터의 내적은 0이고 $\mathrm{A}\mathrm{A}^T$의 (i, i)원소는 1이 된다. 그러므로 $\mathrm{A}\mathrm{A}^T = I_n$이고 A는 직교행렬이다. ■

예제 10-10

다음 행렬 A가 [정리 10-6]에 의해 직교행렬임을 보여라.

$$A = \begin{pmatrix} 0 & \frac{1}{\sqrt{3}} & \sqrt{\frac{2}{3}} \\ 1 & 0 & 0 \\ 0 & \sqrt{\frac{2}{3}} & -\frac{1}{\sqrt{3}} \end{pmatrix}$$

풀이

먼저 R_i를 행렬 A의 i번째 행벡터라 하고, R_1, R_2, R_3가 직교인지 알아보자.

$$R_1 \cdot R_2 = \left(0 \ \frac{1}{\sqrt{3}} \ \sqrt{\frac{2}{3}}\right) \cdot (1 \ 0 \ 0) = 0$$

$$R_2 \cdot R_3 = (1 \ 0 \ 0) \cdot \left(0 \ \sqrt{\frac{2}{3}} \ -\frac{1}{\sqrt{3}}\right) = 0$$

$$R_3 \cdot R_1 = \left(0 \ \sqrt{\frac{2}{3}} \ -\frac{1}{\sqrt{3}}\right) \cdot \left(0 \ \frac{1}{\sqrt{3}} \ \sqrt{\frac{2}{3}}\right) = 0$$

이므로, 서로 직교한다. 이제 R_1, R_2, R_3의 길이를 구하자.

$$|R_1| = \sqrt{0 + \frac{1}{3} + \frac{2}{3}} = 1$$

$$|R_2| = \sqrt{1 + 0 + 0} = 1$$

$$|R_3| = \sqrt{0 + \frac{2}{3} + \frac{1}{3}} = 1$$

따라서 A의 세 행벡터 R_1, R_2, R_3는 정규직교이다. [정리 10-6]에 의해 A는 직교행렬이다.

이제 직교행렬과 연관이 많은 대칭행렬에 대해 살펴보자. 먼저 대칭행렬의 정의는 다음과 같다.

정의 10-7 대칭행렬

$n \times n$ 행렬 A가 $A = A^T$일 때, A를 **대칭행렬**symmetric matrix이라 한다.

대칭행렬의 성질에 대해 살펴보기에 앞서 복소수의 기본 성질을 복습하자.

복소수 $z = a \pm ib$의 크기는 $|z| = \sqrt{a^2+b^2}$이고 z의 켤레 복소수 $\bar{z} = a - ib$이다. 그리고 $z\bar{z} = a^2 + b^2 = |z|^2$이므로 $|z| = \sqrt{z\bar{z}}$이다.

정리 10-8 대칭행렬의 성질

(1) 실대칭행렬의 고윳값은 모두 실수이다.

(2) 실대칭행렬의 서로 다른 고윳값들에 대응하는 고유벡터들은 직교한다.

증명 (1) A의 고윳값 λ에 대응하는 고유벡터를 $\mathrm{K} = \begin{pmatrix} k_1 \\ k_2 \\ \vdots \\ k_n \end{pmatrix}$라 하면 $\mathrm{AK} = \lambda\mathrm{K}$이고 켤레를 취하면

$$\overline{\mathrm{A}}\,\overline{\mathrm{K}} = \bar{\lambda}\,\overline{\mathrm{K}} \tag{10.1}$$

이다. A의 원소가 실수이므로 $\mathrm{A} = \overline{\mathrm{A}}$이고, 식 (10.1)을 다시 쓰면

$$\mathrm{A}\overline{\mathrm{K}} = \bar{\lambda}\,\overline{\mathrm{K}} \tag{10.2}$$

이다. 식 (10.2)의 양변에 전치를 취하면

$$(\mathrm{A}\overline{\mathrm{K}})^T = (\bar{\lambda}\overline{\mathrm{K}})^T$$

$$\overline{\mathrm{K}}^T\mathrm{A}^T = \bar{\lambda}\overline{\mathrm{K}}^T \tag{10.3}$$

이고, A가 대칭행렬이므로, 즉, $\mathrm{A}^T = \mathrm{A}$이므로 식 (10.3)을 다시 쓰면

$$\overline{\mathrm{K}}^T\mathrm{A} = \bar{\lambda}\overline{\mathrm{K}}^T \tag{10.4}$$

이다. 식 (10.4)의 양변의 오른쪽에 K를 곱하면

$$\overline{\mathrm{K}}^T\mathrm{AK} = \bar{\lambda}\overline{\mathrm{K}}^T\mathrm{K} \tag{10.5}$$

이다. 이제 $\mathrm{AK} = \lambda\mathrm{K}$의 양변의 왼쪽에 $\overline{\mathrm{K}}^T$을 곱하면

$$\overline{\mathrm{K}}^T\mathrm{AK} = \lambda\overline{\mathrm{K}}^T\mathrm{K} \tag{10.6}$$

이고, 식 (10.5)에서 식 (10.6)을 빼면

$$(\bar{\lambda} - \lambda)\overline{\mathrm{K}}^T\mathrm{K} = 0$$

이다. 이때

$$\begin{aligned}\overline{\mathrm{K}}^T\mathrm{K} &= \begin{pmatrix} \overline{k_1} & \overline{k_2} & \cdots & \overline{k_n} \end{pmatrix}\begin{pmatrix} k_1 \\ k_2 \\ \vdots \\ k_n \end{pmatrix} \\ &= \overline{k_1}k_1 + \overline{k_2}k_2 + \cdots + \overline{k_n}k_n \\ &= |k_1|^2 + |k_2|^2 + \cdots + |k_n|^2 \\ &> 0 \ (\text{적어도 하나 이상의 } k_i \neq 0\text{이므로})\end{aligned}$$

이 되어, $\bar{\lambda} - \lambda = 0$이고 $\bar{\lambda} = \lambda$이므로 λ는 실수이다.

(2) A의 서로 다른 고윳값 λ_1, λ_2에 대응하는 고유벡터를 K_1, K_2라 하고 $K_1 \perp K_2$임을 보이자. 이때 $K_1 \cdot K_2 = K_1^T K_2$를 이용한다.

$$AK_1 = \lambda_1 K_1 \tag{10.7}$$

$$AK_2 = \lambda_2 K_2 \tag{10.8}$$

식 (10.7)에 전치를 취하면

$$(AK_1)^T = (\lambda_1 K_1)^T$$
$$K_1^T A^T = \lambda_1 K_1^T$$

이고, $A^T = A$이므로

$$K_1^T A = \lambda_1 K_1^T$$

이다. 양변의 오른쪽에 K_2를 곱하면

$$K_1^T A K_2 = \lambda_1 K_1^T K_2 \tag{10.9}$$

이다. 식 (10.8)의 양변의 왼쪽에 K_1^T을 곱하면

$$K_1^T A K_2 = \lambda_2 K_1^T K_2 \tag{10.10}$$

이다. 식 (10.9)에서 식 (10.10)을 빼면

$$(\lambda_1 - \lambda_2) K_1^T K_2 = 0$$

이다. 이때 $\lambda_1 \neq \lambda_2$이므로 $\lambda_1 - \lambda_2 \neq 0$이다. 따라서 $K_1^T K_2 = K_1 \cdot K_2 = 0$, 즉 $K_1 \perp K_2$이다. ■

이제 대칭행렬의 성질을 이용하여 대칭행렬로부터 직교행렬을 구해보자.

예제 10-11

다음 대칭행렬 A로부터 직교행렬을 구하라.

$$A = \begin{pmatrix} 2 & 8 & -2 \\ 8 & -4 & 10 \\ -2 & 10 & -7 \end{pmatrix}$$

풀이

행렬 A의 특성방정식을 구하면

$$\det(A - \lambda I) = \begin{vmatrix} 2-\lambda & 8 & -2 \\ 8 & -4-\lambda & 10 \\ -2 & 10 & -7-\lambda \end{vmatrix}$$

$$= (2-\lambda)\begin{vmatrix} -4-\lambda & 10 \\ 10 & -7-\lambda \end{vmatrix} - 8\begin{vmatrix} 8 & 10 \\ -2 & -7-\lambda \end{vmatrix} - 2\begin{vmatrix} 8 & -4-\lambda \\ -2 & 10 \end{vmatrix}$$

$$= -\lambda^3 - 9\lambda^2 + 162\lambda$$

$$= -\lambda(\lambda+18)(\lambda-9) = 0$$

이다. 따라서 고윳값은 $\lambda_1 = 0$, $\lambda_2 = 9$, $\lambda_3 = -18$이다.

• $\lambda_1 = 0$일 때,

$$\mathrm{AK}_1 = 0\mathrm{K}_1$$

인 $\mathrm{K}_1 \neq \mathbb{O}$을 구하자.

$$\mathrm{AK}_1 = \mathbb{O}$$

이므로, 가우스 소거법에 의해

$$\begin{pmatrix} 2 & 8 & -2 \\ 8 & -4 & 10 \\ -2 & 10 & -7 \end{pmatrix} \xrightarrow[R_1 + R_3 \to R_3]{(-4)R_1 + R_2 \to R_2} \begin{pmatrix} 2 & 8 & -2 \\ 0 & -36 & 18 \\ 0 & 18 & -9 \end{pmatrix}$$

$$\xrightarrow{\frac{1}{2}R_1,\ \frac{1}{18}R_2,\ \frac{1}{9}R_3} \begin{pmatrix} 1 & 4 & -1 \\ 0 & -2 & 1 \\ 0 & 2 & -1 \end{pmatrix} \xrightarrow{R_2 + R_3 \to R_3} \begin{pmatrix} 1 & 4 & -1 \\ 0 & -2 & 1 \\ 0 & 0 & 0 \end{pmatrix}$$

$$\Rightarrow \begin{aligned} x_1 + 4x_2 - x_3 &= 0 \\ -2x_2 + x_3 &= 0 \end{aligned}$$

이다. $x_3 = t$(모든 실수)라 놓으면

$$x_3 = t$$

$$x_2 = \frac{1}{2}t$$

$$x_1 = -t$$

이고, $t = 2$일 때

$$\mathrm{K}_1 = \begin{pmatrix} -2 \\ 1 \\ 2 \end{pmatrix}$$

이다.

• $\lambda_2 = 9$일 때,

$$\mathrm{AK}_2 = 9\mathrm{K}_2$$

인 $\mathrm{K}_2 \neq \mathbb{O}$을 구하면 다음과 같다.

$$\mathrm{K}_2 = \begin{pmatrix} 2 \\ 2 \\ 1 \end{pmatrix}$$

• $\lambda_3 = -18$일 때,

$$AK_3 = -18K_3$$

인 $K_3 \neq \mathbb{O}$을 구하면

$$K_3 = \begin{pmatrix} 1 \\ -2 \\ 2 \end{pmatrix}$$

이다. [정리 10-8]의 (2)에 의해 K_1, K_2, K_3는 서로 직교하므로 $\dfrac{K_1}{|K_1|}$, $\dfrac{K_2}{|K_2|}$, $\dfrac{K_3}{|K_3|}$는 정규직교이다. [정리 10-6]에 의해 $P = \begin{pmatrix} \dfrac{K_1}{|K_1|} & \dfrac{K_2}{|K_2|} & \dfrac{K_3}{|K_3|} \end{pmatrix}$는 직교행렬이 된다.

K_1, K_2, K_3의 길이를 구하면

$$|K_1| = \sqrt{4+1+4} = 3,\ |K_2| = \sqrt{4+4+1} = 3,\ |K_3| = \sqrt{1+4+4} = 3$$

이므로, 직교행렬은 다음과 같다.

$$P = \begin{pmatrix} -\frac{2}{3} & \frac{2}{3} & \frac{1}{3} \\ \frac{1}{3} & \frac{2}{3} & -\frac{2}{3} \\ \frac{2}{3} & \frac{1}{3} & \frac{2}{3} \end{pmatrix}$$

예제 10-12

다음 대칭행렬 A 로부터 직교행렬을 구하라.

$$A = \begin{pmatrix} 1 & -2 & -2 \\ -2 & 1 & -2 \\ -2 & -2 & 1 \end{pmatrix}$$

풀이

행렬 A 의 특성방정식을 구하면

$$\det(A - \lambda I) = \begin{vmatrix} 1-\lambda & -2 & -2 \\ -2 & 1-\lambda & -2 \\ -2 & -2 & 1-\lambda \end{vmatrix}$$

$$= -(3-\lambda)^2(3+\lambda) = 0$$

이다. 따라서 고윳값은 $\lambda_1 = -3$, $\lambda_2 = \lambda_3 = 3$이다.

• $\lambda_1 = -3$일 때,

$$AK_1 = -3K_1$$

인 $K_1 \neq \mathbb{O}$을 구하자.

$$(A+3I)K_1 = \mathbb{O}$$

이므로, 가우스 소거법에 의해

$$\begin{pmatrix} 4 & -2 & -2 \\ -2 & 4 & -2 \\ -2 & -2 & 4 \end{pmatrix} \xrightarrow{-\frac{1}{2}R_2 \leftrightarrow R_1} \begin{pmatrix} 1 & -2 & 1 \\ 4 & -2 & -2 \\ -2 & -2 & 4 \end{pmatrix} \xrightarrow[2R_1 + R_3 \to R_3]{-4R_1 + R_2 \to R_2} \begin{pmatrix} 1 & -2 & 1 \\ 0 & 6 & -6 \\ 0 & -6 & 6 \end{pmatrix}$$

$$\xrightarrow{R_2 + R_3 \to R_3} \begin{pmatrix} 1 & -2 & 1 \\ 0 & 6 & -6 \\ 0 & 0 & 0 \end{pmatrix} \xrightarrow{\frac{1}{6}R_2} \begin{pmatrix} 1 & -2 & 1 \\ 0 & 1 & -1 \\ 0 & 0 & 0 \end{pmatrix}$$

$$\Leftrightarrow \begin{aligned} x_1 - 2x_2 + x_3 &= 0 \\ x_2 - x_3 &= 0 \end{aligned}$$

이다. $x_3 = t$(모든 실수)라 놓으면

$$x_1 = x_2 = x_3 = t$$

이고, $t = 1$일 때,

$$K_1 = \begin{pmatrix} 1 \\ 1 \\ 1 \end{pmatrix}$$

이다.

• $\lambda_2 = \lambda_3 = 3$일 때,

$$AK_2 = 3K_2$$

인 $K_2 \neq \mathbb{O}$을 구하자.

$$(A-3I)K_2 = \mathbb{O}$$

이므로, 가우스 소거법에 의해

$$\begin{pmatrix} -2 & -2 & -2 \\ -2 & -2 & -2 \\ -2 & -2 & -2 \end{pmatrix} \xrightarrow[-\frac{1}{2}R_3]{-\frac{1}{2}R_1,\ -\frac{1}{2}R_2} \begin{pmatrix} 1 & 1 & 1 \\ 1 & 1 & 1 \\ 1 & 1 & 1 \end{pmatrix} \xrightarrow[(-1)R_1 + R_3 \to R_3]{(-1)R_1 + R_2 \to R_2} \begin{pmatrix} 1 & 1 & 1 \\ 0 & 0 & 0 \\ 0 & 0 & 0 \end{pmatrix}$$

$$\Leftrightarrow \; x_1 + x_2 + x_3 = 0$$

이다. $x_2 = s$(모든 실수), $x_3 = t$(모든 실수)라 놓으면

$$x_1 = -(s+t)$$

가 되고, $t=0$, $s=1$일 때,

$$K_2 = \begin{pmatrix} -1 \\ 1 \\ 0 \end{pmatrix}$$

이다. 이제 $K_2 \perp K_3$인 $K_3 = \begin{pmatrix} -(s+t) \\ s \\ t \end{pmatrix}$를 구하자.

$$0 = K_2 \cdot K_3 = \begin{pmatrix} -1 \\ 1 \\ 0 \end{pmatrix} \cdot \begin{pmatrix} -(s+t) \\ s \\ t \end{pmatrix}$$

$$= s + t + s = 2s + t$$

이므로, $t = -2s$를 만족한다. 그러므로 $K_3 = \begin{pmatrix} s \\ s \\ -2s \end{pmatrix}$이고, $s = 1$일 때,

$$K_3 = \begin{pmatrix} 1 \\ 1 \\ -2 \end{pmatrix}$$

이다. K_1, K_2, K_3는 서로 직교이므로 $P = \begin{pmatrix} \frac{K_1}{|K_1|} & \frac{K_2}{|K_2|} & \frac{K_3}{|K_3|} \end{pmatrix}$는 직교행렬이 된다.

K_1, K_2, K_3의 길이를 구하면

$$|K_1| = \sqrt{3}, \; |K_2| = \sqrt{2}, \; |K_3| = \sqrt{6}$$

이므로, 직교행렬은 다음과 같다.

$$P = \begin{pmatrix} \frac{1}{\sqrt{3}} & -\frac{1}{\sqrt{2}} & \frac{1}{\sqrt{6}} \\ \frac{1}{\sqrt{3}} & \frac{1}{\sqrt{2}} & \frac{1}{\sqrt{6}} \\ \frac{1}{\sqrt{3}} & 0 & -\frac{2}{\sqrt{6}} \end{pmatrix}$$

Section 10.4 대각화

이 절에서는 행렬의 대각화, 직교대각화, 이차형식에 대해 살펴본다. 먼저 행렬의 대각화에 대해 알아보자.

대각화

A가 $n \times n$행렬일 때, 서로 다른 고윳값 $\lambda_1, \lambda_2, \cdots, \lambda_n$을 갖고 이에 대응하는 고유벡터가 $K_1, K_2, \cdots, K_n$이라 하자. 즉

$$AK_i = \lambda_i K_i, \quad i = 1, 2, \cdots, n$$

이라 하면, 열벡터 AK_i가 i번째 열이 되는 행렬은

$$(AK_1 \ AK_2 \ \cdots \ AK_n) = A(K_1 \ K_2 \ \cdots \ K_n) : n \times n \text{행렬}$$

이며, 또한

$$\begin{aligned}(AK_1 \ AK_2 \ \cdots \ AK_n) &= (\lambda_1 K_1 \ \lambda_2 K_2 \ \cdots \ \lambda_n K_n) \\ &= (K_1 \ K_2 \ \cdots \ K_n)\begin{pmatrix} \lambda_1 & 0 & \cdots & 0 \\ 0 & \lambda_2 & \cdots & 0 \\ & & \vdots & \\ 0 & 0 & \cdots & \lambda_n \end{pmatrix}\end{aligned}$$

이 된다. 그러므로

$$A(K_1 \ K_2 \ \cdots \ K_n) = (K_1 \ K_2 \ \cdots \ K_n)\begin{pmatrix} \lambda_1 & 0 & \cdots & 0 \\ 0 & \lambda_2 & \cdots & 0 \\ & & \vdots & \\ 0 & 0 & \cdots & \lambda_n \end{pmatrix}$$

이다. 이때 $P = (K_1 \ K_2 \ \cdots \ K_n)$, $D = diag(\lambda_1 \ \lambda_2 \ \cdots \ \lambda_n)$이라 놓으면

$$AP = PD \quad \Rightarrow \quad P^{-1}AP = D : \text{대각행렬}$$

로 나타낼 수 있다.

즉 행렬 A는 n개의 고유벡터를 열벡터로 갖는 행렬 P와 역행렬 P^{-1}에 의해 대각행렬 D로 나타낼 수 있다.

정의 10-9 대각화 가능 행렬

$n\times n$행렬 A에 대해

$$P^{-1}AP = D \ : \ \text{대각행렬}$$

를 만족하는 정칙행렬(또는 가역행렬) P가 존재할 때, A는 **대각화 가능**diagonalizable **행렬**이라 하고, P는 A를 **대각화**한다고 한다.

예제 10-13

$A=\begin{pmatrix}1 & 2\\ 0 & 3\end{pmatrix}$을 대각화하라.

풀이

행렬 A의 특성방정식을 구하면

$$\det(A-\lambda I)=\begin{vmatrix}1-\lambda & 2\\ 0 & 3-\lambda\end{vmatrix}=(1-\lambda)(3-\lambda)=0$$

이다. 따라서 고윳값은 $\lambda_1=1$, $\lambda_2=3$이다.

• $\lambda_1=1$일 때,

$$AK_1=K_1$$

인 K_1을 구하자.

$$(A-I)K_1=\mathbb{O}$$

이므로, 가우스 소거법에 의해

$$\begin{pmatrix}0 & 2\\ 0 & 2\end{pmatrix} \Rightarrow \begin{pmatrix}0 & 2\\ 0 & 0\end{pmatrix} \Leftrightarrow 2x_2=0$$

$$\Rightarrow x_2=0$$

이다. $x_1=t$(모든 실수)로 놓으면

$$K_1=\begin{pmatrix}1\\ 0\end{pmatrix}$$

이다.

• $\lambda_2 = 3$일 때,

$$AK_2 = 3K_2$$

인 K_2을 구하자.

$$(A - 3I)K_2 = \mathbb{O}$$

이므로, 같은 방법으로

$$K_2 = \begin{pmatrix} 1 \\ 1 \end{pmatrix}$$

이다. 그러므로

$$P = (K_1\ K_2) = \begin{pmatrix} 1 & 1 \\ 0 & 1 \end{pmatrix},\ P^{-1} = \begin{pmatrix} 1 & -1 \\ 0 & 1 \end{pmatrix}$$

이고, 대각화하면 다음과 같다.

$$P^{-1}AP = \begin{pmatrix} 1 & -1 \\ 0 & 1 \end{pmatrix}\begin{pmatrix} 1 & 2 \\ 0 & 3 \end{pmatrix}\begin{pmatrix} 1 & 1 \\ 0 & 1 \end{pmatrix} = \begin{pmatrix} 1 & 0 \\ 0 & 3 \end{pmatrix} = D$$

예제 10-14

행렬 A를 대각화하라.

$$A = \begin{pmatrix} 4 & -1 & 0 \\ 0 & -4 & 7 \\ 4 & -1 & 0 \end{pmatrix}$$

풀이

[예제 10-4]에서 살펴봤듯이 행렬 A의 고윳값은

$$\lambda_1 = 0,\ \lambda_2 = -3,\ \lambda_3 = 3$$

이고, 이에 대응하는 고유벡터는

$$K_1 = \begin{pmatrix} 7 \\ 28 \\ 16 \end{pmatrix},\ K_2 = \begin{pmatrix} 1 \\ 7 \\ 1 \end{pmatrix},\ K_3 = \begin{pmatrix} 1 \\ 1 \\ 1 \end{pmatrix}$$

이므로, A를 대각화하는 행렬은

$$P = \begin{pmatrix} 7 & 1 & 1 \\ 28 & 7 & 1 \\ 16 & 1 & 1 \end{pmatrix}$$

이다. 그러면

$$P^{-1} = -\frac{1}{54}\begin{pmatrix} 6 & 0 & -6 \\ -12 & -9 & 21 \\ -84 & 9 & 21 \end{pmatrix} = \begin{pmatrix} -1/9 & 0 & 1/9 \\ 2/9 & 1/6 & -7/18 \\ 14/9 & -1/6 & -7/18 \end{pmatrix}$$

이다. 그러므로 행렬 A를 대각화하면 다음과 같다.

$$\begin{pmatrix} -1/9 & 0 & 1/9 \\ 2/9 & 1/6 & -7/18 \\ 14/9 & -1/6 & -7/18 \end{pmatrix}\begin{pmatrix} 4 & -1 & 0 \\ 0 & -4 & 7 \\ 4 & -1 & 0 \end{pmatrix}\begin{pmatrix} 7 & 1 & 1 \\ 28 & 7 & 1 \\ 16 & 1 & 1 \end{pmatrix} = \begin{pmatrix} 0 & 0 & 0 \\ 0 & -3 & 0 \\ 0 & 0 & 3 \end{pmatrix}$$

예제 10-15

행렬 A를 대각화하라.

$$A = \begin{pmatrix} 0 & 1 & 1 \\ 1 & 0 & 1 \\ 1 & 1 & 0 \end{pmatrix}$$

풀이

행렬 A의 고유벡터는

$$\lambda_1 = 2 \quad \Rightarrow K_1 = \begin{pmatrix} 1 \\ 1 \\ 1 \end{pmatrix}$$

$$\lambda_2 = -1 \quad \Rightarrow \begin{cases} K_2 = \begin{pmatrix} -1 \\ 0 \\ 1 \end{pmatrix} \\ K_3 = \begin{pmatrix} -1 \\ 1 \\ 0 \end{pmatrix} \end{cases}$$

이므로, A를 대각화하는 행렬은

$$P = \begin{pmatrix} 1 & -1 & -1 \\ 1 & 0 & 1 \\ 1 & 1 & 0 \end{pmatrix}$$

이다. 그러면

$$P^{-1} = -\frac{1}{3}\begin{pmatrix} -1 & -1 & -1 \\ 1 & 1 & -2 \\ 1 & -2 & 1 \end{pmatrix} = \begin{pmatrix} 1/3 & 1/3 & 1/3 \\ -1/3 & -1/3 & 2/3 \\ -1/3 & 2/3 & -1/3 \end{pmatrix}$$

이다. 그러므로 행렬 A를 대각화하면 다음과 같다.

$$\begin{pmatrix} 1/3 & 1/3 & 1/3 \\ -1/3 & -1/3 & 2/3 \\ -1/3 & 2/3 & -1/3 \end{pmatrix}\begin{pmatrix} 0 & 1 & 1 \\ 1 & 0 & 1 \\ 1 & 1 & 0 \end{pmatrix}\begin{pmatrix} 1 & -1 & -1 \\ 1 & 0 & 1 \\ 1 & 1 & 0 \end{pmatrix} = \begin{pmatrix} 2 & 0 & 0 \\ 0 & -1 & 0 \\ 0 & 0 & -1 \end{pmatrix}$$

고윳값이 모두 다른 행렬은 언제나 대각화가 가능하다. 또한 대칭행렬이 서로 다른 고윳값을 갖는 경우 서로 직교인 고유벡터를 구할 수 있는데, 이러한 고유벡터들로 구성된 직교행렬 P를 이용하여 행렬을 대각화 할 수 있다.

정의 10-10 직교대각화 가능 행렬

$n \times n$ 행렬 A에 대해

$$P^{-1}AP = D \ : \text{대각행렬}$$

를 만족하는 직교행렬 P가 존재할 때, A는 **직교대각화 가능**orthogonally diagonalizable **행렬**이라 하고, P는 A를 **직교대각화**한다고 한다.

실대칭행렬은 항상 직교대각화가 가능하다.

예제 10-16

대칭행렬 A를 직교대각화하라.

$$A = \begin{pmatrix} 2 & 8 & -2 \\ 8 & -4 & 10 \\ -2 & 10 & -7 \end{pmatrix}$$

풀이

[예제 10-11]로부터 A의 고윳값은 $\lambda_1 = 0$, $\lambda_2 = 9$, $\lambda_3 = -18$이고 이에 대응하는 고유벡터는 $K_1 = \begin{pmatrix} -2 \\ 1 \\ 2 \end{pmatrix}$, $K_2 = \begin{pmatrix} 2 \\ 2 \\ 1 \end{pmatrix}$, $K_3 = \begin{pmatrix} 1 \\ -2 \\ 2 \end{pmatrix}$이며, 직교행렬은

$$P = \begin{pmatrix} -\frac{2}{3} & \frac{2}{3} & \frac{1}{3} \\ \frac{1}{3} & \frac{2}{3} & -\frac{2}{3} \\ \frac{2}{3} & \frac{1}{3} & \frac{2}{3} \end{pmatrix}$$

이다. 그러므로

$$P^{-1}AP = P^{T}AP = D = \begin{pmatrix} 0 & 0 & 0 \\ 0 & 9 & 0 \\ 0 & 0 & -18 \end{pmatrix}$$

이다.

예제 10-17

대칭행렬 A 로부터 직교대각화하는 직교행렬 P 를 구하라.

$$A = \begin{pmatrix} 1 & -2 & -2 \\ -2 & 1 & -2 \\ -2 & -2 & 1 \end{pmatrix}$$

풀이

[예제 10-12]로부터 A 의 고윳값은 $\lambda_1 = -3$, $\lambda_2 = \lambda_3 = 3$ 이고 이에 대응하는 고유벡터는 $K_1 = \begin{pmatrix} 1 \\ 1 \\ 1 \end{pmatrix}$, $K_2 = \begin{pmatrix} -1 \\ 1 \\ 0 \end{pmatrix}$, $K_3 = \begin{pmatrix} 1 \\ 1 \\ -2 \end{pmatrix}$ 이며, 직교행렬은

$$P = \begin{pmatrix} \frac{1}{\sqrt{3}} & -\frac{1}{\sqrt{2}} & \frac{1}{\sqrt{6}} \\ \frac{1}{\sqrt{3}} & \frac{1}{\sqrt{2}} & \frac{1}{\sqrt{6}} \\ \frac{1}{\sqrt{3}} & 0 & -\frac{2}{\sqrt{6}} \end{pmatrix}$$

이다. 이때

$$P^{-1}AP = P^{T}AP = D = \begin{pmatrix} -3 & 0 & 0 \\ 0 & 3 & 0 \\ 0 & 0 & 3 \end{pmatrix}$$

이므로

$$P = \begin{pmatrix} \frac{1}{\sqrt{3}} & -\frac{1}{\sqrt{2}} & \frac{1}{\sqrt{6}} \\ \frac{1}{\sqrt{3}} & \frac{1}{\sqrt{2}} & \frac{1}{\sqrt{6}} \\ \frac{1}{\sqrt{3}} & 0 & -\frac{2}{\sqrt{6}} \end{pmatrix}$$

가 행렬 A 를 대각화하는 직교행렬이다.

행렬 A가 대각화 가능일 때

$$\mathrm{P}^{-1}\mathrm{AP}=\mathrm{D} \quad \Leftrightarrow \quad \mathrm{A}=\mathrm{PDP}^{-1}$$

이므로, 다음이 성립함을 알 수 있다.

$$\mathrm{A}^2=(\mathrm{PDP}^{-1})(\mathrm{PDP}^{-1})=\mathrm{PD}^2\mathrm{P}^{-1}$$

$$\vdots$$

$$\mathrm{A}^n=\mathrm{PD}^n\mathrm{P}^{-1}$$

예제 10-18

[예제 10-15]의 행렬 $\mathrm{A}=\begin{pmatrix}0&1&1\\1&0&1\\1&1&0\end{pmatrix}$에 대해 A^5을 구하라.

풀이

[예제 10-15]에서 $\mathrm{D}=\begin{pmatrix}2&0&0\\0&-1&0\\0&0&-1\end{pmatrix}$이므로

$$\mathrm{D}^5=\begin{pmatrix}2&0&0\\0&-1&0\\0&0&-1\end{pmatrix}^5=\begin{pmatrix}2^5&0&0\\0&(-1)^5&0\\0&0&(-1)^5\end{pmatrix}=\begin{pmatrix}32&0&0\\0&-1&0\\0&0&-1\end{pmatrix}$$

이다. 따라서

$$\begin{aligned}\mathrm{A}^5&=\mathrm{PD}^5\mathrm{P}^{-1}\\&=\begin{pmatrix}1&-1&-1\\1&0&1\\1&1&0\end{pmatrix}\begin{pmatrix}32&0&0\\0&-1&0\\0&0&-1\end{pmatrix}\begin{pmatrix}\frac{1}{3}&\frac{1}{3}&\frac{1}{3}\\-\frac{1}{3}&-\frac{1}{3}&\frac{2}{3}\\-\frac{1}{3}&\frac{2}{3}&-\frac{1}{3}\end{pmatrix}=\begin{pmatrix}10&11&11\\11&10&11\\11&11&10\end{pmatrix}\end{aligned}$$

이다.

이차형식

다음과 같은 형태

$$ax^2+bxy+cy^2 \qquad (10.11)$$

을 **이차형식** quadratic form이라 한다. 이차형식의 그래프를 좀 더 쉽게 그리기 위해서는 좌표축을 적당히

회전시켜야 한다. 이를 위해 식 (10.11)을 다음과 같이 나타낸다.

$$ax^2+\frac{1}{2}bxy+\frac{1}{2}bxy+cy^2=(x\ \ y)\begin{pmatrix} a & \frac{b}{2} \\ \frac{b}{2} & c \end{pmatrix}\begin{pmatrix} x \\ y \end{pmatrix}=\mathrm{X}^T\mathrm{A}\,\mathrm{X}$$

이때 A는 대칭행렬이므로 직교행렬 P를 이용하여 직교대각화 가능하며 $\mathrm{P}^{-1}\mathrm{A}\,\mathrm{P}=\mathrm{P}^T\mathrm{A}\,\mathrm{P}=\mathrm{D}$ 이므로, 새로운 축 $\mathrm{X}'=\begin{pmatrix} x' \\ y' \end{pmatrix}$에 대해 $\mathrm{X}=\mathrm{PX}'$이라 놓으면

$$\begin{aligned}\mathrm{X}^T\mathrm{A}\,\mathrm{X} &= (\mathrm{PX}')^T\mathrm{A}(\mathrm{PX}') \\ &= \mathrm{X}'^T(\mathrm{P}^T\mathrm{A}\,\mathrm{P})\mathrm{X}' \\ &= \mathrm{X}'^T\mathrm{D}\,\mathrm{X}' \\ &= (x'\ \ y')\begin{pmatrix} \lambda_1 & 0 \\ 0 & \lambda_2 \end{pmatrix}\begin{pmatrix} x' \\ y' \end{pmatrix} \\ &= \lambda_1 x'^2+\lambda_2 y'^2\end{aligned}$$

이 되어 $x'y'$ 평면에서 그래프를 그릴 수 있다.

예제 10-19

다음 이차형식의 그래프를 그려라.

$$2x^2+2xy+2y^2=1$$

풀이

$$2x^2+2xy+2y^2=(x\ \ y)\begin{pmatrix} 2 & 1 \\ 1 & 2 \end{pmatrix}\begin{pmatrix} x \\ y \end{pmatrix}=\mathrm{X}^T\mathrm{A}\,\mathrm{X}$$

이므로, $\mathrm{A}=\begin{pmatrix} 2 & 1 \\ 1 & 2 \end{pmatrix}$로부터 직교행렬 P를 구하자. 먼저

$$\begin{aligned}\det(\mathrm{A}-\lambda\mathrm{I}) &= \begin{vmatrix} 2-\lambda & 1 \\ 1 & 2-\lambda \end{vmatrix} \\ &= (2-\lambda)^2-1 \\ &= \lambda^2-4\lambda+3 \\ &= (\lambda-1)(\lambda-3)=0\end{aligned}$$

이므로, 고윳값은 $\lambda_1=1$, $\lambda_2=3$이다. 이들에 대응하는 고유벡터를 구하면

$$K_1 = \begin{pmatrix} \frac{\sqrt{2}}{2} \\ -\frac{\sqrt{2}}{2} \end{pmatrix}, \quad K_2 = \begin{pmatrix} \frac{\sqrt{2}}{2} \\ \frac{\sqrt{2}}{2} \end{pmatrix}$$

이다. 따라서 직교행렬은

$$P = \begin{pmatrix} \frac{\sqrt{2}}{2} & \frac{\sqrt{2}}{2} \\ -\frac{\sqrt{2}}{2} & \frac{\sqrt{2}}{2} \end{pmatrix}$$

이다. $X = PX'$이라 놓으면,

$$\begin{aligned} 2x^2 + 2xy + 2y^2 &= X^TAX = (PX')^TA(PX') \\ &= X'^T(P^TAP)X' \\ &= X'^TDX' \\ &= (x' \ \ y')\begin{pmatrix} 1 & 0 \\ 0 & 3 \end{pmatrix}\begin{pmatrix} x' \\ y' \end{pmatrix} = 1 \end{aligned}$$

이므로, $x'^2 + 3y'^2 = 1$인 타원이 된다. 이 그래프를 그리면 [그림 10-1]과 같다.

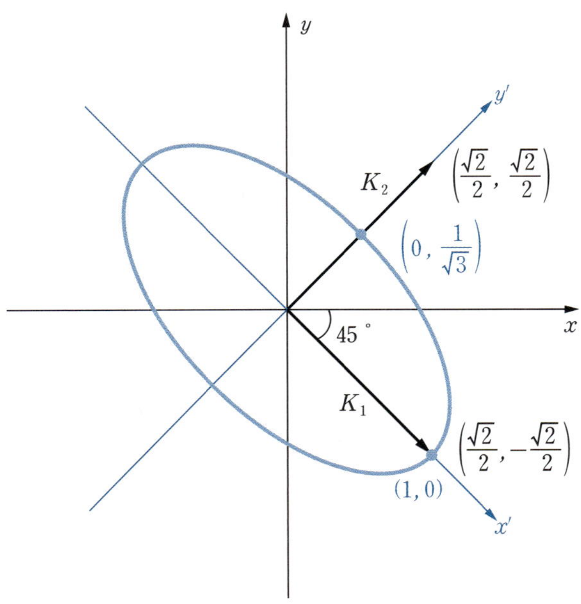

[그림 10-1] $2x^2 + 2xy + 2y^2 = 1$의 그래프

예제 10-20

다음 이차형식의 그래프를 그려라.

$$2x^2 + 6xy + 2y^2 = 10$$

풀이

$$2x^2 + 6xy + 2y^2 = (x \ \ y)\begin{pmatrix} 2 & 3 \\ 3 & 2 \end{pmatrix}\begin{pmatrix} x \\ y \end{pmatrix} = \mathrm{X}^T \mathrm{A} \mathrm{X}$$

이므로, $\mathrm{A} = \begin{pmatrix} 2 & 3 \\ 3 & 2 \end{pmatrix}$로부터 직교행렬 P를 구하자. 먼저

$$\begin{aligned} \det(\mathrm{A} - \lambda \mathrm{I}) = \begin{vmatrix} 2-\lambda & 3 \\ 3 & 2-\lambda \end{vmatrix} &= (2-\lambda)^2 - 9 \\ &= \lambda^2 - 4\lambda - 5 \\ &= (\lambda+1)(\lambda-5) = 0 \end{aligned}$$

이므로, 고윳값은 $\lambda_1 = -1$, $\lambda_2 = 5$이다. 이들에 대응하는 고유벡터를 구하면

$$\mathrm{K}_1 = \begin{pmatrix} \frac{\sqrt{2}}{2} \\ -\frac{\sqrt{2}}{2} \end{pmatrix}, \ \mathrm{K}_2 = \begin{pmatrix} \frac{\sqrt{2}}{2} \\ \frac{\sqrt{2}}{2} \end{pmatrix}$$

이다. 따라서 직교행렬은

$$\mathrm{P} = \begin{pmatrix} \frac{\sqrt{2}}{2} & \frac{\sqrt{2}}{2} \\ -\frac{\sqrt{2}}{2} & \frac{\sqrt{2}}{2} \end{pmatrix}$$

이다. $\mathrm{X} = \mathrm{P}\mathrm{X}'$이라 놓으면

$$\begin{aligned} 2x^2 + 6xy + 2y^2 = \mathrm{X}^T \mathrm{A} \mathrm{X} &= (\mathrm{P}\mathrm{X}')^T \mathrm{A} (\mathrm{P}\mathrm{X}') \\ &= \mathrm{X}'^T(\mathrm{P}^T \mathrm{A} \mathrm{P})\mathrm{X}' \\ &= \mathrm{X}'^T \mathrm{D} \mathrm{X}' \\ &= (x' \ \ y')\begin{pmatrix} -1 & 0 \\ 0 & 5 \end{pmatrix}\begin{pmatrix} x' \\ y' \end{pmatrix} = 10 \end{aligned}$$

이므로, $-\frac{1}{10}x'^2 + \frac{1}{2}y'^2 = 1$인 쌍곡선이 된다. 이 그래프를 그리면 [그림 10-2]와 같다.

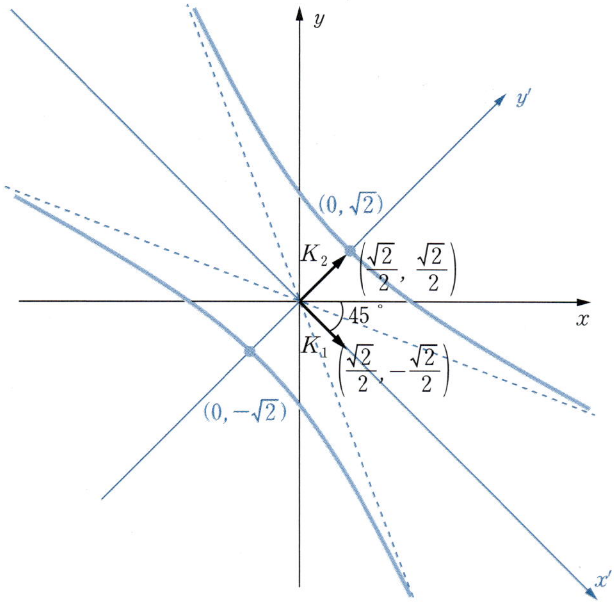

[그림 10-2] $2x^2 + 6xy + 2y^2 = 10$의 그래프

Chapter 10 연습문제

[10.1 크래머의 법칙]

※ 크래머의 법칙을 이용하여 다음 연립 선형방정식의 해를 구하라.

1. $2x_1 - x_2 + 3x_3 = 4$

$x_1 + 9x_2 - 2x_3 = -8$

$4x_1 - 8x_2 + 11x_3 = 15$

2. $2x_1 + x_3 = -1$

$-2x_1 + 3x_2 + 4x_3 = 1$

$-5x_1 + 5x_2 + 6x_3 = 0$

3. 크래머의 법칙을 이용하여 다음 연립 선형방정식의 해를 구하라. 또한 해를 갖지 않기 위한 k의 값을 구하라.

$$(k-3)x_1 - kx_2 = 1$$
$$-kx_1 + (k-2)x_2 = 2$$

[10.2 고윳값과 고유벡터]

※ 다음 행렬의 고윳값과 고유벡터를 구하라.

4. $\begin{pmatrix} 1 & 2 \\ 3 & 1 \end{pmatrix}$

5. $\begin{pmatrix} 4 & 0 \\ 3 & -4 \end{pmatrix}$

6. $\begin{pmatrix} 0 & 0 \\ 1 & 0 \end{pmatrix}$

7. $\begin{pmatrix} 1 & 2 & 3 \\ 0 & -1 & 0 \\ 0 & 0 & 2 \end{pmatrix}$

8. $\begin{pmatrix} 1 & 0 & 0 \\ 0 & 2 & 0 \\ 0 & 0 & 3 \end{pmatrix}$

9. $\begin{pmatrix} 2 & 2 & 3 \\ 1 & 4 & 4 \\ 1 & -2 & 0 \end{pmatrix}$

[10.3 직교행렬]

※ 다음 대칭행렬로부터 직교행렬을 구하라.

10. $\begin{pmatrix} 1 & 2 \\ 2 & 1 \end{pmatrix}$

11. $\begin{pmatrix} \frac{1}{2} & -\frac{1}{6} \\ -\frac{1}{6} & \frac{1}{2} \end{pmatrix}$

12. $\begin{pmatrix} 1 & 0 & 1 \\ 0 & 1 & 0 \\ 1 & 0 & 1 \end{pmatrix}$

13. $\begin{pmatrix} 0 & 1 & 0 \\ 1 & 0 & 0 \\ 0 & 0 & 1 \end{pmatrix}$

[10.4 대각화]

※ 다음 행렬을 대각화하고 A^5, B^7, C^9, H^{11}, E^{13}, F^{15}, G^{17}을 구하라.

14. $A=\begin{pmatrix} 1 & 2 \\ 0 & 3 \end{pmatrix}$

15. $B=\begin{pmatrix} 1 & 2 \\ 2 & 4 \end{pmatrix}$

16. $C=\begin{pmatrix} 2 & 2 & 3 \\ 1 & 4 & 4 \\ 1 & -2 & 0 \end{pmatrix}$

17. $H=\begin{pmatrix} 1 & 2 & 3 \\ 0 & -1 & 0 \\ 0 & 0 & 2 \end{pmatrix}$

18. $E=\begin{pmatrix} 4 & 2 & -1 & 4 \\ 0 & 2 & 0 & 0 \\ 1 & 3 & 2 & 1 \\ 0 & 0 & 0 & 2 \end{pmatrix}$

19. $F=\begin{pmatrix} 1 & -2 & 2 \\ -2 & 1 & -2 \\ 2 & -2 & 1 \end{pmatrix}$

20. $G=\begin{pmatrix} 5 & -2 & 0 \\ -2 & 6 & -2 \\ 0 & -2 & 7 \end{pmatrix}$

※ 다음 이차형식의 그래프를 그려라.

21. $2x^2-4xy-y^2=10$

22. $3x^2+8xy-3y^2=25$

23. $2x^2+2xy+2y^2+\sqrt{2}\,x+\sqrt{2}\,y=10$

찾아보기

찾아보기